U0721516

现代建筑施工技术与造价

李忠治　徐　源　王和俊　主编

吉林科学技术出版社

图书在版编目（CIP）数据

现代建筑施工技术与造价 / 李忠治，徐源，王和俊
主编． -- 长春：吉林科学技术出版社，2020.1
ISBN 978-7-5578-6414-9

Ⅰ．①现… Ⅱ．①李… ②徐… ③王… Ⅲ．①建筑施
工－施工技术②建筑造价 Ⅳ．① TU74 ② TU723.3

中国版本图书馆 CIP 数据核字（2019）第 300305 号

现代建筑施工技术与造价

主　　编	李忠治　徐　源　王和俊
出 版 人	李　梁
责任编辑	端金香
封面设计	刘　华
制　　版	王　朋
开　　本	185mm×260mm
字　　数	340 千字
印　　张	15.25
版　　次	2020 年 1 月第 1 版
印　　次	2020 年 1 月第 1 次印刷
出　　版	吉林科学技术出版社
发　　行	吉林科学技术出版社
地　　址	长春市福祉大路 5788 号出版集团 A 座
邮　　编	130118

发行部电话 / 传真　0431—81629529　　81629530　　81629531
　　　　　　　　　　81629532　　81629533　　81629534

储运部电话　0431—86059116

编辑部电话　0431—81629517

网　　址	www.jlstp.net
印　　刷	北京宝莲鸿图科技有限公司
书　　号	ISBN 978-7-5578-6414-9
定　　价	65.00 元

前　言

　　建筑工程是有着一次性、固定值和周期长等独特特点的系统性工程，而建筑工程施工管理贯穿于工程建设的全生命周期，影响因素较多，且涉及建设单位、设计单位和监理单位等多方组织，进一步加大了工程施工管理人员的工作量和工作难度。除此之外，随着各个建筑工程的规模逐渐加大，这也使得同种类型工程造价存在了一定的差异，这不仅给建筑工程带来了一定的经济损失，同时也不能保证建筑工程整体的施工质量。因此，为保证我国建筑工程质量，就要将造价管理应用到建筑工程中来，通过借助合理造价管理和控制来实现对建筑工程各项资源的控制，同时还能有效的减少工程的经济成本投放量，进而保证建筑工程整体施工质量，从而取得更高的经济效益。因此，为进一步提升企业建筑工程施工管理水平，有关工作人员必须在充分了解工程项目实际情况的基础上，追本溯源，找到影响工程项目施工问题的根源，并针对性地采取相关措施加以解决，尽可能地保证工程项目施工管理机制发挥其应有的作用和功能，同时，加强施工造价与管理更好的应用，为建设符合合同要求的高质量工程做出一定的贡献。

　　本书主要从十章内容对现代建筑施工技术与造价进行阐述，内容全面详细，对我国建筑工作人员有一定的帮助。

目 录

第一章　土方工程施工

第一节　土方工程基本知识

一、土方施工中控制原则

（一）在土方开挖前需要我们做好前期的准备工作，在前期的准备工作中维护结构方案的制定是十分关键的，需要施工单位相关人员对维护方案进行制定，并报相关的部门进行审核和论证，直到通过审核后才允许施工开挖。

（二）在深基坑挖掘的过程中周围 10 ~ 15 米的范围之内不能有载荷较大的物体，最大的载荷不能超过 15Kpa，对于超过 15Kpa 的载荷必须要立即进行清除，避免载荷过重对深基坑土方施工造成影响。在支撑两侧也严禁走大型的车辆，对于需要行走大型车辆的路段需要铺设路基箱。

（三）在深基坑挖掘的过程中要遵守相关的原则，在挖掘的过程中严禁超深度挖掘，挖掘的过程中要进行分层挖掘，层深要根据施工工艺要求进行控制，在挖掘的过程中要一边挖掘一边测量，当达到挖掘的深度后要立即停止挖掘。在挖掘的过程中也可以根据建筑工程施工的特点，采取分段挖掘的方式进行，无论哪种挖掘方式，在挖掘的过程中都要进行支护处理，做到支护和挖掘同时进行，杜绝出现只挖掘不支护现象的发生。提高深基坑土方工程施工的质量和安全。

（四）在深基坑挖掘的过程中不可避免地会出现积水，这就需要我们要做好相关的防护工作，在深基坑四周设排水沟，在深基坑内部设置排水井，这样在挖掘过程中产生的积水会随着排水沟和排水井流走，避免在挖掘过程中产生积水，影响正常施工的进行。

二、土方工程施工前具体准备工作

（一）施工前进行现场查勘。工程施工进行前，施工企业必须要先了解并掌握场地状况。了解和掌握的具体内容包括周围建筑物、电缆线路布设、地面存在的堆积物及障碍物、地下管道等埋设物、运输道路布设、地形地貌地质、水文河流及水电供应情况等。充分了解和掌握施工现场的这些情况后方可进行土方开挖作业。

（二）清理现场障碍物。进行施工作业前，须先将存在于施工区域内的一切障碍物进行有效清除。障碍物通常有电线电缆、树木、电线杆、地下和地表管道、旧房屋、沟渠等。有利用价值的障碍物要充分利用，无利用价值的障碍物须及时对其进行清除或改线处理。

（三）进行测量工作。施工进行前，须对相应的区域测量控制网进行设置。测量控制网的内容主要包括基线、水平基准点。基线、水平基准点必须要与构筑物、建筑物、土方运输线路、机械操作面等避开。同时还要做好轴线桩的测量和校核工作，对整个土方工程量进行准确测量。

（四）土方边坡施工准备工作。确定土方边坡存在的相关问题。施工进行前对土方边坡的水位、地质、坡度、边坡稳定性、周围条件等进行仔细了解。如发现存在问题须及时做出相互的促进准备工作，保证工程施工的顺利进行和安全性。土方回填施工准备工作。了解回填土内有机杂质含量、水分含量、粒径大小等情况。

三、建筑土方施工方法

（一）回填土施工方法

1.人工夯实方法。在一般情况下，在回填土施工的过程中，人们都是采用的机械设备来对其进行压实处理，但是有部分小面积部位是压实不到的，为此这时我们就需要采用人工夯实的办法来赌气进行处理。目前在建筑基础土方施工的过程中，人们一般都是采用蛙式打夯机来对其进行施工处理，而且人们为了使得土方夯实效果得到有效的保障，我们处理对填土的厚度进行严格的要求以外，还要对填土的平整度进行严格的要求。一般来说，在对打夯机无法夯实的部分，人们在对进行人工夯实之前就必须要对填土的进行处理的整平，并且按照相关的要求，来对其进行夯实处理，这样就可以很好的保障建筑基础土方施工的质量。

2.机械压实方法。在进行机械压实的过程中，我们必须要保障填土要使得均匀性和密实性得到有效的保障，防止基础土方在碾压的过程中，出现下陷的情况，这就不仅对工程施工质量有着严重的影响，还降低了工程施工效率。因此我们在对基础土方进行填土压实时，一般都是采用先静压再振压的方法来对其进行处理。碾压机械压实填方时，应控制行驶速度，一般平碾和振动碾不超过 2km/h，并要控制压实遍数。压实机械与基础管道应保持一定的距离，防止将基础、管道压坏或使之位移

（二）确定开挖边线

首先，土木工程施工的测量技术人员按照企业相关主管部门所提供的相应控制点，将本施工工程的具体基坑轴线定出。其次，然后根据基底砼垫层外边线，在每边加工作面的

300mm 位置制定出基坑开挖下口线。最后，按照放坡系数值定出工作面的相应开挖上口线。在基坑开挖的具体过程中，须结合开挖的实际深度将相应的开挖上口线定出，并在开挖边线和变坡相应位置撒灰线进行标记。

（三）开挖方法

1. 应用相应机械进行挖土作业，且在挖土的同时进行相应地边坡修整。当开挖作业进行到与设计基坑底有 500mm 的距离内时，测量工作人员将设计基坑底向上 500mm 的水平线抄平，同时这个位置钉上小木桩。在这个过程中还要对 300mm 厚土层进行预留，预留的土层后期由人工进行开挖和清理作业。

2. 机械开挖作业进行到最后环节时，施工人员将所有的基础边线放出后，组织相应的施工人员，对 300rom 预留土层进行人工挖除，并同时将图层进行清理、整平处理。此外，还要及时对相应的垫层进行垫层操作，避免存在于基底土里的水分发生蒸发，引发土体积膨胀现象的出现。

四、土方施工监理控制重点

在施工的过程中，监理单位肩负着施工质量的主要任务，在施工过程中监理单位要按照施工技术方案要求对施工过程进行监理，监理单位应该对整个施工过程进行监管和控制，对施工过程中出现的问题及时进行责令改正，做到施工的全面控制。下面就深基坑土方在施工过程中需要注意的重点事项进行简要的阐述。

（一）首先在深基坑土方工程施工前监理单位要根据施工项目的实际情况对施工方案、技术标准、施工进度和相关措施等内容进行严格的审查，看其是否符合相关的标准要求。

（二）根据相关的规定，监理单位应该督促施工单位对深基坑施工方案进行专家论证，监理单位结合专家给出的审查意见，需要对各种方案重新进行修订和改正。

（三）根据施工方案，监理单位要制定相关的监理方案，明确在施工过程中需要监理的重点和关键点。根据监理方案要求进行施工现场监理，通过数据测量，方案审查等手段验证施工是否符合技术要求。

（四）对在施工过程中出现的各种问题，监督施工单位制定相关的措施，并检查其执行情况，对未按照要求执行的，责令工程暂停，直到按照要求整改为止。根据现场施工情况对有变更的地方要及时组织施工单位、相关专家对方案进行审查，对变更的地方进行详细的说明。

（五）在监理的过程中要保证施工人员的安全，对在施工过程中出现违章的地方及时进行指正，避免安全事故的发生。

第二节 测量放线

一、测量定位放线精度特点与要求

（一）建筑工程地基

在现代建筑工程设计中，首先要对建筑地基进行选址，要在相对稳定的地质结构上进行地基的建造施工。在地基开工前需要对表层土质进行清除，原因是长期受到大气中风、雨、空气的侵蚀，表层的土质已经被软化，会对测量的精度造成误差，比如在房屋建设、桥梁墩位的地基施工中，也有对地基精度要求不高的，他们的施工特点是一开始就要进行土方的挖填，直到达到要求。

（二）混凝土的浇筑

混凝土的使用范围是最为广泛的，无论是房屋建设还是桥梁工程，都会大量的使用混凝土来进行主体或者表层浇筑。在进行混凝土的测量定位放线时应当严格要求其精度，减少误差的出现，以免在施工的过程中出现实际尺寸和设计图纸尺寸不一的情况，从而导致与工程无法对接进行返工，这不仅造成工程的经济损失，还影响到整体工程的进度和质量，因此在混凝土定位放线时应该注意误差的控制。

（三）机电设备和金属结构的安装

在建筑工程中要求机电设备和金属结构安装施工时定位放线精度要高，精准度的高低与混凝土的浇筑有直接的联系。比如混凝土的浇筑需要在模型中浇筑，而这个模型的建立就需要相应的金属结构与机电设备来进行施工，因此它需要一个高精度的定位放线，误差越小其浇筑的效果越好，与其他工程的衔接就会越好。

二、施工过程中定位放线的方法

（一）直线段定位放线

直线段定位放线由于其本身具有简单、好操作的特点，在建筑工程的定位放线中使用频率最高。直线段的定位放线方法是在相对平缓的地段使用经纬仪进行定向，使用测距仪完成。

（二）曲线定位放线

曲线定位放线是由于在实际建筑工程中不可能全部都是直线，这个时候就需要进行弧线、圆线与直线的搭配使用进行放线，此时的定位就会牵涉到两位坐标，即采用 XY 轴进行坐标定位，此外部分情况下能够更好地控制地基的精度，会在施工之后进行加密中线坐标。

三、测量定位放线中校核要求

在建筑工程测量定位放线工程中，一般留给再次检查结果正确性的时间不足，往往都是在定位放线后很短的时间内就需要提交放线的结果。因此，在定位放线的过程中需要测绘人员进行自我的校核，针对可能出现的问题及时修正，下面是校核条件的整理：

（一）主要轴线点的放线

可以利用三角相加之和等于180°、两组坐标校核、三边测距交会法等进行校核，需要注意的是禁止使用两点测角交会法测定轴线点位。

（二）工程轮廓点定位放线

首先是，用测角前方交会定点，这个时候第三方作为校核方向，需要使用三分方向进行观测；如果是用测角后方交会定点则需要观测四个方向。其次是在四组坐标作为校核条件时，不管使用什么方式进行测量都应该在定点放线后，在现场测量定点之间的距离与设计图纸上的理论值进行比较，检查是否存在误差。如果是采用光电测距坐标法进行定点放线，比如设置两个点进行比较核对。最后是在使用几何图形进行定点放线时，则需要根据几何图形之间的相互关系来进行校核。

（三）使用方向坐标定点放线

在使用方向坐标法进行定点放线时候，应该至少做好两个方向的观测，不能只测量一个方向的坐标点是否符合要求，即使是相对简单的、误差要求较严格的定点放样也要进行水平方向的观测。

四、定点放样的过程中现场平差方法

现场平差是指在现场进行测量误差的消除。例如在测放一个方向线时，需要在前后两个点进行观测，在现场应该使用两条方向线的中间点作为最终方向定点观测。建筑工程的测量定点误差有严密性和松散性的特点，严密性是指建筑物必须保证建筑结构之间相互联系，如果出现误差较大就会影响到建筑物的质量问题；松散性是指建筑物结构之间需要留有一定的间隙，虽然在设计图纸上有相对应的尺寸距离，但是实际的建筑施工过程中还是允许有不同程度的误差，其要求相对较小。

通过对现场平差的分析，在实际定点放线时就可以采用不同的方法规避误差的存在。在严密阶段严格控制精度，在实际的测量中出现了误差也可以在松散阶段进行弥补，这种方法并非是消除误差，而是将误差在实际的测量定点放线时进行了松散阶段的分散。

五、定点放线后的复测工作

（一）依据设计图纸进行定点放线的复核

在建筑工程测量定点放线工作结束后，测量人员要依据设计的图纸进行实际定点距离尺寸的校对，主要校对的点是建筑物设计图纸中坐标数据，包括位置、具体的尺寸、符号是否与设计图纸中的一样，在规则的建筑物中，要对平行面的定点放线进行实际的测量，检查是否对称，如果不对称，将会在施工的过程中造成严重的质量问题。定点放线的复核在依据设计图示进行检查时候，一定要严格依据设计图纸上的参数进行检查，并保持一致。

（二）复核定点放线之间的误差是否在建筑工程允许的范围

一般工程上面的测量都会存在一定的误差.但是要控制在建筑工程允许的范围之内。在进行复核检查的时候，通过定位控制桩来对建筑物的角点坐标进行数据的核对，观察其数值是否存在建筑工程允许精度范围之内，如果出现不一致的情况要及时进行修改，避免动工时候出现不必要的麻烦。

（三）原始观测记录的复核

在进行室外测量记录的时候，应该要不同的观测复核员进行同一个数据的不同次复核，这样有利于提高复核数据的准确性。针对原始计算项目，可以采用加法还原检查法、校对公式等方法进行复核，确保建筑工程测量定点误差及时得到纠正和处理。

第三节　土方工程施工要点

一、土方工程技术组织及标准

建立以项目技术负责人为核心的技术组织质量保证体系。施工前组织主要技术人员进行学习技术组织方法，熟悉图纸及地质报告资料，对操作人员进行技术交底，要求掌握施工的技术要点。每一道工序施工前，学习规范要求，精心组织施工。按国际 ISO9002 认证标准与要求进行全过程的质量管理。

二、土方工程施工前的准备

土方工程施工前通常需完成一些必要的准备工作，在土方工程施工过程中，为保证土方工程施工期间的安全，根据具体工程情况做好相应的辅助性的准备工作。

（一）查勘现场

摸清场地情况，包括地形、地貌、水文、地质、河流、运输道路、邻近建筑物、地下埋设物、管道、电缆线路，地面上障碍物、堆积物以及水电供应等，以便进行土方开挖。

（二）清除障碍物

将施工区域内的所有障碍物，如电杆、电线、地上和地下管道、电缆、树木、沟渠以及旧房屋等进行拆除或进行改线，可利用的建筑物应充分利用。

（三）做好测量控制

设置区域测量控制网，包括基线和水平基准点，要求避开建筑物、构筑物、机械操作面及土方运输线路，做好轴线桩的测量及校核，进行土方工程量的测量工作。

（四）土方边坡

根据《土方和爆破工程施工及验收规范》（GBJ2001-83）的规定，当地下水位低于基底，在湿度正常的土层中开挖基坑（槽）或管沟，且外露时间不长时，可做成直立壁不加支撑。挖土时，土方边坡太陡会造成塌方，反而增加土方工程量，浪费机械动力和人力，并占用过多的施工场地。因此在开挖不符合规范条件的基坑时，就有确定土方边坡的问题。

基坑边坡的稳定性，主要是根据现场土质的强度有关。当土体下滑力超过滑力，土坡就会失去稳定而发生滑动。边坡的滑动是沿着一个面发展的，这个面叫滑动面。滑动面的位置和形状决定于土质和土层结构。而土体抗剪能力的大小主要决定于土的内摩擦系数与内聚力的大小。土壤颗粒间不但存在抵抗滑动的摩擦力，也存在内聚力。内聚力一般由两种因素形成：一是土中水的水膜和土粒之间的分子引力；一是化合物的胶结作用。不同的土地，其各自的物理性质对土体抗剪能力的影响。因此在考虑边坡稳定时，除了从实验室得到的内摩擦系数和内聚力的数据外，还应考虑施工期间气候的影响和振动的影响。

土体下滑力的大小与基坑深度和边坡大小等有关，因为边坡越陡、基坑越深，土体的自重也越大。此外基坑上边缘堆土和停放机械，或因下雨使土的含水量增加而使土的自重增加，地下水的渗流对土体产生的动水压力等都会增加土体的下滑边坡。

开挖基坑（槽）时，如地质和周围条件允许，可放坡开挖，这往往是比较经济的，但在建筑稠密地区施工。有时不允许要求放坡的宽度开挖，或有防止地下水渗入基坑要求时，就需要用土壁支撑，以保证施工的顺利和安全，并减少对相邻已有建筑物的不利影响。

（五）土方回填

1.施工准备

（1）回填土宜优先利用基槽中挖出的优质土。回填土内不得含有有机杂质，粒径不应大于50mm，含水量应符合压实要求。

（2）石屑不应含有有机杂质

（3）填土基底已按设计要求完成或处理好，并办理验槽签证。基础、地下构筑物及地下防水层、保护层等已进行检查和办好隐蔽验收手续，且结构已达到规定强度。

（4）室内地台和管沟的回填，应在完成上下水道安装或间墙砌筑，并将填区内的积水和有机杂物等清除干净后再进行。

（5）填土前，应做好水平高程的测设。基坑（槽）或沟坡边上按需要的间距打入水平桩，室内和散水的墙边应有水平标记。

2. 质量标准

（1）基底处理，必须符合设计要求或施工规范的规定。

（2）回填土的土料，必须符合设计要求或施工规范的规定。

（3）回填土必须按规定分层夯压密实。取样确定压实后的干密度，应有 90% 以上符合设计要求，允许偏差不得大于 0.08g/cm³。且应分散不得集中。

三、土方工程施工方法

（一）开挖边线确定

首先，施工测量人员根据规划主管部门提供的控制点，定出本工程基坑轴线；然后按基底砼垫层外边线每边加工作面 300mm 定出基坑开挖下口线，再按放坡系数值加工作面就是开挖上口线（放坡系数值是根据具体土质类别来确定），在具体基坑开挖过程中结合开挖实际深度定出开挖上口线，并撒灰线标记开挖边线及变坡位置。

（二）开挖方法

1. 机械挖土，随挖土随修整边坡。在开挖至距离设计基坑底 500mm 以内时，测量人员抄平设计基坑底向上 500mm 水平线，在基坑底向上 500mm 土面钉上若杆个水平标高小木桩，拉通线找平，预留 300mm 厚土层人工挖土和清理。

2. 机械开挖至最后一步时，施工人员放出所有基础边线后，由人工挖除 300mm 厚预留土层，并清理整平，及时进行垫层的浇筑，防止基底土水分蒸发损失，导致土体积膨胀。

3. 开挖注意事项

（1）坑底及坡顶四周做好排水措施，在地面设置截水沟，基坑内设集水井，采用明排水的方法，沿坑底周围开挖 300W×300H 排水沟，使水流入 1000L×1000B×1000H 集水井，利用水泵排雨水沉砂池，最后排到雨水管。防止雨水及地下水浸泡基土，每日及雨天例行检查土壁稳定情况，在确定安全情况下方可继续工作。

（2）基底超挖：开挖基坑（槽）均不得超过基底标高，如个别地方超挖时，其处理方法应取得设计单位的同意，不得私自处理。

（3）软土地区桩基挖土应防止桩基位移：在密集群桩上开挖基坑时，应在打桩完成后，间隔一段时间，再对称挖土；在密集桩附近开挖基坑（槽）时，应事先确定防桩基位移的措施。

（4）基底保护：基坑（槽）开挖后应尽量减少对基土的扰动。如基础不能及时施工时，可在基底标高以上留出 0.3m 厚土层，待做基础时再挖掉。

（5）施工顺序的合理：土方开挖宜先从深到浅，分层分段依次开挖，形成一定坡度，以利排水。

机、铲运机一般需要在地下水位 0.5m 以上铲土；挖土机一般需要在地下水位 0.8m 以上挖土，以防机械自重下沉。正铲挖土机挖土方的台阶高度，不得超过最大挖掘高度的 1.2 倍。

（6）雨季施工时，基槽、坑底应预留 30cm 土层，在打混凝土垫层前再挖至设计标高。

（7）开挖尺寸不足：基坑（槽）或管沟底部的开挖宽度，除结构宽度外，应根据施工需要增加工作面宽度。如排水设施、支撑结构所需的宽度，在开挖前均应考虑。

（8）基坑（槽）或管沟边坡不直不平，基底不平：应加强检查，随挖随修，并要认真验收。

四、异常情况处理

（一）场内如有暗浜或软弱夹层，应将淤泥全部清除干净，用砂石分层夯实至设计标高；

（二）开挖过程中如遇滑坡迹象，应立即暂停施工，报告业主并主动采取应急措施，在转移工人的同时，将滑坡现场进行封锁；测量人员根据滑坡迹象设置观测点，以便观测坡体平面及竖向位移，为应急措施提供重要的原始资料。

五、土方回填

（一）回填土前应将基坑底或地坪上的垃圾等杂物清理干净，肥槽回填前，必须清理到基础底标高，将回落的松散垃圾、砂浆、石子等杂物清除干净。

（二）检验回填土的质量有无杂物，粒径是否符合规定，以及回填土的含水量是否在控制的范围内，如含水量偏高可采用翻松，晾晒或均匀掺入干土等措施。如遇回填土的含水量偏低，可采用预先洒水润湿等措施。

（三）回填应分层铺摊。每层铺土厚度应根据土质、密实度要求和机具性能确定。一般蛙式打夯机每层铺土厚度为 200 ~ 250mm，人工打夯不大于 200mm。每层铺摊后，随之耙平。

（四）回填土每层至少夯打三遍。打夯应一夯压半夯，夯夯相接，行行相连，纵横交叉。并且严禁采用水浇使土下沉的所谓的"水夯"法。

深浅两基槽回填时，应先填夯深基坑，填至浅基坑相同标高时，再与浅基础一起填夯。

回填房心及管沟时，为防止管道中心线位移或损坏管道，应用人工先在管道两侧填土夯实。并应由管道两侧同时进行，直至管顶 0.5m 以上时，在不损坏管道的情况下，方可采用哇式打夯机夯实。在抹带接口处，防腐绝缘层或电缆周围，应回填细粒料。回填土每层填土夯实后，应按规范规定进行环刀取样，测出干土的质量密度；达到要求后，再进行上一层的铺土。

（五）修整找平，填土全部完成后，应进行表面拉线找平，凡超过标准高程的地方，及时依线铲平，凡低于标准高程的地方，应补土夯实。

总之，土方工程是从土方开挖到土方回填才能简单地说是完成了，但是并不是这么简单，因为职业技术经济人必须从组织到准备、到落实、到跟踪、到多方位数据的具体控制，只有这样才能算，做好一项土方工程的全程施工，只有这样才能科学合理地，完成土方工程的施工方法。

六、养护与修理技术

（一）土方工程的养护与修理

土坝及堤防等土方工程最容易产生的问题是：裂缝、滑坡、渗漏及护坡的松动、崩塌等。

1. 土坝裂缝的类型和成因土坝的裂缝，按照方向可分为横向裂缝（垂直坝轴线）、纵向裂缝（平行坝轴线）和龟裂缝等；按照产生的原出可分为沉陷裂缝、滑坡裂缝和干缩裂缝等；按照部位可分为表面裂缝和内部裂缝。

（1）横向裂缝缝隙几米到十几米，上宽下窄，缝口宽几毫米到十几厘米，也有更深更宽的。横向裂缝的产生主要是因为相邻坝段或坝基有突出的不均匀沉陷产生而引起。土坝与刚性建筑物接合的部分，因为质地不一样有不均匀沉陷也会产生横向裂缝。横向裂缝具有较大的危险性，特别是贯穿裂缝所造成的集中渗流会酿成险情，甚至溃决。其处理方法一般采用开挖回填，不宜灌浆。

（2）纵向裂缝产生纵向裂缝的原因，有的是坝体或坝基的不均匀沉陷，有的是滑坡引起的，危害性和处理方法不同，因面分析判别纵向裂缝的类型是很有必要的。在坝面上，纵向沉陷裂缝一般接近于直线，基本上是铅垂地向坝体内部延伸，缝宽几毫米到十几厘米，缝长由几米到几百米，随着土体的固结，缝宽和错距的发展逐渐减慢。缝宽可达 1m 以上，错距可达几米，在裂缝发展后期，可以发现在相应部位的坝面或坝基上有带状或椭圆状隆起。纵向沉陷裂缝一般出现在坝顶和上、下游坝坡。通常出现在坝基压缩性大的坝段、坝壳压实不好的心墙坝或斜墙坝，以及坝体填筑质量较差的部位。纵向沉陷裂缝的危害性相对较小。不致直接影响坝体安全，但也要及时处理防止雨水灌入引起滑坡。

（3）龟裂缝其方向无规律，纵横交错，缝的间距较均匀。一般出现在无保护层的坝顶和坝坡，或水库泄空而出露的铺盖表面上。其成因主要是填土由湿变干时的体积收缩。

土料粘性愈大，含水量愈高，龟裂的可能性愈大。在壤土中比较少见，砂土中就没有这种裂缝。在严寒地，可以见到由于填土受冻产生的龟裂。龟裂缝一般不致影响安全，但如不及时处型，雨水沿缝渗入，增大土体含水量，降低抗剪强度，促使其他病害发展。故须及早处理。

（4）内部裂缝上述几种裂缝是在土坝坝面上可见的。都叫作表面裂缝。此外，在坝体内部还可能出现内部裂缝，有的内部裂缝是贯通上下游的，很可能变成集中渗漏通道。由于事先不易被人们发现，故其危害性很大。

2. 裂缝的处理非滑坡裂缝的处理方法，主要是开挖回填和裂缝灌浆

（1）开挖回填该法施工简便，效果较好，适用于深度不大的表面裂缝。通常将发生裂缝部分的上料全部挖出，重新回填，开控槽的长度和深度都应超过裂缝的长度和深度，如裂缝不深，可挖成梯形断面，然后回填和坝体相同的土料并分层仔细夯实，每层填上厚度 0.1～0.15m。当裂缝较深时，为了开挖方便和安全，可挖成阶梯形坑槽，阶梯高度以 1～5m 为宜，回填时逐级削去台阶，保持梯形断面，对于不太深的贯穿性横向裂缝，为了防止在沟增侧面新老上结合处形成集中渗流，还应沿裂缝方向每隔 5～6m 挖 1.5～2.0m 宽的结合槽，与裂缝相交成十字形。

（2）裂缝灌浆一般应用灌浆或上部开挖回填、下部灌浆的方法处理较深的裂缝，这样以减少工程量。裂缝灌浆可使浆液填充裂缝，在灌浆压力作用下，对周围坝体填土挤压紧密，达到堵塞裂缝加固坝体的双重效果。裂缝灌浆的浆液，可以采用纯粘土浆或粘土水泥浆。纯粘土浆与坝体填上的性能较适应，但掺加水泥可以加快浆液凝固并减少浆液的收缩，在保证良好的灌入程度下，应尽量采用稠浆以减少体积收缩。

（二）土坝的渗漏

土坝渗漏包括坝身渗漏、坝基渗漏、绕坝渗漏和接触渗漏等。由于坝体和坝基土料均有一定的透水性，水库蓄水后，出现渗水现象是不可避免的。

1.异常渗漏的表现形式与识别方法

（1）下游坝面出现散浸现

象散浸是由于浸润线抬高，逸出点高于排水设施的顶点，便下游坝坡呈阴潮湿润状态，土体饱和软化，不利坝坡稳定。严重者可以看到水流顺坝面流下，听到响声；有些地方还可看到渗流溶滤带出的红色铁质沉淀物。有时也反映在坝面所生长的草类及草色的变化上，如在渗流逸出段上，常可看到有小草等喜水的植物。

（2）产生集中渗漏成股水流涌出的现象称为集中渗漏，一般在坝身、坝基或两岸山包中都可能出现，水流集中在一个或几个孔穴中，以射流或无压流的形式流出，严重时会使坝身或岸坡坍塌。坝体与岸坡或坝基结合不好，坝身的横向裂缝或内部裂缝、蚁穴、兽洞都可能成为集书的渗漏通道。集中渗漏的危害性很大，必须高度警惕。除了对水库进行定期的全面检查外。对于容易出现集中渗漏的部位，在库水位上升期和高水位期更应加强

检查。发现集中渗漏现象后、要观测渗水量的变化情况和水的浑浊程度。

（3）渗水由清变浑或出现翻水冒砂现象坝后渗水由清变浑，或下游坝脚后地基表面翻水冒砂，这是产生管涌等渗透破坏的明显征兆，应予充分重视。

2. 土坝异常渗漏的处理土坝异常渗漏的基本原则是"上堵下排"

即在上游采取防渗措施，堵截渗漏的进口或延长渗径以降低渗透坡降并减小渗流量；在下游则将渗入的水安全地排出。

（1）上游防渗措施主要是在上游面修建防渗斜墙，在坝体内部修建防渗心墙或防渗帷幕，有条件的也可以修混凝土防渗墙。

（2）上游防渗排水措施—般有坝身导渗、坝后导渗及透水盖重等几种。坝身导渗是在下游坝坡的渗漏部位采用导渗沟、导渗砂槽等将渗水导出，降低浸润线，使坝坡保持干燥稳定。导渗沟适用于散浸不严重、不致引起坝坡失稳的情况，也可用于岸坡散浸的处理。导渗砂槽适用于散浸严重、而坝坡较缓、采用导渗沟无效的情况。

七、风险因素识别与控制

（一）土方工程施工过程中存在的风险的识别

在土方工程施工过程中，主要存在以下风险因素。

1. 自然条件方面

地质情况，水文情况，气候情况。

2. 结构设计方面

基槽开挖的深度和宽度，填筑的高度和厚度等。

3. 施工原因方面

降排水的方法，放坡尺寸大小，施工方法与措施，选用的施工机械、施工顺序，桩基的设计与材料的选用，场地布置等。

4. 人员与技术管理方面

项目管理人员整体素质不高，技术不全面。在项目实施过程中未能编制针对性实施方案，未对施工人员及时进行安全技术交底，监督与检查不到位。机械操作、用电等特种作业人员未持证上岗或未经过严格的技术培训。

5. 周边环境方面

周边建筑物情况，周边基础设施的位置，周边工程施工情况，运输道路情况、水电供应等情况。

（二）土方施工过程中风险控制对策

针对在施工过程中存在的各种风险因素，主要从以下几个方面来进行控制。

1.施工准备阶段

（1）勘查现场掌握第一手资料，摸清工程特征的情况，针对性的制定切实可行的施工方案，并经上一级技术部门审核批准后执行。

（2）做好施工场地防洪排水工作，对施工现场进行全面规划与统筹安排。

（3）保护测量基准桩，以保证土方开挖标高位置与尺寸准确。

（4）做好施工用电、用水、道路及其他设施。

（5）深基坑土方的开挖要按有关技术规定要求进行基坑设计与处理，符合相关安全规范规定要求后，再进行土方工程开挖的施工。

（6）对特种作业人员施工前，应进行针对性的安全风险教育和安全技术交底。施工人员学习并掌专项施工方案及技术重点要求，严格按照方案和规范技术要求进行操作与施工。

（7）做好材料、机械设备等的准备与计划工作。施工前应对所需的材料、机械设备等进行采购或计划租赁，保证材料、机械设备符合施工进度计划的要求。机械设备应定期进行维修与保养，严禁机械设备带病工作。

2.土方开挖的安全措施

（1）在施工组织设计中，要有专项土方工程施工方案，对施工人员、机械设备的准备、开挖方法、放坡、排水、边坡支护应根据有关规范要求进行设计，深基坑边坡支护工程要有设计计算书。

（2）根据土方工程开挖深度和工程量的大小，合理选择与之匹配的施工机械设备和机械挖土施工方案。

（3）人工挖基坑时，操作人员之间要保持安全距离，一般大于2.5m；多台机械开挖，挖土间距大于10m，挖土自上而下，逐层进行，严禁先挖坡脚的危险作业。

（4）土方工程开挖前对周围环境及施工现场要认真地进行检查，查明各种危险源。机械设备进场前应对现场和行进的道路进行勘察，不满足通行要求的地段应采取必要的加固措施。机械作业在地下电缆或燃气管道2m半径及上下水管线1m范围内进行时，应有专人进行监护与控制。作业时操作人员不得擅自离开岗位或将机械设备交给其他无证人员操作。严禁疲劳和酒后作业，更不能在危险岩石或建筑物下面进行作业。

（5）如开挖的基坑（槽）比邻近建筑物基础深时，开挖应保持一定的距离和坡度，以免在施工时影响邻近建筑物的稳定，如不能满足要求，应采取边坡支撑加固措施。并在施工中进行沉降和位移观测。

（6）基坑开挖应严格按要求放坡，操作时应随时注意边坡稳定情况，发现问题及时加固处理。基坑开挖深度超过 2m 时，基坑的周边应有安全防护栏杆，防护栏杆应符合有关安全规范的规定要求。

（7）机械挖土，多台阶同时开挖土方时，必须有专人进行协调和指挥。机械在边坡行进，应根据规定验算确定挖土机械离边坡的安全距离。夜间工作时，现场必须有足够的照明，机械设备照明装置应完好无损并符合相关规范要求。

（8）两台以上推土机在同一区域作业时，两机前后的距离不得小于 8m，平行时左、右距离不得小于 1.5m。两台以上铲运机在同一区域作业时，自行式铲运机前后距离不得小于 20m（铲土时不得小于 10m），拖式铲运机前后不得小于 10m（铲运时不得小于 5m），平行时左、右距离均不得小于 2m。

（9）深基坑四周设防护栏杆，人员上下要有专用爬梯。坡顶与坡底应有排水措施且排水通畅。

（10）为防止基坑底的土被扰动，基坑挖好后要尽量减少暴露时间，及时进行下一道工序的施工。如不能立即进行下一道工序，要预留 15cm ~ 30cm 厚覆盖土层，待基础施工时再挖去。

土方爆破工程应由具有相应爆破资质和安全生产许可证的企业承担，爆破方案必须进行专家论证并严格按专家论证的方案实施。爆破作业人员应取得有关部门颁发的资格证书，持证上岗，爆破作业现场的管理人员也必须具有相应的资格的技术人员负责指导施工。

3. 检查与验收

（1）基础工程土方开挖前，首先要对施工机械设备、施工工艺、施工参数等进行检查。

（2）土方工程开挖前，深基坑工程要复核设计条件，对已经施工的围护结构质量进行检查，合格后方可进行工程土方的开挖。

（3）基坑土方开挖与验收主要包括以下内容：

1）开挖的深度、宽度尺寸情况；

2）基础降排水等情况；

3）回填土方的质量情况；

4）其他需要检查的内容。

（三）对基坑土方开挖过程中危险源的预防和控制措施

1. 在土方开挖施工过程中，对于深基坑工程应定期对基坑及周边进行巡视，随时检查基坑位移（土体裂缝）、倾斜、土体及周边道路的沉陷或隆起、地下水涌出、管线开裂、不明气体冒出和基础防护栏杆等的安全性。

2. 对深基坑土方在开挖过程中，必须严格按基坑变形监测方案及时进行监测，发现异常情况及时采取应对措施。当出现位移等超过预警值、地表裂缝或沉陷等情况时，应及时报告。如出现塌方险情等征兆时，应立即停止施工作业，组织撤离危险区域，并立即通知有关方面研究处理。

3. 在大雨、冰雹、大雪及风力 6 级及以上强风等恶劣天气条件下，要对正在开挖的基坑进行全面检查，对发现存在的隐患问题及时进行处理。

4. 对于深基坑土方的开挖，基坑支护结构必须达到设计强度要求后，才能开挖下层土方，严禁提前开挖和超挖。在施工过程中严禁机械设备或重物碰撞支撑、腰梁、锚杆等基坑支护结构，同时也不得在支护结构上放置或悬挂重物。

5. 基坑土方开挖后，应及时在基坑边坡的顶部设排水沟，基坑底部四周也应设排水沟和集水井，定期及时排除积水。基坑挖至坑底设计标高要求后，应及时清理基底并验收后及时浇筑混凝土垫层。

6. 基坑开挖过程中，应严格按三级配电二级保护要求，安装好用电设备、设施，确保用电设备的安全，防止用电事故的发生。

7. 在土方开挖过程中，遇到下列情况之一时，应立即停止作：

（1）填挖区土体不稳定，异常软弱土层，流沙（土），有倒塌可能；

（2）地面涌水冒浆，出现陷车或因下雨发生坡道打滑；

（3）发生大雨、浓雾、水位暴涨及山洪暴发等情况；

（4）施工标志及防护设施被破坏；

（5）工作净空间不足以保证安全；

（6）出现其他不能保证作业和通行安全的情况。

对上述情况的出现，应立即停止作业，及时查明原因，并采取有效地安全措施进行处理，确保符合安全作业条件后，方可继续施工。

第四节　基坑支护

在现代建筑中，建筑基坑支护施工技术的应用比较广泛，为了保证建筑的质量，相关部门需要重视该技术的利用，只有不断强化，建筑事业才会进步。基坑建筑涉及多方面，本书主要针对建筑基坑支护施工技术进行浅析。

一、建筑基坑支护介绍

房屋建立之前需要打好地基，地基是房屋稳固之本，且目前我国建筑越来越多，土地资源趋于紧张，因此房屋建筑需要充分利用空间，增加房屋楼层和修建地下室是最佳解决方式。同时楼层越高意味着地基越深，为了保障地基建设的安全性，需要进行基坑支护施工。

基坑支护施工之前还是施工之后都需要注意几个方面。首先建筑基坑支护的设计要从建筑和地基本身出发，充分考虑到建筑的稳定性、强度以及地基的深度和大小。建筑基坑支护本身的目的是为了稳固地基；其次建筑基坑支护结构的设计应该综合考虑多方面，主要包括地质是否稳定、施工过程是否顺利、需要使用哪些设备工具等；然后需要在符合建筑标准的情况下减短施工时间，尽量在规定工期内完成工程；最后设置的过程中可能会遇到一些突发问题，因此在设计的过程中要思虑周到，提前做好解决措施应对可能出现的问题。

二、基坑支护施工中存在问题

（一）设计与施工没有结合实际情况

建筑基坑支护施工之前需要进行设计，不管是建筑基坑支护的结构，还是施工规模，都要在正式施工之前考虑到位。很多地方的建筑在设计基坑支护之前没有结合实际情况，导致施工过程中出现各种问题又无法解决，产生的影响便是拖慢工程的进度。因此在设立支护之前，需要确认设计好的基坑支护结构承载能力如何，是否能承受住土地压力，这些数据皆可通过相关工具检测计算出来。

（二）地质条件发生变化

结构设计已经完成，确认无误后开始根据设计施工。施工过程中地质条件可能会发生变化，和施工之前的实际情况不一样，导致设计图纸和现实情况再次脱轨。这种情况无法人为控制，所以为了避免损失，在施工之前需要多观察。

（三）建筑基坑支护功能失效

打地基是房屋建筑之前首先要完成的工作，地基打好以后需要设立基坑支护。如果没有考虑到地坑面积和周边土壤疏松情况，会出现基坑支护失衡局面。设置好的基坑支护已经无法再保护地基，很多工程都没有把这点纳入考虑范围之内。

三、基坑支护施工注意事项

（一）注意安全问题

不管是基坑支护施工还是房屋建筑，首先要考虑到的就是安全问题，因为工地的机械繁多，防护措施不完善，往往会引发许多安全问题，所以为了保证整个施工过程的安全性，应该落实到每个施工人员，即所有施工人员的安全意识都要提高，并规范使用机械。

（二）注意环境问题

基坑支护技术一般在高层建筑中应用居多，而高层建筑基本位于城市，建筑周围居民居多，建筑过程中会造成环境污染和噪声污染，这些问题虽然无法完全避免，但是要尽量控制。可以采取一些方式来降低噪音，施工过程中产生的废气废渣要及时处理，不可随意丢弃。

（三）加强管理

整个施工过程复杂，为了保障施工的顺利，应该加强管理。首先施工需要用到的机械要改善和养护，提高施工人员的技术。对地基施工会影响到地质，地质变化对周围的建筑可能会产生不利影响，所以为了避免该问题，必须要加强管理。

（四）损失问题

城市系统复杂，许多天然气管道、水管、煤气管、电缆管都埋在地下，而打地基需要挖洞，不管是打洞还是基坑支护施工，都需要注意这些管道的分布情况，避免因操作不当而破坏到这些管道，造成不必要的损失。

（五）意外事故问题

最近几年，许多工地发生过意外事故，为了避免这些情况，在施工之前需要制定详细的计划，虽然无法根治该问题，但是有助于降低意外事故的发生概率。

四、建筑基坑支护施工技术

（一）基坑支护结构

每个地区建筑的情况不一样，基坑支护结构设计也不一样，结构设计需要考虑地基深度、周围环境、地质、机械设备以及气候等因素，所以每一份设计应针对一个工程。只有结合实际、深思熟虑后做出的设计才更加合理。常见结构类型有三种，分别是地下连续墙结构、水泥土墙结构以及土钉墙结构。其中地下连续墙结构运用的最多，因为它的优势相对其他结构来说更多，主要表现在防水能力强，承受能力强以及挡土能力强三个方面。首先地下连续墙结构适用更多建筑，各种地质类型都可以使用该结构；如果周围建筑物多，施工过程比较复杂，使用该结构最好，因为该结构相对其他结构来说对周围的影响最小；地下连续墙结构的承受力强，不会受外力影响导致变形，减少了很多麻烦；基坑支护施工过程中不免会产生噪音，采用此种结构，噪音相对来说较小，像市中心这样的地区，对于噪音的要求比较高，更应该选择该结构；它的防水能力强，挖基坑可能会接触到地下水，此时采取这种结构可以提高防水能力。

（二）支护桩进行施工

基坑支护施工过程中设立支护桩最为关键，支护桩可以撑起整个基坑支护结构。所以想要保证整个建筑基坑支护施工的质量，需要重视支护桩的设立。支护桩的类型有两种，分别是人工支护桩以及钢筋混凝土支护桩。在进行支护桩施工过程中，首先用吊桶的方式去灌溉孔位，然后安装钢筋。这个过程关系到后期支护结构的保护能力，所以整个过程需要严格施工，保证技术。

（三）挖土方

挖土方指打地基，将整个建筑需要用到的基坑挖出来，有了坑位，才便于后面的施工。土方挖出以后，需要清理地基施工现场，把挖出的土方运输到规定地点处理，这一操作除了可以保护环境以外，还有利于后期施工。此外，施工单位在挖掘过程中应该避免损伤到其他设施，比如埋在地下的天然气管道等，如果挖掘过程中发现有异物，应当立即停止施工并确定异物为何物，将异物清除掉再继续施工。

（四）设立排桩

排桩指支护桩的排列形状，通过排队的形式来设置基坑支护桩。所以在施工中，两者需要互相配合，实现支撑建筑的能力。可以先按照排列方式去打好桩洞，为后面的排桩做好准备，形状排列好以后开始安装钢桩，再进行后面的操作。

（五）对基坑支护进行检测

整个基坑支护工程的目的是为了保障建筑的稳定，所以事关业主的人身安全，整个施工过程都需要严格监管。因此在施工之前可以设立监管部门，部门负责人应该每天安排工作人员去检查工作情况，监管过程一定要勤、要严。如果发现问题应及时向相关负责人说明情况。

五、基坑排水施工

地下水会影响到整个地基工程，所以地基的深度最好在地下水以上。毕竟每个工程的地质环境和施工要求不一样，有的高层建筑需要更深的基坑，为了保证地下水不影响到地基施工，需要做好排水处理，提前防患。一旦地下水水位上升，可以通过排水措施排除地下水，降低地下水带来的安全隐患；另外基坑周围需要设立防水墙，防止周围地下水渗入地基；天气作为不可控因素，有些工程因为赶时间，会在雨季中进行，降水量的增多会导致坑位积水，为了不影响到整个工程的质量和进度，亦需要做好排水处理。

六、混凝土灌注

在基坑支护施工之前需要先钻孔，钻孔完成后，应对现场进行清理，保持孔洞内部无施工遗留的杂物，且同时要保证孔洞表面无凸起，以免造成施工麻烦；孔洞钻出以后，需要在清洁后的孔洞中放入提前扎好的钢筋，然后进行混凝土灌注，确保钢筋的稳固；在钻孔过程中应该注意钻机的速度和深度，切莫过快或者过深，整个施工必须严格按照标准执行；放入钢筋的过程中如果出现放不进去等问题，不可强制塞入钢筋，应当先调整好钢筋的形状，再将其放入孔洞，且放置之前可以在钢筋上设置拉环，施工人员可以握住拉环，徐徐放入洞中；混凝土灌注可以采取引导法，确保混凝土完整倒入孔洞之中，避免混凝土漏在孔洞之外，这样可以有效保障混凝土的浇灌质量。

七、土钉墙支护

（一）土钉墙支护结构概述

1.土钉墙支护结构特点

第一，在基坑工程中应用土钉墙支护结构会有土钉复合体形成，有效提高边坡承载性与整体稳定性，不必设置支撑，坑壁也不会产生太大变形，噪音影响较小；第二，在土钉墙支护施工中，土钉埋设可以与基坑开挖施工同步进行，缩短单独作业时间，施工效率高，施工周期短；第三，土钉墙支护施工不占场地，对于面积小、难以放坡或者周围建筑物密集的施工场所，土钉墙支护结构能有效解决施工难题；第四，土钉墙支护结构施工工艺简单、加固效果好，技术可靠性强；第五，土钉墙支护结构施工成本低，具有经济性与合理性。

2.土钉墙支护结构适用条件

土钉墙支护结构适用于以下情况：地下水位以上的粘性土、胶结的填土或者粉砂土等。随着土钉墙施工技术不断进步，在杂填土、松散沙土、软土以及流塑土中也可采用这一技术方法。值得注意的是，对于塑性指数超过20的土，在应用土钉墙支护结构之前，要仔细评价其蠕变特性；对于标准贯入锤击数在10击以下的沙土，最好不要采取土钉墙支护结构。除此之外，土钉墙支护结构不适合以下情况：含水量较高的砂卵石层及粉细砂层、缺乏临时自稳性的淤泥土；炉渣、煤渣等腐蚀性土；对于流塑形态下的软粘土，由于其成孔难度大，采用土钉墙支护结构同样无法取得理想的经济技术效果。

3.土钉墙支护作用原理

在建筑基坑施工中，土体具备结构整体性特点，但是其抗拉强度、抗剪强度均比较低，甚至可忽略不计。在基坑开挖过程中，土体的存在能够保证边坡维持一定的直立高度，但是如果超出其临界高度，就会破坏土体整体性，因此需采取必要的边坡防护手段，通过挡土结构承担土体测压力，以免破坏土体的整体稳定性。将一定分布密度和长度的土钉放置在土体内，土钉和土体共同作用对后者强度的不足进行弥补，这就是土钉墙支护体系。土钉利用滑裂面加固坑周土体，土与土钉结合形成复合土体，从而实现原状土刚度及强度的提升。如果土体受力情况产生变化，不可避免的会产生变形，利用土钉进行加固，能够对这种变形进行约束，以此确保土体稳定性。

4.土钉墙支护体系的不足

第一，土钉墙支护体系需要用到大量土钉，部分土钉杆体很长，如果在建筑密集区域进行施工，很容易与原有地下设施发生碰撞，破坏地下设施。如果条件允许，可以调整土钉长度，将土钉灌浆体直径增大，但有些情况必须选取别的支护措施；第二，只有在土体变形、土钉与土之间存在相对位移时，才能发挥出土钉的作用。如果基坑工程对位移有严格限制，则无法采用土钉墙支护结构进行施工；第三，超深基坑不适合采用土钉墙支护体系。其主要原因为：超深基坑会明显增大土钉墙支护体系的位移量，导致基坑安全受到影响；第四，土钉墙支护体系对地下水位有一定要求，地下水位不能超出基坑的基地。如果基坑开挖过程中出现地下水，不仅会影响土钉成孔，也会影响注浆效果，引发滑塌事故。

（二）建筑基坑工程土钉墙支护结构设计与施工

1. 土钉墙支护施工流程

（1）基坑开挖

安排专门人员负责指挥土方开挖工作，采取分层、分段的方式开展施工作业，控制好各层开挖深度，确保其在 2m 以内。只有在确保土钉及混凝土喷射面满足 70% 的设计强度后，才能开始进行下一层土层开挖。此外，施工单位还要制定必要的防护措施，以免土方开挖对支护结构产生碰撞。机械作业与人工修整应当相互配合，确保开挖面平整、无虚土。在基坑开挖过程中，如果开挖面产生裂缝、渗水等问题，需要将厚度约 30mm 的混凝土喷射在上面，对开挖面进行有效保护。

（2）混凝土面层初喷

在基坑开挖完成后，将 C20 强度等级的混凝土喷射在边壁上，喷射厚度控制在 50mm。混凝土材料质量需严格控制，水泥采用普通硅酸盐水泥，骨料采用碎石或者机制砂，前者粒径不能超过 20mm，含泥量需控制在 3% 以内。采取分段、分片的方式进行混凝土喷射，施工顺序为由下至上，喷头应当垂直于土钉墙墙面。在混凝土喷射完成后，应当在 2h 内进行养护，防止裂缝出现。

（3）钻孔

根据设计要求进行钻孔作业，控制好土钉的水平间距、竖向间距分别为 1.5m、2m。成孔工具采用人工洛阳铲，水平孔最上排的深度为 9m，其他均为 6m。为方便注浆工作，土钉倾角宜控制在 5°～15°。孔位要根据设计图纸确定，遇到障碍物时可适当偏移；控制好土钉水平方向上及竖直方向上的孔距误差，前者不超过 50mm，后者不超过 100mm；孔深应当比设计深度大 0.1m，土钉杆体长度也要比设计长度大。

（4）插入钢筋土钉

采用 φ25 钢筋作为土钉，施工前需要对钢筋进行除锈、调直处理；采取双面搭接焊的方式连接钢筋，搭接长度需控制在主筋直径的 5 倍以上，焊缝高度需控制在主筋直径的 0.3 倍以上；在制作土钉时，应当严格按照设计要求确定土钉的直径、长度等参数，在孔的中心部位放置锚杆，对中支架的焊接间距为 2m，从而确保钢筋始终位于孔的中心部位。

（5）注浆

采用纯水泥浆作为注浆材料，水灰比需控制在 0.5～0.55 范围内。浆液的搅拌工作要在注浆过程中进行，并保证搅拌充分、均匀，做到随搅随用；在注浆过程中，注浆管需插入至孔底，一边注浆一边拔管，拔管速度不能过快，注浆管不能超出液面，同时注浆压力需控制在 0.4kPa 以上。当注浆抵达孔口时，应当停止注浆并进行封口。在浆液凝固后，如果锚固体无法充满浆液，还要进行补浆；在注浆工作结束后，应当及时清理干净注浆工具。

（6）钢筋网布设

钢筋网材料选用 φ8 圆钢，规格为 200mm×200mm，误差控制在 10mm 以内。网筋之间的搭接长度需控制在 300mm 以上；钢筋网在铺设以前需进行调直；选用 Φ14 钢筋作为加强筋，将土钉钢筋与加强筋牢固焊接在一起，挡块焊接在外部，确保其具有整体性。

（7）混凝土复喷

在钢筋网布设结束并验收通过后，需复喷混凝土，喷射厚度控制在 50mm，喷射方法按照初喷时进行。

2. 土钉墙施工质量管理技术措施

严格按照土钉墙支护施工流程开展作业。对于任何一道工序，都要采取施工人员自检、质检员抽检等方式进行验收，只有上一道工序验收合格后才能进入到下一工序。尤其是对隐蔽工程的质量验收，需要施工单位给予特别关注；加强材料质量控制。检查水泥材料，确保其具备合格证书、成分化验单及其他质量证明文件。喷射混凝土采用硅酸盐水泥，骨料采用中粗砂。在混凝土喷射完成后，需要对面层进行检查，确保其没有露筋、空鼓以及裂缝等问题；钢筋网铺设前必须进行调直，严格按照设计要求确定网格尺寸；及时收集、整理施工过程中的各项工程资料，认真填写原始记录；加强土钉墙支护检测。土钉墙支护检测分成三个阶段：土方开挖至 4.5m 为第一阶段，观测频率为两天 1 次；土方开挖至 9.2m 为第二阶段，观测频率为每天 1 ~ 2 次；支护完成后为第三阶段，观测频率为两天 1 次。

八、排桩支护

排桩支护技术是建筑施工中常见的地下基坑施工保护方式。近年来，随着地铁等地下施工项目的增多，排桩支护技术得到了广泛的应用。这种技术通常具有较大的侧向刚度，因此增加了地下施工的安全性。另外，排桩支护减少了基坑的暴露时间，确保施工顺利完成。

（一）排桩支护及其使用范围

排桩支护技术在我国建筑行业中的应用始于 20 世纪 90 年代，一般将施工中沿基坑侧壁排列的支护桩加上冠梁都视为排桩，多数排桩为支挡结构。为防止地下水位高于基坑底面，可采取方法为加水幕排桩。而不同的地质条件，排桩材料的使用不同。锚杆通常不能用于水位过高或者土层软是沙土中，且使用锚杆时要确保其锚固长度且确保其使用不能破坏其他建筑物。目前，排桩支护在建筑施工中应用广泛，关于其具体应用方式下文将针对某地排桩支护过程进行具体分析。

（二）排桩支护影响因素和方案选择

影响排桩支护的主要原因是施工地点的地质条件，本书针对某地地质条件做了具体的调查，发现其土壤主要成分为中砂、卵石和粉土。其中中砂的厚度为 1.00m，重度为 19.0kN/m³。卵石平均厚度为 5 米，重度为 20.0kN/m³。并对该地水位进行了测量，测量结果为水位平均值在 8 米。并且此工程距离建筑物较近。根据这一现状，可采取排桩支护为主，在基坑位移较大时，可结合喷锚支护。本书主要介绍人工挖口排桩支护的支护要点。其中护壁桩外径选择 1.4 米，桩芯直径 1 米，孔深 11.5 米，护壁厚度可定位 100 毫米。对坑壁才取网喷和速喷处理。实际上，基坑支护方式包括土钉墙支护、钢板桩支护等，由于排桩支护操作简单，且经济消耗较小，因此应用较为广泛，也成为本书研究的重点。

综上所述，影响基坑排桩支护的主要因素有土层参数，基坑深度以及基坑周围的环境特点。首先，土层抗剪强度是影响排桩支护的主要因素，施工降水是影响其抗剪强度的主要原因，因此要根据降水量计算出抗剪强度，采取必要的措施使孔隙水应力处于合理范围之内。其次：基坑形状影响支护，通常基坑的短边变形位移较小，基坑阳角较阴角来说易于安装。通常选择双排桩支护，以提高支护力。最后：基坑周围是否有其他建筑物或管线，施工地点荷载等问题也影响其支护。另外，对于一些特殊地形，桩顶锁口梁的设定，桩间护壁己十层的保护工作都应得到重视。

（三）施工与监测

以该工程为例，其施工工艺过程包括，桩位和高程确定、桩口土的挖掘方法、附加钢筋设置、孔中心校正、桩位轴线检查和检查验收等过程，其中桩孔土的挖掘需要两节，第一节要自上而下、从中间到两边而进行，且截面尺寸不宜过大。第二节要求孔内人员做好安全防护措施，并进行吊土和卸土，高出地面 200 毫米左右，将基坑挖至要求深度，确保孔和孔壁的质量。桩孔护壁砼的浇灌要在每一节进行，其目的是校正孔中心，其方法包括人工浇筑、捣实，并控制基坑坍塌，使孔壁处于稳定状态。并要求浇灌超过 24 小时后才能够进行拆模。桩位轴线的检查是确保施工质量的关键因素，他要求根据孔护壁的尺寸以及桩位上的轴线进行适当的调整，确定合理的基准点，并在测量中随时以基准点为依据，使施工满足要求。关于第二节的桩口等问题正在讨论中，一般认为其桩口的施工程序应与第一节相同，且要检查验收，做好施工记录。钢筋笼的固定要必须完全按照施工要求进行，并在运输中严格控制其变形，可先绑 70mm 的厚砂浆垫块。在钢筋笼的调放过程中，必须对准孔位，且要平稳慢速下降。

（四）基坑排桩支护变形监测

由于排桩支护单侧受力，压力较大，因此较容易变形，因此其变形监测十分必要。随着监工技术的发达，排桩支护变形监测逐渐实现信息化。以下将介绍基坑排桩支护变形监测的相关问题。首先：监测内容包括周边建筑物原始情况记录，支护结构的侧向位移大小，周边建筑物是否存在沉降等现象。另外，要设置位移监测点，一般要求设在桩顶圈梁上，观测点为直径 25mm 以上的钢筋。设置足够的监测点，随时监测建筑物下沉或位移情况。

基坑施工中有些问题必须解决才能确保施工顺利进行。其中包括降水深度不够，桩底土层不稳和边坡侵蚀问题。该工程中，对降水深度不够的解决措施为即时运出泥土或抽水来保持水位。对土层不稳解决措施为严格设置挖土标高，并预留 300 毫米的人工捡底，不得进行超挖和搅动。同时，地下室底板采用砖胎模施工。对于侵蚀严重问题，应对基坑周围进行硬化处理。

排桩支护是确保建筑基坑施工安全的重要方法之一，其施工要点要结合施工地点的地质。环境等条件，在进行支护时，一方面要确保支护的有效性，一方面要降低支护对周围建筑的伤害。针对这一状况，一般采用人工挖孔悬臂排桩支护方式效率最佳。

第五节　土方工程的质量要求及施工安全

一、质量管理及控制措施

（一）挖土方及回填工程

成立精干、高校的项目领导班子，选派具有丰富施工经验的队伍，加强岗位培训和质量意识教育。坚持"三检"（自检、专检、交接检）制度和隐蔽工程检查签证制度。土方施工中严格控制每道工序、每一部位，做到不经监理工程师检查签认不进行下道工序施工。为了便于施工及有利于基坑边坡稳定，土方开挖前先做好定位放线工作。

土方开挖时，为防止邻近已有建筑物或构筑物、道路、管线等发生下沉和变形，与有关单位协商采取保护措施，在施工中进行沉降或位移观测。开挖放坡的坑（槽）和管沟时，应先按施工方案规定的坡度，粗略开挖，再分层按坡度要求做出坡度线，每隔 3m 左右做出一条，以此线为准进行铲坡。深管沟挖土时，应在沟帮中间留出宽度 80cm 左右的倒土台。土方开挖质量要求：①主体部分开挖标高允许偏差 ±15cm；②边坡放坡允许偏差 ±25cm，但边坡不得挖陡。

为避免平面位置、高程和边坡出现偏差，施工中加强测量复核。建筑物或构筑物的位置或场地的定位控制线（桩），标准水平桩及基槽的灰线尺寸，必须经过检验合格，并办完预检手续。

为防止槽底土壤被扰动或破坏，机械开挖时，应距设计槽底高程以上预留不小于 200mm 土层配合人工清底。开挖基坑（槽）的土方，在场地有条件堆放时，一定留足回填需用的好土，多余的土方应一次运至弃土处，避免二次搬运。

1. 严格控制填土的压实度。首先作好回填土的碾压处理，尤其是软土地基段，其次作好回填的填料质量，凡作为回填土填料的土石必须通过试验来确定。土的压实控制在接近最佳含水量时进行，在施工工程中对土的含水量必须严格控制，及时测定，随时调整。

2.雨期施工。①土方开挖一般不宜在雨期进行，必须开挖时，应尽量缩短开槽长度，逐段、逐层分期完成；②沟槽切断原有的排水沟或排水管，如无其他排水出路，应架设安全可靠的渡槽或渡管，保证排水；③雨期挖槽，应采取措施，防止雨水进入沟槽，同时还应考虑当雨水危及附近居民或房屋安全时，应及时疏通排水设施；④雨期挖土时，留置土方不宜靠近建筑物。

注意事项：雨季、冬季和夜间施工条件较差，容易发生伤亡事故。故在施工中更应注意。如有可能，应避免在雨季、冬季和夜间施工。

土方工程在雨季施工时，要注意：①应全面检查原有排水系统，进行疏浚或加固，必要时要增加排水措施，保证水流畅通，傍山沿河地区应制定防汛措施；②开挖基坑（槽）或管沟时，应四周垒填土埂，防止雨水流入，并要特别注意边坡和直立壁的稳定；③必要时可放缓边坡或增设支撑，并加强对边坡和支撑的检查；④雨季施工不宜靠房屋墙壁和围墙堆土，防止倒塌事故。

土壤在冬季受冻变硬，难以挖掘，故在冬季施工应专门制定保证工程质量和施工安全的安全技术措施，并对操作人员进行安全技术培训。整个冬季施工应随时掌握气候变化情况，以便预先做好保护措施。开挖冻土，应根据施工方法，制定专门的安全技术措施。

雨季和冬季施工时应对运输道路采取防滑措施，如加铺炉渣、砂子等，以保证正常运输和安全。大风、大雨期间应暂停施工。

夜间施工应有足够的照明，在深坑、陡坡等危险地段应增设红灯标志，以防发生伤亡事故。

（二）成品保护措施

应定期复测和检查测量定位桩和水准点，并作好控制点的保护。开挖沟槽如发现地下文物古墓，应妥善保护，并及时通知有关单位处理后方可继续施工，如发现有测量用的永久性水准点或地质、地震部门的长期观测点等，应加以保护。

开挖基坑（槽）或管沟，当接近地下水位时，应先完成标高最低处的挖方，以便在该处集中排水。开挖后，在挖到距槽底50cm以内时，测量放线人员应配合抄出距槽底50cm平线；自每条槽端部20cm处每隔2m～3m，在槽帮上钉水平标高小木橛。在挖至接近槽底标高时，用尺或事先量好的50cm标准尺杆，随时以小木橛上平，校核槽底标高。最后由两端轴线（中心线）引桩拉通线，检查距槽边尺寸，确定槽宽标准，据此修整槽帮，最后清除槽底土方，修底铲平。在地下水位以下挖土，应在基槽两侧挖好临时排水沟和集水井，先低后高分层施工以利排水。

在有地上或地下管线、电缆的地段进行土方施工时，应事先取得有关部门的书面同意，施工中应采取措施，以防止损坏管线，造成严重事故。

二、安全管理措施

开工前要做好各级安全交底工作。根据本工程施工机械多，配合工作多，土质条件差以及运土路线复杂等特点，制定安全措施，组织职工贯彻落实，并定期开展安全活动。

作业时必须执行安全技术交底，服从带班人员指挥。配合其他专业工种人员作业时，必须服从该专业工种人员的指挥。作业时必须根据作业要求，佩带防护用具。

土方开挖、存土、运土、弃土应统筹安排有序进行，保障道路畅通，不得互相干扰。基坑穿越道路时，开工前应制定交通疏导方案，并经交通管理部门批准后方可实施。施工中应在社会道路与施工区域之间设围挡和安全标志，并设专人疏导交通。施工机具应完好，防护装置应齐全、有效。使用前应检查、试运转，确认合格。

上下基坑必须走马道、安全梯。机械开挖土方时，应按安全技术交底要求放坡、堆土，严禁掏挖，履带或轮胎应距沟槽边保持 15m 以上的距离。

三、基坑开挖

（一）施工方法

挖填区的分布不同，根据具体条件，选择合理的铲运路线，对生产率影响很大；为了提高铲运机的生产率，除规划合理的开行路线外，还可根据不同的施工条件，采用不同的施工方法。开挖施工时，还应特别注意以下几点：应根据地下水位、机械条件、进度要求等合理选用施工机械，以充分发挥机械效率，节省机械费用，加速工程进度。一般深度在 2m 以内的大面积基坑开挖，宜采用推土机或装载机推土和装车；面积大时可用铲运机铲土。对面积大且深的基坑，宜采用斗容量 0.5、1.0m³ 的正铲挖掘；如操作面较狭窄，且有地下水，水的湿度大，可采用反铲挖掘机在停机面一次开挖；深 5m 以上，宜分层开挖或开沟道用正铲挖掘机下入基坑分层开挖；对面积很大很深的基坑，可采用反铲挖掘机多层接力开挖，可减少软土基坑内运输的复杂性；在地下水中挖土可用拉铲或抓铲，效率较高；挖掘机挖土应按土方开挖标志线和施工设计规定的开挖程序作业，开挖应绘制土方开挖图，确定开挖路线、顺序、范围、基底标高、边坡坡度、排水沟、集水井位置以及挖出的土方对方地点等。开挖中对基坑影响范围内的已建地下管线和建筑物应采取保护措施，并经常维护，保持完好。挖土时应按施工设计规定的断面开挖，当土质发生变化边坡可能失稳时，必须采取保护边坡稳定的措施后，方可继续开挖；底标高不一时，可采取先整片挖至最浅标高，然后再挖个别较深部位，当一次开挖深度超过挖土机最大挖掘高度时，宜分层开挖，并修筑 10% ~ 15% 坡道，以便挖土及运输车辆进出；基坑边角部位，机械开挖不到之处，应用少量人工配合清坡，将松土清至机械作业半径范围内，再用机械掏取运走。清坡清底人员必须根据设计标高作好清底，不得超挖。如果超挖，不得将松土回填，以免影响基础质量。

大基坑宜另配一台推土机清土送土、运土。在有支护的沟槽内挖土时，采取防止碰撞支护的措施。施工中发现危险物、文物和其他不明物，必须停止作业，保护现场，不得随意搬动、敲击，并按有关规定办理；挖掘机、运土汽车进出基坑的运输道路，应尽量利用基础一侧或地下车库坡道部位作为运输通道，以减少挖土量；软土地基或在雨期施工时，大型机械在坑下作业，需铺垫钢板或铺路基箱垫道；对某些面积不大、深度较大的基坑，应尽量不开或少开坡道，采用机械接力挖运土方法，并使人工与机械合理地配合挖土，最后用搭枕木垛的方法，使挖土机开出基坑。挖土自上而下水平分段进行，每层0.3m左右，边挖边检查槽宽，至设计标高后，统一进行修坡清底。相邻基坑开挖时，要按照先深后浅或同时进行开挖的原则施工；机械开挖应由深而浅，基底及边坡应预留一层200mm～300mm厚土层用人工清底修坡找平，以保证基底标高和边坡坡度正确，避免超挖和土层遭受扰动。开挖出的土方，要严格按照组织设计堆放，不得堆于基坑侧，以免引起地面堆载超荷引起土体位移、板桩位移或支撑破坏；基坑挖好后，应紧接着进行下一工序，尽量减少暴露时间。否则，基坑底部应保留100mm～200mm厚的土暂时不挖，待下一工序开始前再挖至设计标高。

（二）挖掘机挖土应遵守以下规定

挖掘机挖土应按土方开挖标志线和施工设计规定的开挖程序作业；在各类管道1m范围内应人工开挖，不得机械开挖，并约请管理单位派人现场监护应设专人指挥。指挥人员应在确认周围环境安全、机械回转范围内无人员和障碍物后，方可发出启动信号。挖掘过程中指挥人员随时观察挖掘面和机械周围环境状况，确认安全配合机械挖土的清槽人员必须在机械回转半径以外作业；需在回转半径以内作业时，必须停止机械运转并制动牢固后，方可作业。

（三）开挖基坑应遵守下列规定

坑深超过2.45m时应分层开挖，每层的深度不宜大于2m；操作人员之间必须保持足够的安全距离，横向间距不得小于2m，纵向间距不得小于3m。

（四）土方堆运

1.土方运输

外运土方须做到文明施工，安全生产，对出入车辆必须用水清洗干净，不带泥土污染市政道路，保证良好施工环境。土方运输应根据土方调配方案、车辆和环境状况，确定运输道路。土方运输中，遇机械、车辆、作业人员繁忙和道路较狭窄路段，应设专人指挥交通，确保安全。弃土应及时运出，如需要临时堆土，或留作回填土，堆土坡脚至边坡距离应按挖坑深度、边坡坡度和土的类别确定，在边坡支护设计时应考虑堆上附加的侧压力。

2.堆土

底层土方施工段采用台阶后退法施工。具体施工时，从各期段端部基坑的远端角开始，分层挖至出土口的土台阶后，呈放射状向该段的出土口方向后退挖土，边挖边传递土方，所挖出的土方经下挖机分级传递至基坑顶面后，直接装车转运至存土场堆放。存土场应遵守下列规定：存土场应避开建筑物、围墙和电力架空线路等；存土高度不得超过地下管道、构筑物的承载能力，且不得妨碍地下管线和构筑物等的正常使用与维护，不得遮压和损坏各类检查井，消火栓等设施；存土场应选择在地势较高的地方，不得积水；存土场周围应设护栏，开设安全标志，非施工人员不得入内。现场应设专人指挥车辆；存土场应采取防扬尘措施。存土取走后应恢复原地面。

（五）基坑回填

土方回填前，由技术部向作业班组质检员进行详细的技术交底，将回填区域的划分、根据碾压试验确定的压实参数、施工方法等问题交代清楚。严格控制填土层厚度。每层按压实后30cm施工，并在现场按一定距离埋设标高控制杆。在杆上标定每层回填高度，并拉线控制填土厚度。每填三层用水准仪检查一次标高。每层回填土摊铺均匀、平整，防止碾压后表面积水。碾压采用25t羊足碾压，不振一遍，带振二遍及30t光轮压路机带振二遍，不振一遍。经测定密实度合格后，经监理同意后，进行下一道工序的施工。改良土所需石粉渣必须有天地石场的材料质保资料。

1.人工回填土

用小车向坑内卸土时，坑边必须设横木挡掩，待坑下人员撤至安全位置后方可倒土。倒土时应稳倾缓倒，严禁撒把倒土。在土方填筑过程中，根据工程师批准的土方填筑检测计划对每步土进行检测，检测合格后把检测资料报送工程师并报请工程师进行抽检，复检合格并经批准后进行下步土的回填。取用坑帮土回填时，必须自上而下台阶式取土，严禁掏洞取土。

人工打夯时应精神集中。两人打夯时应互相呼应，动作一致，用力均匀。

回填基坑时，应按安全技术交底要求在构筑物胸腔两侧分层对称回填，两侧高差应符合规定要求。

2.机械回填土

采用自卸汽车、机动翻斗车向槽内卸土时，车辆与坑边的距离应根据土质、坑深而定，且不得小于1.5m；车轮应挡掩牢固。

在工程师检查后对不合格的回填土，彻底按工程师的指示进行返工、修理和补强。土方填筑完工后，首先对工程全部填筑部位按国家有关规范规程规定的有关内容进行自检，自检合格后报请工程师进行验收。

3.质量检查

填筑前，首先对回填段进行地形、剖面的测量复核，并把测量资料报送工程师复检。其次对测量后的基槽进行基础面的清理，然后报工程师进行回填前的验收，验收合格后方可回填。

土方填筑时，对填筑段选派有经验的工程技术人员在现场填筑中进行监督并密切配合工程师监督人员的工作。

在土方填筑过程中，根据工程师批准的土方填筑检测计划对每步土进行检测，检测合格后把检测资料报送工程师并报请工程师进行抽检，复检合格并经批准后进行下步土的回填。

在堆土料场，不定期对土料的含水量进行检查，对于含水量较高的土料必须翻晒，待其含水量达到要求后方可进行回填。

在工程师检查后对不合格的回填土，彻底按工程师的指示进行返工、修理和补强。

土方填筑完工后，首先对工程全部填筑部位按国家有关规范规程规定的有关内容进行自检，自检合格后报请工程师进行验收。

（六）应急措施及注意事项

1.应急措施

在基坑开挖期间，设专人检查基坑稳定，发现问题及时通报有关施工负责人员，便于及时处理。开挖由项目经理直接负责，控制好人员、机械，确保开挖工序的稳步进行，施工员做好测量放线，控制好边坡的稳定，由专职安全员组织人员及时检查安全情况，边坡稳定情况由专业检测单位全天候检测，并及时上报检测数据。

在施工中如发现局部边坡位移较大，须立即停止开挖，通知围护单位做好加固或加密锚杆处理，进行边坡喷砼，待稳定后继续开挖。

如施工过程中发现水量过大，及时增设井点处理。

2.注意事项

坑边不准堆积弃土，不准堆放建筑材料、存放机械、水泥罐及行车。基坑边外部荷载不得大于15kpa。

坑边不得有常流水，防止渗水进入基坑及冲刷边坡，降低边坡稳定。

四、土施工质量的验收

（一）常用基地检验技术

在建筑工程施工的过程中，土方工程质量验收与今后的施工活动以及工程的整体施工质量有着密切的联系，在其对进行验收的过程中，常用的检验技术主要包括以下几个方面：

1. 轻便触探法

在土方工程施工之前，工程的负责人应准确地掌握土方工程所在地的降水、排水措施，并对其进行科学、完善的设计，并在试运行合格后方可施工。在土方开挖的顺序、方法以及设计中，必须严格按照工程的施工设计进行施工，且在开挖的同时，按照"开槽支撑，先撑后挖，分层开挖，严禁超挖"的开挖原则进行施工。基槽与管沟在挖土时，应按照相应的顺序分层进行，在确定分层厚度的过程中，则需要结合着工程的实际施工状况，在开挖的同时，避免在局部区域出现挖沟过深、欲载过速等现象发生，以此来提高土体的稳定性，确保基坑的安全。

2. 标准贯入试验法

在对土方工程施工质量进行验收的过程中，贯入实验法在实施的过程中，其内部检验结构主要由标准贯入器、触探杆和穿心锤等部件组成。在具体实施的过程中，一般将其配合起来在工程的实地进行取土试验，以此来确定钻孔的土层分布信息，这种方式在使用的过程中，适用对象为砂、粉土、粘土以及颗粒直径较小的碎石土。该设备在操作使用的过程中，其核心优势在于操作简单，能够探测深度高达 50m 以上的土层，准确地对探测土方进行分层。在节省大量人力物力的同时，还能从根本上提高验收结果，确保结构的准确性与科学性。

3. 载荷试验

载荷试验法在验收土方工程施工质量的过程中，其主要验收对象为一级建筑物，且通过对基坑下土的载荷性能试验来确定工程建筑的地基承受力。在试验方法实施的过程中，需要结合着工程土方的实际状况决定，一般在设计荷载标准的过程中，习惯性将其设置在设计荷载的两倍之上。确保载荷试验的可行性与准确性。

4. 沉降观测

在土方工程施工质量验收中，沉降观测作为检查建筑物地基极其施工基础的核心方式，在实施的过程中不仅关系着工程的施工质量，同时还关系着工程今后的投入使用。在工程实际施工中，受工程隐蔽性、地基土质不均匀性以及上不结构荷载的不均匀性等因素影响，在使用的过程中造成工程大幅度的沉降、房屋开裂，甚至在情况严重的状况下会出现房屋倾斜等严重的质量问题。面对当前城市化进程的迅速发展，高层建筑已经成为人们日常生活中的重要居所，若发生大规模的倾斜，将直接关系着人们的生命安全及日常生活，同时还会在原有的基础上浪费大量的资金进行维修。由此可见，在土方工程施工质量验收中，沉降观测有着极其重要的作用。

（二）地基的局部处理方法

在地籍的局部处理中，其处理方法主要包括坑内及坑外两个方面，在具体实施的过程中，主要包括以下两方面的内容：

1. 松土坑在基槽范围内

当土坑位于基槽范围之内时，施工人员在处理的过程中，需要结合着坑的实际范围，将坑中存在的松软虚土清除，指导坑底呈现出天然的土为止，然后使用与坑边天然土压缩性相近的材料对土坑进行回填，使其在保持稳定性的同时，还能在原有的基础上避免基坑下沉的现象发生。在天坑材料的选择上，需要相关施工人员结合着松土坑土质的实际状况，选择与之相符的填坑材料。

2. 松土坑范围超过基槽边沿

当松土坑范围超过基槽边沿时，施工人员需要严格按照土质设计中的施工程序进行施工。尤其在坑的范围较大时，施工人员应按照现场管理人员的指挥，严格控制基槽的开挖宽度，直到挖到天然土层为止。在整个开挖宽度决定的过程中，需要结合着坑的回填材料以及坑内土质的实际状况。一般而言，在实际施工的过程中，若坑的实际宽度在2m之内，且整个坑形呈现出较大刚度的条形基础时，施工人员应谨慎放宽基槽的宽度，同时需要使用灰土与松土壁接触处紧密夯实。

第二章　地基的处理方式

第一节　地基的钎探与验槽

一、地基钎探

地基钎探是一种土层探测施工工艺，将标志刻度的标准直径钢钎，采用机械或人工的方式，使用标定重量的击锤，垂直击打进入地基土层；根据钢钎进入待探测地基土层所需的击锤数，探测土层内隐蔽构造情况或粗略估算土层的容许承载力。

二、地基验槽

基槽（坑）开挖完成后，应及时检查验收，并进行基础工程施工，尽量减少基槽（坑）的暴露时间。此阶段即为基坑地基验槽阶段。

（一）地基验槽的要求

1.地基验槽应注意以下几点：检查基坑的位置、平面尺寸、坑底标高是否符合设计要求。检查基坑的土质和地下水是否与预先探测的情况相符。检查是否存在空穴、古井、古墓、防空洞以及地下埋设物，并且探查它们的位置、深度和形状。

2.当出现下列任何一情况时，应使用轻型动力触探对基坑底进行检查：持力层不连续，出现明显的不均匀分布。在基坑浅部出现软弱下卧层。在基坑地部浅埋有空穴、古井和公墓等，但是通过观察却难以直接发现。勘察报告或设计文件规定的应进行轻型动力触探的。

（二）地基验槽的程序

1.地基验槽前的准备工作

在进行验槽前，要做好各方面的准备工作，包括：细致的了解地质勘查报告以及阅读结构说明，对比报告中所确定的地基承载力与持力层是否和在结构设计中所用到的数值相符；仔细查看勘察的范围与建筑物的具体位置是否一致；向建设方索要关于场地内各种地下设施的布置图；检查场地内是否存在采空影响区，并且确认是否有采取相应的措施对地基和结构进行处理。

2. 地基验槽的内容

在岩土工程勘察中，往往由于测量仪器的问题、测量人员的技术不足以及其他各种局限性，导致场地的勘察无法做到全面细致，很多问题没有被勘测出来，因此，在基坑开挖完成之后，应结合工程实践经验，对基坑地基进行验槽工作。基坑地基验槽应做好以下几个方面的内容：

（1）首先检查基槽（坑）的平面位置、基坑尺寸以及基底标高是否符合设计图纸的要求，其次检查边坡坡度是否正确，边坡是否稳固、支撑是否牢靠等。检查勘察时所确定的基坑范围与拟建建筑物的具体位置是否相符，如果不相符，有可能使槽底实际土质情况与勘察报告中的内容出现偏差。检查开挖是否达到设计基底标高，有时候勘察的标高基准点与设计中的零点位置不统一，此时在没有特别注意的情况下，施工单位很容易将二者弄混，这样可能导致最后开挖到槽底时出现的土层并不是勘察报告中的预定土层。

（2）检查槽壁、槽底的土质情况是否符合勘察报告中的内容，检查是否存在问题土层，检查部位、应选择墙角、承重用下及其他受力较大的部位。如果槽壁为直立面时，很容易就可以进行土层分层情况的观察，但是当槽壁倾斜时，槽底土就可能出现分布不均的情况，槽壁如果出现填土的话，在槽底中也可能出现相同的填土。检查槽底土的性质是否与勘察报告中的相吻合，具体检查土层的颜色是否均匀，土层的湿度是否与预先勘察的相一致，同时检查土层的沉积结构是否处于天然状态，土层中是否夹杂异物，最主要的是采取钎探检查土层软硬不均的分布位置。一般情况下，填土的颜色和结构与天然土层不一样，填土中通常夹杂着砖块、小石子以及灰渣等，还可能含有团块状的粉土和粘性土混杂的土块，如果槽底中出现填土，很容易就可辨认出来。如果出现跑漏水的情况是时，可能导致槽底局部含水量较大时，采取钎探可检测出土质软硬不均，此时，应立即切断问题水源。

（3）检查基槽内是否有空穴、古井、古墓、房基以及其他地下设施结构等，如果发现这些，还应具体勘测其分布的位置，范围和深度。勘察中很多被忽略的问题和隐患都要通过验槽这一阶段进行发现、修正和补救。

（4）检查基坑的边坡是否对临近建筑物的稳定和安全造成影响，确定基槽边缘与建筑物的距离符合规范的规定要求。

（5）检查场地内是否存在异常地带，呈现带状、圆形或者弧形的异常带往往会成为不稳定因素。

（6）检查是否因为天气的因素导致基底岩石的性质发生变化。

（7）检查场地内是否存在被扰动的岩土。

（三）地基验槽的方法

1. 表面详细观察，描述槽壁的情况以及槽底岩土特性。全面观察基槽（坑）底面土质是否均匀一致，土的坚硬程度是否一致，是否有局部含水异常现象，行走是否有颤动感觉等。如有异常现象应会同设计等有关单位进行处理；检查是否有影响边坡稳定的问题存在，比如渗水、基坑边堆载过多等问题。观察土质时，特别要注意的是不要将素填土和新近沉积黄土混淆。如果遇到无法明确辨别的土质时，应对一定深度的土质进行仔细探查。如若基坑中存在旧房基、空穴、地下管道以及地下人防设施时，应探查其具体位置和走向，查明其在基坑内的延伸方向、尺寸以及深度。

2. 分析钎探资料。如果槽底出现土质明显不均匀的情况或者发现有空穴、古井、古墓以及地道等问题时，应采取钎探明这些问题具有分布的范围和深度。钎探是在基槽（坑）控好后，用符合要求的标准锤按一定的落距将钢钎打入挖好的基土内，根据每打入一定深度的锤击次数，来判断基底岩土的均匀情况是否与同一深度段的钎探击数一致。当某一深度段的击数小于平均值的 30% 时，应在平面图上标出异常地带的范围，并且分析问题的原因所在，必要时，应在一次进行钎探检查该处。当某一深度段的击数小于平均值的 50% 时，则应补挖深井经行更加深入的探查。

（四）验槽注意事项

1. 清槽

验槽前要清槽，应注意以下几点：

（1）按要求将槽底清平，修直槽帮，土清到槽外。

（2）观察及钎探到基槽有过软或过硬部位，需挖到老土。

（3）柱基如有局部加深，必须将整个基础加深，使整个基础做到同一标高。条形基础基槽内局部有问题，必须按槽的宽度挖齐。

（4）槽外有坑、井等，如在槽底标高以下基础侧压扩散角范围内时，必须挖到老土，加深处理。

（5）基槽加深部分，如挖土较深，应挖成阶梯形。

2. 浅基础的验槽

浅基础的验槽应注意以下几点：

（1）检验该存在环境中有没有填土和近期的沉积土，有没有被处理过的岩石，有没有基底岩石收到雨、雪的影响而发生变化的。

（2）槽壁、槽底土在颜色上与周围的相比有些变化，另外就是对比一下场地内有没有异常带（条带状、圆形、弧形）。

（3）个别部分的含水量是不是区别与其他的地方，基槽应该保持干爽状态，不要出现水浸的情况。

3.深基础的验槽

深基础的验槽应注意以下几点：

（1）检验该存在环境中有没有填土和近期的沉积土，有没有被处理过的岩石，有没有基底岩石收到雨、雪的影响而发生变化的。

（2）基槽中应该长期保持干爽状态，防止水浸现象的发生。

（3）边坡是否稳定；

（4）禁止个别部位严重超挖后再用虚土填充。

4.复合地基（人工地基）的验槽复合地基的验槽，主要有以下几种情况：

（1）对换土垫层这一过程最好是安排在垫层施工之前，检测基坑深度，根据深度的不同进行相应的深、浅验槽。只有条件过关的才可以进行下一步的施工。

（2）对各种复合桩基，应在施工之中进行。主要是检验明桩端有没有达到预定的地层。

（3）对各种采用预压法、压密、挤密、振密的复合地基，主要用试验方法（室内土工试验、现场原位测试）来落实有没有达标。

第二节　土方的填筑与压实

一、施工中的土方填筑

（一）建筑施工中土方填筑的常见问题

第一，路基施工问题。路基施工是建筑工程施工过程中的重要环节，是影响工程的整体施工质量的关键因素。在路基施工过程中，应注意相应的工程施工细节，合理组织现场施工活动。在施工时应控制好填筑层的水量问题，施工时要实施对水量进行合理分析，确保能够在最佳含水量的转台下进行相应的工程施工操作，从而减少施工问题的发生。并且在进行碾压施工时，应加强对施工中的材料和设备的管理工作，保障各种施工资源和合理利用，并且在碾压是还应保障碾压平整性，对于施工过程中凸凹地方及时进行相应处理，保障工程的压实质量。

第二，土质疏松问题。在建筑工程的土方填筑施工过程中，对于施工过程中的比例应进行严格要求，在施工工作开始前应对其进行合理设计，并对施工过程中可能遇到的问题进行预防和检测，从而防止施工问题的发生，降低土质疏松问题对工程施工的影响。填筑施工完成后应立即开始对其进行洒水工作，保持水分并为下一步的施工操作奠定基础。然后再进行第二次土方碾压施工操作，强化工程施工的厚实程度。在施工时还应明确相应的施工标准，减轻图纸问题对于工程施工质量的影响。

二、影响土方填筑和压实效果的因素

对于建筑工程项目中土方填筑和压实技术手段的应用，其重要性不言而言，施工难度虽然不高，但是对于施工质量的要求却比较高，为了较好实现对于建筑工程土方填筑以及压实技术的质量控制，需要切实围绕着以下几个方面进行详细探究，重点规避常见影响因素的干扰，具体问题和影响因素表现如下。

（一）土方填料选择不当。在建筑工程土方填筑施工处理中，相应土方填料的选择不合理是带来较大威胁隐患的重要因素，也是影响其整体质量效果的基本原因。在土方填筑材料的选择中，其需要确保相应土方填料具备较高强度表现效果，尤其是能够实现对于填料纯度的严格控制。但是在当前很多土方填料施工处理中，因为存在着较为明显的就地取材原则，如此也就很容易导致相应填料的选择不严格，存在着较为明显的质量缺陷，对于整体建筑工程土方填筑质量带来的影响比较大，甚至存在着较多的杂草或者垃圾。

（二）含水量过高。对于建筑工程土方填筑施工操作，其存在的质量问题往往还表现在含水量方面，因为相应基础结构的含水量过高，进而也就很可能会导致具体施工质量受到较为明显的威胁，其施工操作的强度和抗变形能力都会存在明显问题，具体的压实效果也会存在较大干扰，应该在施工操作过程中予以高度重视。土壤结构含水量过高的表现和土颗粒间的内摩阻力存在着较为直接的联系，其很容易表现出较大的施工难题，容易导致压实处理难以达到应有压实度，由此形成的威胁和问题也就极为明显。

（三）碾压层厚度问题。在建筑工程土方填筑以及压式操作中，其最终压实效果往往还和碾压层厚度存在较为直接的联系，这种碾压层厚度一般需要和具体压实机械设备的选择相匹配，如果具体压实机械设备的选择不适应具体压实层厚度，进而也就很容易导致铺土不具备较强的碾压效果，如此形成的威胁和影响是比较突出的。这种碾压层铺土厚度方面的影响问题表现是较为直接的，对于压实度的干扰也比较突出，和整体施工规划以及相关施工管理存在较大联系，需要在后续施工中予以关注。

（四）压实遍数方面的影响。对于建筑施工中土方填筑以及压实操作的落实，其最终质量效果还需要从压实遍数方面进行严格把关，需要确保相应建筑施工操作中的压实机械设备能够得到详细分析，确保土方压实能够在恰当遍数操作下体现出较强的可靠性效果。结合压实遍数方面的影响，其主要就是因为相应施工操作人员不注重对于施工最终标准和要求的分析，进而也就极有可能会导致压实遍数的设置出现问题，影响到最终压实质量，对于整体建筑工程项目基础结构的稳定性带来了较大威胁。

三、施工中土方填筑与压实技术

（一）土料选用与处理

土料选用与处理是建筑工程土方填筑施工的重要内容，对于整体看施工质量具有重要影响。首先，施工单位应合理选择土料。在这一方面，建筑工程的土料选择具有很大的自由性，凡是能够符合工程施工压实要求的土料都可以选用并进行相应的施工操作，如：砂土、碎石等。但是要注意不能选用有机物和可溶性硫酸盐含量过高的土料。并且当需要选用粘性土料时，施工单位应对其进行含水量检测，选用含水量符合相应规定的土料。其次，应尽量使用同一种类型的土，但是对不同性质的土进行混合填筑时，不能在施工时随意堆放土料，而应视土的透水能力的大小，进行分层填筑压实，从而保障工程的施工质量避免浸泡问题的发生。最后，在进行土方回填施工时，对于比较靠近地面位置的地方，可以进行分层回填和压实操作，并根据土层厚度合理选择施工设备，以保障施工质量。同时在工程施工过程中，施工人员应对每层的施工压实施工情况进行检查，发现问题及时采取有效措施对其进行相应处理，从而保障工作施工质量和效率。

（二）填土压实施工方法

第一，碾压法。碾压法是指利用压实原理，通过机械碾压夯击，把表层地基压实，强夯则利用强大的夯击能，在地基中产生强烈的冲击波和动应力，迫使土动力固结密实，是建筑工程施工过程中被普遍应用的技术之一。在建筑工程的施工过程中，根据不同的密度和施工要求，需要选择不同的施工器械。羊足碾一般用于粘性土质较高的施工操作时，可以调整土壤并完成一些细节工作，能够有效提高工程施工质量和效率。一般来说，大面积的填土工程通常都会使用碾压法进行相应的施工操作，在施工时通常会选用压路机以及气胎碾、运输土等器械设备，从而保障工程施工质量和效率。相比于羊足碾来说，压路机以内燃机作为工作动力，但是在碾压工作过程中需要具有一定的牵引力。利用气胎碾进行相应的碾压工作落实，能够受到良好的碾压效果，保障碾压过程中的受力均匀。但是在实际的操作前应做好相应的组织工作。当需要进行松土的碾压施工操作时，应先采用轻碾压的方式，然后再进行重碾压压实操作，保障压实效果。当利用碾压机械进行相应的压实操作时，应注意控制好机械压实速度，从而保障压实质量和效率。

第二，夯实法。夯实法是利用夯锤自由下落的冲击力来夯实土壤，土体孔隙被压缩，土粒排列得更加紧密。在传统的建筑工程施工过程中，主要采用人工夯实的操作方法，采用木夯或石夯等操作方式，但是这种施工方式需要浪费当量的人力和时间，所以逐渐遭到摒弃，被机械夯实法所取代。现代机械夯实常见的方式主要有内燃夯土机、蛙式打夯机以及夯锤等几种主要方式。其中，夯锤是指借助起重机悬挂一重锤，提升到一定高度，自由下落，重复夯击基土表面，从而达到压实的效果。随着我国建筑工程压实技术的不断发展，在原来的夯锤技术的基础上，逐渐总结出了强夯的夯实方法，不仅提高了建筑工程土方填筑与压实的施工质量和效率，同时还能够起到强化施工进度的作用，对于提高工程的整体施工质量具有重要作用和意义。

第三，振动压实法。振动压实法是将振动压实机放在土层表面，在压实机振动作用下，土颗粒发生相对位移而达到紧密状态。这种方法大都被用在土料粘性不高的情况下，并且还能够起到提升土方压实质量的作用。但是在利用振动压实法进行相应的压实施工时，应保障含水量的适宜，从而保障施工效果。

四、土方填筑与压实技术控制

建筑施工中土方填筑和压实技术的操作落实要想取得较为理想的质量效果，必然需要重点围绕着上述各个隐患威胁进行详细分析，促使其能够体现出较强的规范性和标准化效果，其中较为关键的控制要点和基本措施有以下几点。

（一）严格控制填筑材料。对于建筑工程项目中土方填筑与压实技术操作的落实，需要首先把握好对于基本填筑材料的严格把关，促使其能够和基本施工要求相协调，有效规避因为填筑材料不当带来的较大隐患。结合这种填筑材料方面存在的问题，其需要切实围绕着基本施工质量标准进行审查，严格按照前期施工方案进行控制，比如对于相应土方填料的强度，必须要予以重点检测，避免形成较大强度和承载力干扰威胁；此外，对于所选填筑材料的含水量，同样也需要予以重点关注，确保其能够符合基本施工规范，避免应用过高含水量的填筑材料，并且确保其能够具备相匹配的粘结性效果；当然，在条件允许的前提下，还应该遵循就近取材原则，确保其能够体现出理想的经济性效果。

（二）恰当选择压实方法。为了更好提升建筑工程土方压实效果，还需要重点围绕着压实方法进行重点把关，结合基本施工要求进行详细分析，避免因为压实方法选择不当带来较大的质量威胁和干扰。在当前压实处理操作中，比较常见的处理方法主要有碾压法、夯实法以及振动压实法等，其中碾压法是最为常用的，在施工操作中表现出了较强的匹配性和适应性效果。结合碾压法在建筑工程土方压实中的应用，其需要重点围绕着压实机械设备的选择进行详细分析，促使其能够结合碾压层铺土厚度以及其他相关影响因素进行综合分析，确保压实机械设备的应用能够较为有序协调，避免和建筑工程项目土方压实需求相违背，并且在施工现场的操作落实可行性方面予以高度重视。结合碾压施工操作的落实，其还需要重点围绕着相应碾压参数进行严格把关，确保相关碾压参数的应用能够较为协调有序，能够规避可能形成的明显压实不到位威胁，尤其是在压实强度以及碾压遍数设置中，更是需要予以详细分析探究，降低因为碾压机械设备的应用不合理带来较大影响。

（三）做好施工实时监管。对于建筑施工中土方填筑与压实技术操作落实，还需要注重对于施工操作流程的实时监管，促使其能够体现出较强的及时调整效果，有效规避可能出现的较大威胁隐患，对于相关操作参数进行及时调整，确保其能够体现出更强的整体性效果，对于最终压实质量形成理想保障。

（四）做好最终质量验收控制。建筑工程中土方填筑以及压实技术的操作还需要围绕着最终的施工验收环节进行把关，把好最后一关。结合建筑施工中土方填筑与压实技术的验收处理，需要结合国家相关标准进行逐一审核，选择合理的验收技术以及检验手段进行规范化操作，对于存在的问题进行及时调整，如此也就能够综合提升施工水平。

第三节　地基的处理及加固

一、换填法

（一）概述

换填法是进行软土地基处理的方法之一，又名换土垫层法。当软弱土地基的承载力和变形满足不了建筑物的要求，而软弱土层的厚度又不很大时将基础底面以下处理范围内的软弱土层的部分或全部挖去，然后分层换填强度较大的砂或其他性能稳定、无侵蚀性等材料，并压（夯、振）实至要求的密实度为止，这种地基处理的方法称为换填法。本方法适用于淤泥、淤泥质土、湿陷性黄土、素填土、杂填土及暗沟、暗塘等的浅层处理。换填材料可用中（粗）砂，级配良好的砂石、灰土、素土、石屑或煤渣等。换填法的作用，是提高持力层的承载力，改善土的压缩性，减小地基变形。当软弱土较薄时，可全部挖去；当软弱土较厚时，可部分挖去。填土可采用砂、碎石、素土等。现行的设计思路是将换填垫层作为基础的持力层，利用基底附加应力在换填垫层中向下扩散时应力不断减小的特点，选择合适的垫层厚度，以达到软土下卧层顶面所受的压应力不大于其容许应力的目的。

（二）换填法适用范围和施工方法

目前对于地基处理换填法的适用范围是这样规定的：在地基建设过程中，如果发现软土层的承载力和变形特征无法满足建筑物需要的时候，同时，软土层的厚度在规定范围之内，这种时候就要考虑适用地基处理换填法来实现软土层的替换了。地基处理换填法通常用在对承载力和载荷要求较小的建筑、公路或料场施工中。同时，还适用于软土层为淤泥、淤泥质土、湿陷性黄土、暗沟和暗塘的处理。一般的地基处理换填法的处理深度通常在 3m 以内，最小值通常要大于或等于 0.5m。了解了适用范围，我们就要确定地基处理换填法的施工方法。地基处理换填法的施工方法主要有 3 种。

1. 利用机械进行碾压的方法

利用机械进行碾压的方法，主要利用压路机、推土机和施工用碾压设备来对地基土进行碾压和压实，施工过程中首先应该将软土层挖出，将基础坑的底部进行重点碾压，之后再将替换层逐层加入逐层碾压，最终使替换土层和碎石层的承载力和强度达到规定要求。利用机械进行碾压的过程中，碾压速度应控制在 2km/h 以内。

2.利用重锤进行夯实的方法

利用重锤进行夯实的方法主要是将重锤利用起重机械提升起来，然后让重锤自由落体运动，实现对地基土层的反复捶打，最终达到加强土层承载力的目的。在进行重锤夯实的过程中，用到的设备主要包括起重机械、夯锤、钢丝绳和吊钩。夯实顺序是先夯实外部后夯实内部，夯实的过程中要控制土壤的含水量，充分保证夯实效果。

3.利用平板进行震荡冲击的方法

利用平板进行震荡冲击的方法主要是通过振动压实机来实现的。其过程主要利用振动压实机对无粘性的土壤和透水性好的松散土壤进行震荡压实，最终提升地基填土的承载力和整体强度，通过实际的应用发现，利用平板进行震动冲击的方法可以实现对地基填土的2次加强，对提高地基填土的承载力具有重要的现实作用。

（三）地基处理换填法的积极作用

在目前的建筑施工中，地基处理换填法的应用比较广泛，满足了建筑施工对地基强度和承载力的要求，起到了一定的积极作用。地基处理换填法的积极作用主要表现在以下几个方面：

1.提高了地基土层的承载力

采用地基处理换填法技术，最直接的作用就是提高了地基土层的承载力，使地基土层的强度获得了较大程度的提升，改变了原有软土层的土层结构和特性，保证了地基土层的承载力达到地基施工标准要求，满足地基施工的需要，保证施工质量。

2.减少了建筑物的沉降量

应用了地基处理换填法后，软土层得到了更换，使地基土层结构发生了改变，有效地减少了建筑物的沉降量，保证了建筑物的沉降量能够满足施工标准的要求，保证了建筑物的稳定，使建筑物的地基更加牢固，从而延长建筑物的寿命。

3.防止了冰冻损伤地基

采用了地基处理换填法，将软土层清除以后，后填入的砂石层保证了降水可以从沙石空隙中快速流走，使地基中的含水量保持在较低的水平，这样可以有效防止冬季地基因含水过多而发生冰冻损伤，有效保护了地基在冬季的安全。

4.增加了湿陷型黄土层密实程度

对于湿陷型黄土层来讲，应用地基处理换填法后取得的效果较理想。经过换土，地基表面的湿陷型黄土层被更换为灰土层，有效地消除了地基表面的变形量，使地基土层的密实程度显著增加，保证了地基土层的承载力和强度达到规定要求。

5.施工过程对自然环境影响较小

地基处理换填法从根本上讲只是需要更换地基表面土层，整个施工过程中的主要工序就是换土和表面震荡，因此在施工过程中不会造成水质污染和大气污染，唯一的影响就是会产生振动波，但是这种振动波在施工场所来讲是再正常不过的了。所以，地基处理换填法对自然环境的影响较小，属于环保的施工方法。

（四）地基处理换填法的施工要点

对地基处理换填法的施工要点进行总结分析的时候，必须根据换填土层的类别进行分析，不同的换土层在施工过程中的施工要点是不同的。

1.换填土层为素土垫土层的施工要点

当换填土层为素土垫土层的时候，我们要想保证素土层达到承载力要求，就要在压缩模量上下功夫，要保持压缩模量在14.0～30.5MPa之间。同时，还要加快施工速度有效降低施工成本，控制好素土层的含水量，保证含水量在19%～21%之间。

2.换填土层为灰土垫土层的施工要点

换填土层为灰土垫土层的时候，意味着垫土层是由土和石灰按照比例混合而成的，石灰与十的混合配比要保持在3∶7。灰土层配比完成后，需要控制好土层的含水量，然后就是分层回填和压实，在施工过程中，最关键的工序是分层夯实，并保证灰土不被水泡。

3.换填土层为砂砾石垫层的施工要点

砂砾石垫层作为换填土层的时候，必须要根据砂砾石的特点，做好摊铺和压实工作。施工过程中要尽量减少对地基的扰动，控制好震荡压实的力度。震荡压实过程要均匀，避免出现漏震和漏压的情况，按照分层压实的原则，逐层施工，保证施工质量。

4.换填土层为碎石垫层的施工要点

用碎石来做软弱土的地基，要求随时要有足够的强度。其施工要点是：先验槽，然后做砂框，用平板振动器振实，再做碎石垫层；垫层应分层铺设和压实，保证碎石垫层的承载力和强度达到要求。

5.换填土层为废渣垫层的施工要点

利用建筑垃圾或工业废渣等做垫层，称废渣垫层。施工要点为：先验槽，再夯实槽底2遍；可用机械或人工配置三合土，使碎砖上粘满砂浆并至稠度均匀即可。

（五）施工应注意的问题

1.大开挖到设计标高后，开始整理基坑底面，采用基坑降水的排水法使基坑保持无积水，还应注意保持边坡的稳定，在铺砂石垫层之前，要请监理机构进行验槽。在施工过程中必须避免扰动下卧层的结构，防止降低土的强度、增加沉降。基坑挖好后立即回填，不可长期暴露、浸水或任意践踏坑底。

2. 控制好垫层的厚度，在第一层时宜先铺 15cm ～ 20cm 厚作为底面，用木夯夯实，以免坑底下卧层发生局部破坏。在这一阶段施工中要注意垫层底面应等高，砂石垫层级配要均匀。

3. 施工中严格掌握每层虚铺厚度均匀、平整。禁止为抢工期一次铺的太厚，否则层底压不实，会影响工程的质量。控制好垫层材料，应采用最优含水率。并采用对每一层砂土都要用环刀法做其容重及含水量试验的质量控制方法，将最优含水量控制在 8% ～ 10%。

4. 如工程大面积换填，应采用的夯实方法是 6t 压路机往返碾压，每层都做压实试验，测量压实系数，每层进行质量检验，合格后再铺上一层材料再压实，直到设计厚度为止，并及时进行基础施工与基坑回填。

（六）做好施工质量控制，还应注意以下几方面

1. 设计时要充分考虑当地的地质特征，做到设计合理经济，事先应对地质情况有清楚的了解，采用合理经济的换填材料。

2. 对施工中的测量放线、大开挖的尺寸、深度及基底平面尺寸和基坑深度的确定要作为质量的控制重点。

3. 对垫层原材料的要求一定要符合设计要求，重点控制好每一垫层的厚度，每层完成后都要测量压实系数，确保夯实质量。

二、强夯施工

强夯法的具体操作和工艺原理是利用重力作用，其施工器械是重锤，使其在一定高度下落到夯击土层，使地基土层在强大的冲击力作用下迅速固结，进而实现地基加固的目的。强夯法在使用过程中仅仅需要重锤等简单的设备，施工的工艺简单，施工速度快，适用性比较强。且使用这种方法对建筑工程地基进行处理时地基的强度可以提高 3 倍，甚至是更多。对地基进行夯强夯处理，可以使土粒紧密地结合在一起，形成一定的强度结构，有效抵抗建筑物强大的荷载压力，保证建筑物的安全。同时还可以节省大量的施工费用，符合现代文明施工的要求。

（一）强夯法在建筑工程地基处理实例中的应用

1. 工程概况

某建筑工程施工现场是在鱼塘上建设，地势由西南向东北倾斜，在对其进行挖高填低整平处理后，地势趋于平坦。但是在施工现场的东部和北部形成了大范围的填土，填土的大范围存在，对建筑地基的稳固性更是提出了较高的要求，为了提高地基整体稳固性，施工人员需要利用强夯法对回填区进行夯实处理，以保证后期建筑施工的安全性和可靠性。

2. 准备工作

对建筑工程地基进行处理毕竟是一项比较大的工程作业，其效果将直接影响后续的施工作业，因此，需要做好夯实施工准备工作。首先要勘察建筑工地地形和实际状况，选择高质量的强夯机、推土机以及起重机等设备，并且做好强夯工艺的实施方案的设计，严格按照施工设计方案施工，确保整体地基夯实牢固。此外，还应该选择技术能力过硬、具有丰富经验的施工队伍参与到实际的强夯施工中，确保夯实作业以及后续施工作业的顺利开展。

（1）施工现场勘查

为了确保夯实工作的顺利开展，首先派遣专业技术人员对施工现场采用钻探、原位测试以及土工试验等手段对施工现场进行了勘察工作，全面掌握施工现场的填土面积、填土成分等，以设计出更加科学合理的强夯施工方案。经勘查后最终发现该回填区的填土含水量比较丰富，土层整体比较潮湿，且主要由粉土和粉质粘土混合组成，层厚达到了1.4～2.5m。粗砂含量高达50%，还含有大量的砾砂和少量的卵石，层厚达到了1.1～4.2m。根据现场的土质鉴定，准备进行下一步的试夯工作。

（2）试夯

为了给下一步的实际夯实工作奠定基础，需要根据实地考察的结果对回填区进行试夯作业，以此来确定夯实击能以及夯实距离等相关数据，并对试夯作业得到的数据进行记录和分析，得出强夯工作是否能满足稳固地基的要求。本次试验的场地分别布置在回填区的南北两侧，填土的厚度为8.5m，采用强夯设备进行夯击施工，依据经验将击能定为3000kN/m²。

在夯击一个月之后，根据相关标准和规范对强夯后的地基进行检测，检测夯实的效果。最终确定本次夯实试验的夯沉量为1.9m左右，有效的加固深度仅为4m，夯击的遍数为7～8击，由此可以发现采用3000kN/m²的击能并不能达到预期的夯实效果，因此，需要将夯击能提升到4000kN/m²，夯距仍然还是5/m，在相近的相同面积的试夯去进行第二次试验，在夯实结束后，同样进行夯实效果检验，最终检测结果为场地约5.5m深度内的土层结构已经比较紧实，有效的加固深度可以达到5.2～5.8m，下部尚有2.2～2.8m的填土层得不到有效的加固。通过两次的试验，为了进一步确保地基的夯实效果，对厚度大于4m的填土层分两部进行夯实处理。

（3）强夯设计

通过上述两次的试夯试验结果可知当土层深度大于4m时一次强夯作业并不能起到稳固地基的作用，鉴于此，决定对大于4m的土层进行两次强夯处理，但是两次强夯的击能值不同，以确保强夯工作符合填土夯实要求。因此，第一次选择4000kN/m²的低夯击能，第二次选择1500kN/m²的击能，并且将夯击点按照正三角形来布置，夯距仍然定为5m。在进行强夯作业时，第一遍要严格按照设计的间距隔孔进行施工，而第二遍夯击点要均匀的穿插在第一遍的夯击点之间，确保夯击能传递的有效性。整个强夯工作需要注意的是应采用降低夯锤质量、缩短落锤距离的方法来增加夯击的次数，使回填区的土层加固效果达到最佳。

（二）强夯施工的技术要点

1. 合理控制强夯的遍数

强夯的次数直接决定了夯实的效果，因此，在确定夯实遍数时，一定要首先考虑现场的施工情况以及回填区的土层特点，根据实际的施工需要，控制好夯实的遍数，一般夯实的遍数为2-3次，最后再以低能满夯的方式进行最后一次的夯实作业。此外，确定强夯次数时还应该考虑回填区的土层结构，不同的土层结构对应着不同的夯实次数。如果回填区的土层结构以粗颗粒为主，且渗透性较强的情况下，可以适当减少夯实的遍数。如果土层中的土粒成分以细颗粒为主，其渗透性相对较差些，那么就要增加夯实的遍数，已达到预期的夯实效果。

2. 合理控制强夯夯击的次数与夯击能

夯击的次数也会对夯实的效果产生一定的影响，并不是夯击的次数越多，且夯实的效果就越好，夯击的次数是要根据施工现场的实际情况决定的，尤其是要考虑地基土的性质。在大多数建筑工程地基处理中，一般会夯击 2 ~ 3 遍，且每一遍夯击的需要 4 ~ 8 击。每一个夯击点的击数应满足最后两击的平均夯沉量要求。当单击的击能小于 $4000kN/m^2$ 时，夯沉量不应超过 50mm；而单击的击能处于 $4000-6000kN/m^2$ 之间是，夯沉量不能大于 100mm。合理的根据施工实际需要确定夯击次数和夯击能是确保回填区及建筑地基稳定的重要保障。

3. 合理掌控强夯的间隔时间

对强夯的间隔时间的合理掌控能够有效稳固强夯的夯实度，强夯的间隔时间一般是指两遍夯击之间的时间间隔，如果两遍夯击之间能够有效地间歇，那么土层中超静孔隙水压力就会在夯击间歇的过程中慢慢地消失，土层的夯实效果就会达到最佳的效果。对强夯的间隔时间的掌控需要根据施工人员的实践经验对两次强夯之间的间隔有较强的掌控程度，才能科学控制实践间隔，提高夯实效果。因此，施工单位应该根据实际的实践经验，合理地掌控强夯的间隔时间。由于强夯间隔的时间取决于地基土中超静孔隙水压力的消散时间，并受土层渗透性的影响。一般情况下，对于渗透性较差的粘性土地基的强夯间隔时间不得超过 3 ~ 4 周。而对于渗透性较好的地基土可以连续夯击。

4. 科学布置强夯点

强夯点的布置合理与否将直接影响最终的夯实效果和夯实质量，如果夯实点布置的不尽合理，那么将会时强夯设备做一些无用功，加大了设备损耗的程度，并且增加了夯实费用，不利于施工企业经济利益的获得，甚至还会影响建筑物的整体质量。在具体施工过程中，一般情况下，强夯点的位置可以根据建筑物的结构类型采用正三角形或者是正方形来布置。需要重点控制的是各个强夯点之间的距离，一般要控制在 5～10m 作用，且每一个强夯点的间距需保持一致。当然强夯点之间的间距并不是一成不变的，可以根据实际施工的需要适当的对其进行增大或者是缩小，但是对于增大和缩小的范围要严格按照施工需要进行控制。但是需要注意的是对于回填区土层厚度较大的夯实施工时，第一遍强夯点的间距应适当的增大，必要时要进行分层夯实作业，以切实确保强夯的效果。除此之外，还要控制好地基的处理范围，由于受基础应力扩散作用的影响，需要实施强夯作业的范围应大于建筑物的基础范围。

（三）强夯施工监测以及质量控制

1.施工监测

在强夯作业完成后，要对处理后的基地进行竣工验收工作，竣工验收工作需要注意的是对工程质量的验收，即监测强夯作业的夯实度以及建筑物的地基稳固程度。相关人员要对处理后的地基承载力进行试验检测，此外，还要采用动力触探等手段对地基承载力与密度随地基深度变化的规律做出检验和分析。

相关监测人员还应该做好的一项监测工作时强夯竣工后应根据施工现场的复杂程度以及建筑物的重要性确定承载力检验的数量。一般情况下，对于施工现场相对简单且重要性一般的建筑物来说，每个建筑地基荷载检验点不应少于 3 点；而对于施工现场比较复杂且比较重要的建筑物来说，就需要增加荷载检验点数。强夯置换地基荷载检验点的数量不得少于墩点数的 1%。且要大于 3 点。在具体的竣工验收工作中，监测人员要严格按照检验数量完成检验，确保监测工作符合工程质量的监测要求。

此外，由于强夯作业的施工危险性比较高，因此，在对建筑工程中的地基进行强夯处理时，一定要确保夯实作业人员的安全。监测人员还应该做好施工现场的安全监测工作，对夯实设备、夯实场地、夯实操作等进行严格的安全行为监控，以确保强夯工作的安全施工，尽量控制安全风险可能引起的不良后果。

2.质量控制

（1）强夯施工基本程序

强夯法处理地基的施工工艺流程虽在不同的地质条件下稍有差异，但总体上，仍遵循共同的工作程序，主要施工程序为以下十个步骤：

1）清理、平整场地；

2）现场标出第一遍夯点位置、测量场地高程；

3）起重机就位、夯锤对准夯点位置；

4）测量夯前锤顶高程；

5）将夯锤吊到预定高度脱钩自由下落进行夯击，测量锤顶高程；

6）往复夯击，按确定的夯击次数及控制标准，完成一个夯点的夯击；

7）重复以上工序，完成第一遍全部分点的夯击；

8）用推土机将夯坑填平，测量场地高程；

9）在规定的间隔时间后，按上述程序逐次完成全部夯击遍数；

10）用低能量满夯，将场地表层松土夯实，并测量夯后场地高程。

（2）强夯处理参数

1）强夯处理地段材料要求、夯击点布置及间距一般情况下，夯击点间距取决于基础布置、加固土层厚度和土质等条件。

①对于路基填土后需要进行的强夯加固施工：路基填筑按照正常路基填料填筑施工，每填高 4 ～ 5m 采用强夯加固，采用梅花型或正方形布点，通常夯击点间距取夯锤直径的 3 倍，一般第一遍夯击点间距为 5 ～ 9m，以后各遍夯击点可与第一遍相同，也可适当减小。夯击方法建议采用先点夯再补夯，最后整平后再用低能量满夯。夯点间距及单点夯击遍数根据现场试夯结果最终确定。

②对于路基原地基处理进行的强夯处理施工：在原地面清除表土及淤泥等不适宜材料后，填筑 1 米（或现场确定的填筑厚度）山石或砂砾，采用满夯施工，每夯击点的夯击数一般为 3 ～ 8 击。

③对于桥头台背区域地基处理施工：在原地面清除表土及淤泥等不适宜材料后，采用强度高的开山石或片石填筑 50cm ～ 100cm（根据现场情况确定），然后进行强夯置换施工，具体施工方法参见《建筑地基处理规范》。

2）单点的夯击击数与夯击控制标准单点夯击数应按现场试夯得到的夯击次数和夯沉量关系曲线确定，且应同时满足以下条件：

①最后两击的平均夯沉量不大于 50mm；

②夯坑周围地面不应发生过大的隆起；

③不因夯坑过深而发生起锤困难。

3）两遍间隔时间

两遍夯击之间应有一定的时间间隔，以利于土中超静孔隙水压力的消散，待地基土稳定后再夯下遍，对含水量较低的碎石类土，或透水性强的砂性土，可采取间隔 1 ～ 2 天，或在前一遍夯完后，将土推平，接着随即连续夯击，而不需要间歇。

4）处理范围

强夯处理范围应大于路基范围，每边超出路基外缘的宽度不小于 2m。

（3）强夯施工中质量控制内容

监理工程师对强夯施工过程的质量控制可以按照事前控制、事中控制和事后控制三个阶段付诸实施。

1）事前质量控制

事前质量控制也就是施工准备阶段的质量控制。这一阶段的主要是检查施工单位有关强夯施工工作的质量保证体系和施工准备工作的质量，其主要任务是：

①审查承包单位施工人员的资质与上岗条件是否符合要求，重点是施工的组织者、管理者的资质与质量管理水平；

②审查承包商对施工机械设备的选型是否恰当，提升机械设备性能、夯锤是否满足质量要求和适合现场条件，设备数量是否满足工作要求，安装、调试、检修措施是否健全．

③审查施工承包单位提交的强夯施工组织设计或施工，计划，以及强夯施工安全、质量保证措施；

④对测量基准点和参考标高进行确认，审核施工单位提供的原始基准点、基准线和参考标高等测量控制点的复核报告；

⑤施工单位要按照施工现场条件对现场进行统筹安排，材料堆放做到合理、便利，编制施工现场临时设施布置图，对于强夯施工所需要的砂石回填材料的进场、存放、使用等方面进行监督；

⑥场地整平，修筑机械设备进出场道路，要有足够的净空高度、宽度、路面强度和转弯半径。填土区应清除表层腐植土、草根等。场地整平挖方时，应在强夯范围预留夯沉量需要的土厚：

⑦制定施工方案和确定强夯参数，选择检验区作强夯试验。

2）事中质量控制

施工过程中的质量控制采用巡视方法，根据强夯施工的工艺流程，对关键工艺、重点部位实行旁站（作好施工记录）。

3）事后质量控制

强夯施工结束后，施工单位应先进行自验，整理竣工验收资料，自验合格后，向监理工程师提出验收申请，监理工程师接到申请后，首先要对承包单位提交的竣工验收文件资料组织现场预验收，预验收合格后，报告业主，由业主组织竣工验收。

（4）质量控制点

强夯施工监理的质量控制重点是：

1）测量定位。这是关系到强夯处理的整体效果的关键环节，在具体操作上，应由施工单位根据试夯确定的夯点布置图，逐一测放夯点位置。

2）场地平整。强夯前要用推土机预压二遍，场地平整后，测量场地高程，夯点布置是否符合测量放线确定点。如果地下水位较高，应在表面铺 0.5 ～ 2.0m 中（粗）砂或砂石垫层，或采取降低地下水位的方法（具体按照现场确定方案），以防设备下陷和消散强夯产生的孔隙水压。

3）强夯顺序。分段进行施工，从边缘夯向中央，从一边向另一边进行。每夯完一遍，用推土机整平场地，放线定位即可接着进行下一遍夯击。强夯法的加固顺序是：先深后浅，即先加固深层土，再加固中层土，最后加固表层土。最后一遍夯完后，再以低能量满夯一遍，有条件以采用小夯锤击为佳。

4）严格控制回填土含水量在最优含水量范围内，如低于最优含水量，可钻孔灌水或洒水浸渗。

5）夯击时应按试验确定的强夯参数进行，落锤应保持平衡，夯位应准确，夯击坑内积水应及时排除。夯击地段遇上含水量过大时，可铺砂石后再进行夯击。在每一遍夯击之后，要用新土或周围的土将夯击坑填平，再进行下一遍夯击。

6）控制最后两击的平均夯沉量。

7）如果表面有硬壳层要适当增加夯次或提高夯击功能。

8）做好施工过程中的监测和记录工作，包括检查夯锤重和落距，对夯点放线进行复核，检查夯坑位置，按要求检查每个夯点的夯击次数和每击的夯沉量等，并对各项参数及施工情况进行详细记录，作为质量控制的根据。

（5）质量检测

强夯法是加固地基的一种方法，应用得当，可收到事半功倍的效果。静载荷试验、动力触探试验和弯沉检测是检验强夯效果的三种主要方法。三种方法各有不同特点，要注意相互配合使用。在进行质量检测时，要注意以下几点：

1）强夯前场地应进行地质勘探，作为制定强夯方案和对比夯前、夯后的加固依据；必要时还可进行现场试验性强夯，确定强夯施工的各项参数。

2）强夯后的土体强度随夯击后间歇时间的增加而增加，检验强夯效果的测试工作，宜在强夯之后 1 ~ 4 周进行，而不宜在强夯结束后立即测试工作，否则测得的强度偏低。

3）作好后期沉降观测记录。强夯处理完成后，地基承载力满足设计要求，但仍然要做好其上部构（建）筑物的沉降记录观测。

总之，强夯法处理地基是否优越在于科学合理的施工方案和有效的质量控制措施，应用得当，就可收到事半功倍的效果。但对业主、设计、施工、监理也产生了更高的要求。只有不断地总结，使之更加完善，更加规范，简便和易于操作，才能产生更好的经济效益。

第四节　降低地下水位

一、集水井降水法

降低地下水位法是指在基坑槽开挖前，预先在基坑四周埋设一定数量的滤水管和离心水泵，利用真空原理，通过抽水设备不断地抽出地下水，使地下水位降低到坑底以下，使所挖的土始终保持较干燥状态。

（一）作用

降低地下水位法是在基坑槽开挖前，预先在基坑四周埋设一定数量的滤水管和离心水泵，利用真空原理，通过抽水设备不断地抽出地下水，使地下水位降低到坑底以下，使所挖的土始终保持较干燥状态。

（二）目的

在地下水位较高地区开挖深基坑时，土的含水层被切断，地下水会不断地渗流入基坑内。为了保证施工的正常进行，防止出现流沙、边坡失稳和地基承载力下降，必须做好基坑的降水工作。主要目的是：

1. 以便在无水干燥的条件下开挖土方和进行基础施工。

2. 非但可避免大量涌水、冒泥、翻浆，而且在粉细砂、粉土地层中开挖基坑时，采用井点法降低地下水位，可防止流沙现象发生。

3. 同时由于土中水分排出后，动水压力减小或消除，大大提高边坡稳定性，边坡可放陡，可减少土方开挖量。

4. 由于渗流向下，动水压力加强重力，增加土颗粒间的压力使坑底土层更为密实，改善土的性质。

5. 井点降水可大大改善施工操作条件，提高工效，加快工程进度。

（三）方法分类

1. 喷射井点

当基坑开挖所需降水深度超过 6m 时，一级的轻型井点就难以收到预期的降水效果，这时如果场地许可，可以采用二级甚至多级轻型井点以增加降水深度，达到设计要求。但是这样一来会增加基坑土方施工工程量、增加降水设备用量并延长工期，二来也扩大了井点降水的影响范围而对环境不利。为此，可考虑采用喷射井点。

根据工作流体的不同，以压力水作为工作流体的为喷水井点；以压缩空气作为工作流体的是喷气井点，两者的工作原理是相同的。

喷射井点系统主要是由喷射井点、高压水泵（或空气压缩机）和管路系统组成。喷射井管由内管和外管组成，在内管的下端装有喷射扬水器与滤管相连。当喷射井点工作时，由地面高压离心水泵供应的高压工作水经过内外管之间的环行空间直达底端，在此处工作流体由特制

内管的两侧进水孔至喷嘴喷出，在喷嘴处由于断面突然收缩变小，使工作流体具有极高的流速，（30～60m/s）在喷口附近造成负压（形成真空），将地下水经过滤管吸入，吸入的地下水在混合室与工作水混合，然后进入扩散室，水流在强大压力的作用下把地下水同工作水一同扬升出地面，经排水管道系统排至集水池或水箱，一部分用低压泵排走，另一部分供高压水泵压入井管外管内作为工作水流。如此循环作业，将地下水不断从井点管中抽走，使地下水渐渐下降，达到设计要求的降水深度。

喷射井点用作深层降水，应用在粉土、极细砂和粉砂中较为适用。在较粗的砂粒中，

由于出水量较大，循环水流就显得不经济，这时宜采用深井泵。一般一级喷射井点可降低地下位 8 ~ 20m，甚至 20m 以上。

2. 电渗井点

在粘土和粉质粘土中进行基坑开挖施工，由于土体的渗透系数较小，为加速土中水分向井点管中流入，提高降水施工的效果，除了应用真空产生抽吸作用以外，还可加用电渗。

所谓电渗井点，一般与轻型井点或喷射井点结合使用，是利用轻型井点或喷射井点管本身作为阴极，一金属棒（钢筋、钢管、铝棒等）作为阳极。通入直流电（采用直流发电机或直流电焊机）后，带有负电荷的土粒即向阳极移动（即电泳作用），而带有正电荷的水则向阴极方向集中，产生电渗现象。在电渗与井点管内的真空双重用下，强制粘土中的水由井点管快速排出，井点管连续抽水，从而地下水位渐渐降低。

因此，对于渗透系数较小（小于 0.1m/d）的饱和粘土，特别是淤泥和淤泥质粘土，单纯利用井点系统的真空产生的抽吸作用可能较难降水从土体中抽出排走，利用粘土的电渗现象和电泳作用特性，一方面加速土体固结，增加土体强度，另一方面也可以达到较好的降水效果。

3. 管井井点

对于渗透系数为 20 ~ 200m/d 且地下水丰富的土层、砂层，用明排水造成土颗粒大量流失，引起边坡塌方，用轻型井点难以满足排降水的要求。这时候可采用管井井点。

管井井点就是沿基坑每隔一定距离设置一个管井，或在坑内降水时每一定距离设置一个管井，每个管井单独用一台水泵不断抽取管井内的水来降低地下水位。管井井点具有排水量大、排水效果好、设备简单、易于维护等特点，降水深度 3 ~ 5m，可代替多组轻型井点作用。

4. 深井井点

对于渗透系数大、涌水量大、降水较深的不砂类土，及用其他井点降水不易解决的深层降水，可采用深井井点系统。深井井点降水是在深基坑的周围埋置深于基坑的井管，使地下水通过设置在井管内的潜水电泵将地下水抽出，使地下水位底于坑底。本法具有排水量大，降水深（可达 50m），不受吸程限制，排水效果好；井距大，对平面布置的干扰小；可用于各种情况，不受土层限制；成孔（打井）用人工或机械均可，较易于解决；井点制作、降水设备及操作工艺、维护均较简单，施工速度快；如果井点管采用钢管、塑料管，可以整根拔出重复使用等优点；但一次性投资大，成孔质量要求严格；降水完毕，井管拔出较困难。适用于渗透系数较大（10 ~ 250m/d），土质为砂类土，地下水丰富，降水深，面积大，时间长的情况，对在有流沙和重复挖填土方区使用，效果尤佳。

（四）意义

基坑的开挖施工，无论是采用支护体系的垂直开挖还是放坡开挖，如果施工地区的地下水位较高，都将涉及地下水对基坑施工的影响这一问题。当开挖施工的开挖面低于地下水位时，土体的含水层被切断，地下水便会从坑外或坑底不断地渗入基坑内，另外在基坑开挖期间由于下雨或其他原因，可能会在基坑内造成滞留水，这样会使坑底地基土强度降低，压缩性增大。这样一来，从基坑开挖施工的安全角度出发，对于采用支护体系的垂直开挖，坑内被动区土体由于含水量增加导致强度、刚度降低，对控制支护体系的稳定性、强度和变形都是十分不利的；对于放坡开挖来讲，也增加了边坡失稳和产生流沙的可能性。从施工角度出发，在地下水位以下进行开挖，坑内滞留水一方面增加了土方开挖施工的难度，另一方面也使地下主体结构的施工难以顺利进行。

而且在水的浸泡下，地基土的强度大大降低，也影响了其承载力。因此，为保证深基坑工程开挖施工的顺利进行，同时保证地下主体结构施工的正常进行以及地基土的强度不遭受损失，一方面在地下水位较高的地区，当开挖面低于地下水位时，需采取降低地下水位的措施；另一方面基坑开挖期间坑内需采取排水措施以排出坑内滞留水，使基坑处于干燥的状态，以利于施工。

二、井点降水法

井点降水在基坑工程降水过程中使用得最多，通过多年来无数技术人员的实践和不断总结，到目前为止，常用的井点降水术技术有真空（轻型）井点、喷射井点、电渗井点、管井、辐射井（水平井点）及引渗井、大口井等。

目前国内普遍采用管井降水，其施工方法比较简单，所需设备也不复杂，费用较低。

管井井点利用钻孔成井，多采用单井单泵抽取地下水的降水方法。一般当管井深度大于15m时，也可称为深井井点降水。管井井点直径较大，出水量大真空井点是由真空泵、射流泵、往复泵运行时造成真空后抽吸地下水的井，可分为单级井点（垂直、水平、倾斜）、多级井点、接力井点三种。

电渗井点降水是利用电动势能，在电动势的作用下，产生电渗、电泳现象强制粘性土中的非重力水向井点汇集，并由真空井点抽排，从而降低和排除难以重力水状态渗出的地层中的水。

喷射井点是通过井管内外管间隙把高压水输送到井底后，有射流喷嘴高速上喷，造成负压，抽吸地下水与空气，并与工作水混合形成具有上涌势能的汽水溶液排至地表，达到降低地下水的目的。其适用范围较广，可以在细颗粒地层中达到比较大的水位降深，但成井工艺高，工作效率低，承压设备复杂，降水耗费大。辐射井降水是近年来用于基坑降水的新方法，它是由一口大口径的竖井和自竖井向周围含水层任一方向、高程打进的数条水平集水管所组成，由于水平集水管呈辐射状，故称为辐射井，其作用是使地下水沿水平集水管汇集至竖井中用水泵抽走。特别适用于需疏干或降低多层含水层，或者降水场地布井受到限制，降水范围较大的工程。

大口井为大口径的井，由于其成本较高、降水效果较差，近年应用已逐年减少。大口径一般适用于浅基坑降水，或作为其他降水方法的辅助措施布置于基坑底部，适用于地下水补给丰富、渗透性强的土层。黄河海勃湾水利枢纽工程共分三个标段、发电厂房标段、泄洪闸标段、土石坝标段。发电厂房标段为深基坑施工，泄洪闸标段大面积为浅基坑施工，而土石坝标段则在河床外围，不存在基坑施工。

常用的井点降水术技术有真空（轻型）井点、喷射井点、电渗井点、管井、辐射井（水平井点）及引渗井、大口井等。

（一）深井井点降水法的适用条件及原理

深井井点降水一般适用于粉细砂、砂砾石等渗透系数较大（2～20m/d）的含水层中降水。采用深井井点降水，单口井点"降水漏斗"较大，所以井点布置间距较大，能有效地拦截地下水流入预设降水区域，而且还能减少带走的颗粒物，对保持边坡的稳定较为有利。深井井点是沿基坑四周或在局部小范围内四周布置井点，将井点管沉入含水层内，每个井点管内设置1台深井泵，利用井用潜水泵将井点内地下水从井点管内不断抽出，引至地面，并入主管，再经主管排往施工区以外，使每根井点管周围形成一个降水漏斗，由于许多降水漏斗曲线的重叠，可导致原地下水位的成片下降。

（二）深井井点的施工

深井井点的施工大致分为以下几个过程：准备工作、井点系统的形成及埋设、使用及拆除。

1. 准备工作包括井点设备、动力、水源及必要材料的准备，施工道路的形成，以及测量放样。

2. 井点系统的形成及埋设程序是：先井点成孔，再下井点管，在井点管与井孔之间灌填碎石滤料，然后安装抽水设备，连接支管，最后将各排水运管与排水主管连接。

3. 试抽。井点系统全部安装完毕后，需进行试抽，以检查有无漏水现象。在试抽时，还有一个最重要的任务，就是要根据时刻观察管井水位，并做好记录，根据水位记录调节控制阀开关大小，以调节抽水流量，保证井点抽水状态连续，始终保持地下水位达到要求水位以下。

（三）深井井点降水法的特点

深井井点降水法与其他井点降水法相比，具有以下特点：

1. 改变土体物理性质，增加边坡的稳定性。当基坑开挖到地下水位时，土体中的地下水渗流形成的水动力会对土体边坡的稳定构成威胁，尤其是砂质土壤，最为容易受水动力的破坏。深井井点降水原理为地下水通过井点管内的深井泵提升，造成井点管内水位下降，井点管内水位下降后，其周围的地下水在重力作用下向井点管内聚集，在聚集过程中地下水渗流方向则朝下，动水力方向与重力一致，这种渗流方向增加了土体颗粒压力，提高了土体的密实度，出现了良好的渗流固结效果，有利于边坡稳定。在井点周围的土被大气压力所稳定，真空井点群井构成沿边坡走向的真空连续墙，阻止侧向渗流趋向基坑，消除了边坡的渗流侧压力，这就增加了土层特别是软土的有效应力和抗剪强度。

2. 避免流沙及软土的软弱流变现象和土体的潜蚀或管涌现象。软土和粉土、粉砂土层在水动力的作用下易发生压力传递现象，出现软土滑动及砂土的流沙现象，造成严重工程事故。深井井点降水法在基坑开挖前就已将开挖土层的自由水排出，致使软土出现滑动和砂土层流砂的动水力很小。

3. 显著的经济效益、环境效益。地下水位降低后，土内水分已被排除，增加了边坡的稳定性，边坡可改陡，减少挖土量，同时可省去大量支撑材料，提高工效和降低施工费。深井泵吸的清水可成为施工场地的生产用水水源，外排的清水不会污染城市地下管网。这一点在黄河海勃湾水利枢纽工程中也有体现，施工现场需要洒水车洒水降尘，现在直接在排水主管上引出支管安装球阀，直接向水车内注水，整个工期3a，洒水车节约汽油泵用汽油约2万元。

基坑内的土体始终处于含水量较低状态下，创造了良好的工作环境，可以大规模地进行机械化施工，大型土方施工，机械在抽干了水的条件下作业，更能发挥其机械性能。

综上所述，使用深井井点降水法，具有良好的降水效果，明显稳定边坡的作用，大大缩短工期及保障周围施工环境安全等综合效应。

第三章　基础工程

第一节　独立基础

一、基础系梁的设计方法及技术

（一）基础拉梁和地框梁的特征

1. 基础拉梁特征

（1）基础拉梁设置位置有三种：一是拉梁梁顶与基础顶平齐；二是拉梁梁底与基础顶平齐；三是拉梁梁底与基础底平齐。基础拉梁设置在此处可以有效地拉结基础，提高基础的整体性，减轻或者消除框架结构对不均匀沉降的敏感性。但当基础埋深较深时，基础拉梁上的墙体重量增加，同时基础拉梁为承受更大的荷载增大截面和配筋，不够经济；框架结构嵌固端一般为基础顶面，当基础埋深较大时，结构计算时首层层高取值较高，相应结构的侧向刚度减小，结构计算时容易出现位移角超限、薄弱层、框架配筋偏大等一系列问题。

（2）当在独立基础顶设置了基础拉梁，基础可以不考虑地震弯矩，此时基础拉梁按受弯构件计算。通常情况下，尤其是基础下地基土较软时，基础拉梁应设置在拉梁梁顶与基础顶齐平的位置，并使基础拉梁比底柱受弯承载力大。

（3）计算与实际施工底层柱钢筋的混凝土保护层厚度有差别。钢筋的混凝土保护层厚度与构件所处的环境类别有关，通常地面上下的环境类别不同，所以施工中底柱地面上下的混凝土保护层厚度不同。但实际计算中，底层柱混凝土保护层厚度统一按地面以上的环境列别取值，计算结果与实际情况有差别，当底柱配筋不足时，会影响结构的安全。

2. 地框梁特征

（1）对于无地下室的钢筋混凝土多层框架结构，地框梁一般设置在室内外地坪附近。基础埋深较深时，仅设置基础拉梁会出现因底层柱计算高度过高产生不利影响，且在回填土和刚性地坪的影响下，室外地坪以下柱的弯曲变形集中在室外地坪以下一定深度范围，故底层层高从基础顶算起不完全合理。此时可利用地框梁减小底层框架柱计算长度，同时也承受其上部构件的荷载，使结构计算相对合理。

（2）由于计算模型以基础顶为嵌固端，因此地框梁应与上部结构一起进行整体计算。此外，其抗震措施同上部框架梁。

（3）当基础埋深不足时，地框梁的设置将使底层出现短柱。在地震作用下，因短柱的刚度较其他柱大，会吸收更大的地震作用力，甚至超过短柱的承载力，以致开裂破坏，影响整个结构的安全。

（4）底层上部结构混凝土保护层厚度不同。结构计算时通常按上部结构的混凝土保护层厚度统一计算，实际施工中底层混凝土保护层厚度大于计算中的保护层厚度，按计算结果配筋，结构可能不满足要求。

（二）基础拉梁和地框梁的设计

1.基础拉梁设计

独立基础之间的基础拉梁主要有下面四种功能：

（1）传递水平荷载；

（2）调整不均匀沉降；

（3）分担柱底弯矩；

（4）承担其上部荷载（如隔墙）。其中传递水平荷载作用功能是最主要也是最有效的，调整不均匀沉降和分担柱底弯矩的能力都较弱，而承担上部荷载功能是最直接的。前三种功能基础拉梁目前没有定量的计算方法，设计者设计时多数依据经验和概念。

基础拉梁截面尺寸：梁高可取其所拉结基础上的两柱中心距离的 1/10 ~ 1/15，且不应小于 400mm；梁宽度可取梁高的 1/2 ~ 1/3，且不应小于 250mm。当基础拉梁按照构造设置时，可取上述限值范围内的下限。

基础拉梁一般分三种情况进行设计

（1）平衡柱底弯矩（当工程为一、二、三、四级框架结构，柱底弯矩设计值应分别乘以增大系数 1.7、1.5、1.3 和 1.2），其分担的柱底最大弯矩设计值可近似按基础拉梁线刚度分配（基础上土质较好时，此情况较有效），此时基础可按轴心受压考虑；

（2）承担地震作用产生的轴向拉力，拉力值取两柱轴向压力较大者的 1/10；

（3）承担上部荷载（如楼梯、墙等荷载），按实际荷载产生的内力计算。基础拉梁配筋时，混凝土保护层厚度按实际环境类别取，并应将上述各项情况进行合理组合。

平衡柱底弯矩设计时，基础拉梁配筋应考虑到柱底弯矩方向的反复性；轴向受拉钢筋应通长，且上下宜相同，并满足构造要求；基础拉梁不存在抗震方面的要求，故其钢筋搭接和锚固等可按照非抗震的构造要求处理；在室外地坪以下，特别当地下水对混凝土有侵蚀性作用时，箍筋直径不小于 8mm，并按要求设置腰筋。

2.地框梁设计

对于设置地框梁的框架结构，由于嵌固端为基础顶面，地框梁应同上部结构一起参与整体计算分析。

（1）地框梁楼层应定义为地下室，层高为基础顶至地框梁顶的高度；

（2）此楼层楼板按全楼开洞处理；

（3）不考虑梁刚度增大系数及扭矩折减系数，采用总刚计算分析。

地框梁的构造措施应与上部框架梁相同，另外设计中应考虑以下几点：

（1）基础上面的回填土对室外地坪以下结构有一定约束力，但因其约束程度的无法确定，底层柱宜按考虑地下室和不考虑地下室计算结果的包络线进行设计；

（2）底层梁柱计算时，混凝土保护层厚度薄于实际施工，应予适当加强；

（3）对于底层柱形成短柱的情况，应根据相关的规范和要求进行处理设计。

二、模板工程

支模前将垫层表面清理干净，根据定位控制桩在垫层上弹出基础中心线、基础外边线、台阶边线、柱子中心线及外边线；根据主厂房工程施工投标文件对甲方的承诺，集控楼基础砼质量达到清水砼标准，模板材料采用15mm厚胶合板，内贴PVC板，其板缝必须与胶合板的板缝错开，PVC板拼缝处粘贴胶带纸以防漏浆；胶合板用50×100mm方木做背棱，过大压刨，将方木压成四边顺直、尺寸准确统一，背棱间净距以200～250mm为宜，背棱要立着用，以加大刚度；基础模板支好后在其角部安装木线条；模板支撑系统采用双排脚手架，并加设扫地杆，扫地杆距地面150mm，立杆间距1000mm，水平杆间距500mm，用斜撑加固牢固，斜撑间距1000mm。地锚通过打入地面 Φ28 钢筋进行锚固，锚入地面要牢固，间距1000mm左右。二、三层台阶模板竖向用 Φ48 钢管架支撑；整个模板系统要做到支撑牢固，具有足够的刚度、强度和稳定性，模板几何尺寸准确，拼缝平整严密；基础侧模的拆除以不损坏棱角、不粘结为原则，拆模后模板要立即清理刷油。

三、钢筋工程

钢筋在成型前要做好调直除锈工作，并要严格按照配料单和有关规范进行成型。受力钢筋的接头位置必须相互错开，在同一截面内，纵向受力钢筋的接头面积在受拉区不宜大于50%，同一根钢筋在同一截面内不得有两个焊接接头；基础底板钢筋绑扎前在垫层上用墨线弹出钢筋位置，然后进行排放，所有钢筋交叉点必须全部绑扎牢固，绑扎完后钢筋下垫35mm厚砂浆垫块；柱插筋底部弯钩方向：角部钢筋与模板成45度角，中间部分的弯钩与模板面垂直。箍筋接口处沿受力钢筋方向错开设置。箍筋与主筋的每个交叉点绑扎时均要用绑扎丝绑扎牢固，并按设计或抗震规范要求进行加密。柱插筋用钢管架进行加固后，用专用钢筋卡具将柱插筋卡紧固定，以防位移；地梁箍筋必须与受力钢筋垂直，箍筋接口处沿受力钢筋方向错开设置。在主筋上根据设计要求用粉笔画出箍筋位置线，然后用绑扎丝将每个交叉点绑扎牢固。底部和侧面均要垫稳砂浆垫块，确保地梁的保护层厚度符合设计要求，垫块间距 1000mm。

四、砼工程

在施工过程中同一构件中不得使用不同种水泥，严禁混掺使用；砼搅拌前，应对计量器械进行检验，确保计量准确，用水量及外加剂掺量必须严格执行配合比，用于制作试块的砼，必须在砼的浇筑地点随机抽取；基础砼振捣采用交错式振捣，振捣时要快插慢拔，插点距离均匀，分层振捣，将砼内气泡赶出。由于泵送砼坍落度较大，振捣后每一台阶上平砂浆较厚，应适当添加干石子，进行二次振捣；砼振捣密度，以表面呈现浮浆和砼不再沉落为准。台阶表面用木抹子搓平，并在砼初凝前用铁抹子压光，防止水泥产生收缩裂缝；砼浇筑的技术间歇留在每一台阶上平、上阶模板下平，砼面不得超过上阶模板下平，间歇时间一般控制在两小时以内，间歇时间可根据气温的变化适当调整；在台阶顶面设水平施工缝，在砼初凝前，清除砼表面未凝固的砂浆，使砼水平施工缝处形成干净粗糙的毛面，终凝前进行刷毛处理。浇筑前冲洗干净，不得有积水；地梁垂直施工缝留在跨中 1/3 范围内，施工缝处密眼钢丝网封堵，砼终凝后拆除钢丝网，形成一个粗糙干净的毛面；柱头砼的浇筑：支模前将砼表面清理干净，浇水湿润，先浇一层与砼同配合比的砂浆 50mm，若浇筑高度超过 2m，应用软管串筒将砼浇至柱底，用长棒头振动棒振捣密实，施工缝留设在 -0.5m 处；砼浇筑过程中要设专人检查钢筋、模板及其支撑情况，发现问题及时处理；砼浇筑过程中应派专人及时擦除模板内表面所溅砂浆，防止砂浆干硬后影响砼的外观效果；砼终凝后在基础台阶面铺一层塑料薄膜，覆盖 20mm 厚海绵条养护，并在台阶面四周设挡水沿蓄水养护，蓄水深 50mm，养护时间不得少于 7 天，对于掺外加剂的砼养护时间不得少于 14 天。

五、质量保证

在施工过程中要严格按照贯标程序进行管理，认真落实班组自检、交接检及专检，抓好质量分项评定及技术复核工作，实行质量一票否决制，上道工序不合格，绝不能进行下道工序施工。对于钢材、水泥及外加剂还必须经试验合格后才能使用，并进行质量跟踪管理；认真按设计图纸、设计变更、规范、标准及有关规程组织施工；严格执行技术交底制度，做到先交底后施工，无交底不施工；现场取样必须实行见证取样制度，取样要及时，委托单填写内容齐全、准确、真实；技术资料的编制，必须有具体的针对性，不能泛泛而论。所有技术资料必须具有良好的可追溯性；定期开展质量大检查，发生质量事故，要按"三不放过"的原则处理，并及时会同建设单位和设计单位共同商定处理措施。推行专业施工工法，遵守工艺操作规程，消除质量通病，执行专业工种和特殊作业工种持证上岗制；加强技术复核工作，要对建筑物测量定位轴线控制桩、水平桩、模板和支架的标高、刚度、强度、稳定性、砼配合比、砼强度及钢筋等方面进行复核；开展 QC 小组活动，组织技术攻关小组，消除质量通病，加强质量管理，提高工作质量和科学管理水平，提高工程质量。

第二节　筏板基础

一、结构设计

筏板基础的主要结构包括了平板式筏基和肋梁式筏基，在包括变度底板以及纵横向肋梁方面也有涉及，通常，在地基基础不均匀时，不可以将基础肋梁放到底板上，可以通过肋梁位置调换，放在板下，明确各个框架柱与肋梁之间的有效交点处。筏板基础的厚度是在实际测量数据基础上决定的，在抗冲切以及抗剪强度检测后决定，此外还要保证抗渗过程中的基础要求，当局部柱距及柱荷载过高时，应该积极分析，并且在相关部位配置合理的抗冲切箍筋，这样一来，不但提高了抗剪切能力，也使得底板布局变得强化，提高了局部抗剪切力，也有效避免了因少数柱影响到筏板厚度增加。在明确强度控制后，也要重视筏板基础的刚度控制，通常经验分析，筏板的厚度应该以楼层数量作为估算依据，通常控制在 50mm ～ 80mm 每层。该工程基础部分利用等厚度无肋梁筏板基础，计算过程中利用 JCCAD 程序，通过相关数据统计，地基基床系数主要通过中等密实黏土取值，取值范围在 $10000kN/m^3$ ～ $20000kN/m^3$ 之间。严格按照建筑地基基础设计规范中的相关规定，明确筏板基础结构设计的合理性与实际应用性。

二、大体积混凝土施工技术

（一）筏板基础大体积混凝土施工技术的难点

就针对当前的高层建筑而言，其多数建筑都带有地下室。而地下室的存在，就在一定程度上对建筑的地基安全性提出了更高的要求。因此，为了有效地确保整个建筑工程的稳定性，我们在施工的过程中，就可选用筏板基础大体积混凝土施工技术来作为整个地基的施工技术，这样就能有效的促进相关施工活动的顺利展开。其中，筏板基础大体积混凝土施工技术在施工的过程中存在的主要施工难点有：大体积混凝土及抗渗混凝土以及基坑底地基土等。因此，在施工的过程中，我们就应不断的重视这些施工难点，从而不断地提高工程的施工质量。

（二）筏板基础大体积混凝土调配比的设计

在选择混凝土时，我们应有效的考虑整个建筑的需求性能，进而从温度、发热量以及和易性等方面来有效的选择混凝土，这样就能不断地为相关施工活动的有效展开打下一个良好的基础。下面，就针对筏板基础大体积混凝土调配比的设计展开具体的分析与讨论。

1. 混凝土外加剂的掺和原则及材料选用

粉煤灰是混凝土在掺和时用到的主要原料，其作用主要就是为了有效的密实混凝土，这样就能不断的降低水饺比和混净土的发热量，进而就能不断地改善混凝土的抗渗性以及和易性，以此来有效地提高整个混凝土的使用性能。此外，减水缓凝剂使用的主要目的就是为了不断地减少混凝土搅拌的用水量，这样就能不断的防止和减少混凝土出现收缩和泌水的现象，进而就能有效的为相关施工活动的有效展开打下良好的基础。

2. 混凝土配合比

在对混凝土进行配合时，其所用到的主要材料有：盐酸水泥、水、砂以及石等外加剂。为了有效地确保工程施工活动的开展能够不断地满足当前人们的居住需求，因此，在对混凝土配合时，我们就应不断地了解混凝土的初凝时间、坍落度等，这样就能有效的满足建筑工程项目的施工要求。

（三）筏板基础大体积混凝土入模温度控制技术

在建筑工程的施工过程中，混凝土的搅拌都需要使用温度较低的水，并且还需用采用相应的冷水喷雾的方式来有效地对混凝土进行预冷，这样就能有效的保证混凝土的使用性能。此外，为了有效地防止太阳的直晒对混凝土的性能造成影响，我们就应不断地对混凝土做相应的遮阳处理，这样就能不断地控制混凝土在入模前的温度，进而就能有效地将混凝土合理的运用在工程项目的施工过程中，以此来不断地提高工程的施工质量。此外，当控制好混凝土的温度以后，相应的工作人员还应实时的对混凝土的温度进行监测，这样就能有效地将混凝土入模前的温度合理的控制在25°以下，进而就能不断地促进筏板基础大体积混凝土入模温度控制技术的应用，从而有效的为施工活动的有效展开打下良好的基础。

（四）筏板基础大体积混凝土浇筑技术

筏板基础大体积混凝土浇筑技术也是建筑工程在施工过程中所运用的常见技术。因此，我们就应加强研究与分析筏板基础大体积混凝土的浇筑技术，从而不断地提高混凝土的使用性能，以此来有效地提高整个建筑工程的安全性和稳定性。下面，就针对筏板基础大体积混凝土浇筑技术展开具体的分析与讨论。

1. 混凝土浇筑方法

为了有效地促进整个建筑工程项目的顺利展开，在运用筏板基础大体积混凝土浇筑技术时，我们就应有效的了解建筑工程施工现场的情况，这样就能根据施工情况合理地将底板混凝土的浇筑分为先后两个部分。其中，就针对当前的高层建筑施工而言，在施工的过程中，其主要都是运用两个混凝土泵搅拌设备，这样就能有效地提高整个混凝土的浇筑效率。在进行阶梯斜面分层浇筑时，我们还应有效地将混凝土每层的厚度合理的控制在400mm以内，这样就能不断地保证混凝土的使用性能。此外，为了有效地促进相关混凝土浇筑工作的顺利展开，相应的工作人员还应不断地在施工现场进行合理的监督和指导，这样就能不断地将混凝土的浇筑方法运用在建筑工程的施工过程中。

2. 混凝土振捣技术

在将筏板基础大体积混凝土施工技术运用在建筑工程的施工过程中，不仅需要用到混凝土的浇筑技术，而且还需要运用混凝土的振捣技术。其中，我们可以根据混凝土泵形成的流淌坡度，来合理地将其设置为四个主要的混凝土振捣点。而第一个振捣点，我们可设置在泵管的出料口，这样就能有效地提高整个混凝土的振捣效率。第二个振捣点可以设置在混凝土土泵形成坡面的中部。而第三个和第四个就可分别设置在坡脚处，这样就能有效地对没有振捣的部分进行有效的振捣，从而不断的确保混凝土不出现漏振的现象，以此来有效地提高整个工程项目的施工质量。

（五）筏板基础大体积底板降排水处理技术

筏板基础大体积底板降排水处理技术也是当前高层建筑在施工过程中常用的一种技术。而通过对筏板基础大体积底板降排水处理技术的分析与了解，可在一定程度上有效地提高建筑工程的安全性能，从而不断地为人们的生活提供便利。下面，就针对筏板基础大体积底板降排水处理技术展开具体的分析与讨论。

1. 底板降排水措施

底板降排水作为整个筏板基础大体积混凝土施工技术的关键要点，其施工质量就在一定程度上影响着整个建筑的防水性能。因此，当降水后，底板的水面一般≤300mm。而此时，我们就应采取相应的降排水措施，即：集水井应设置在深度较大的电梯井和柱墩内，这样就能有效地起到防水的效果，从而不断地保证建筑工程的安全性。

2. 底板降排水施工

底板降排水施工主要就是指：当施工现场的土方挖到距离标高300mm时，我们就应把降水装置合理的安放到土方的位置。其中，具体的施工过程为：首先，我们应根据建筑工程的设计来有效的挖集水井，并不断地将集水井的挖掘方向朝向盲沟的方向。而当挖完集水井和盲沟以后，我们就应把置滤网钢筋放在集水井的内部，并有效地将盲沟填满，这样就能有效地达到防水的效果，从而不断地提高整个建筑工程的施工效率。

三、筏板基础的质量控制

（一）筏板基础的质量控制在建筑工程中的重要意义

1.筏板基础在整个建筑工程大方面的意义

随着我国的不断发展，建筑工程的质量与国家的昌盛联系紧密。在我国，由于居住面积满足不了广大人民对住房的要求，所以建筑工程近年来在我国快速的兴起。由于土地面积较少，承受不了我国广大的人民群众，所以在建筑施工时，首要考虑的就是在同样的用地面积上尽量多的创造出更多的空间面积。也就是说只有将楼层的层数提高，才能适应我国的发展需求，才能在一定程度上解决我国的住房问题。高楼大厦的建立，首先要保证的就是地基的稳定和质量，如果建筑工程中的地基建设没有保证，那么整个工程就进行不下去，即使勉强的建设完工，也不能保证住房的安全性和使用性。这样的建筑工程无疑会给我国的发展带来恶劣的影响。因此在进行建筑工程的建设时一定要保障建筑地基的质量和品质，而筏板基础作为建筑地基的重要组成部分，对地基的质量和品质会有直接的影响，是地基质量保证的重要因素。所以从这方面讲，在一个建筑工程中，筏板基础的好坏将会对整个建筑工程造成非常大的影响。

2.筏板基础的质量控制对施工过程的意义

从小方面来讲，筏板基础作为地基建设的基本组成部分，会对地基的质量和品质造成直接的影响。所以如果筏板基础的质量得不到控制，而是地基的建设达不到应有的要求，那么在建筑工程施工过程中就会产生许多的问题。这些问题可能会造成在施工过程中，由于地基不稳而使工程在建设时出现塌陷、倾倒等现象，而对这个建筑工程造成影响，同时也会使施工人员受到威胁，稍有不慎就可能造成重大的施工人员伤亡事故。所以从中可以看出，在建筑工程中筏板基础的质量控制是非常有必要的，无论是从国家建设发展的大方面，还是从建筑施工本身这个小方面，筏板基础质量的控制都有着非同寻常的意义，因此在建筑工程快速发展的今天，一定要重视建筑工程中筏板基础的质量控制。

（二）筏板基础质量控制中存在的问题和解决方案

1.目前阶段下筏板基础质量中存在的问题

近几年，随着我国经济的发展和社会的进步，房地产业有了快速的发展。特别是政府部门由于国家建设的需要，委托房地产开发商进行房屋建设也是在所难免的。现阶段我国建筑工程中筏板基础质量控制主要存在的问题如下：①虽然在这一方面国家政府已经增大惩罚力度，但是不排除个别房地产商为了赚取暴利，不惜在建筑工程中偷工减料。业主和国家政府虽然很重视建筑工程的质量，可由于缺乏专业技术知识并不能有效地监督和杜绝此类事情的发生。②施工设计队伍技能素质不能满足需要。建筑工程中，施工设计队伍是非常重要的，只有在施工前对施工的步骤和原料等问题进行很好的评估和设计，才能使建筑工程在施工中更加的得心应手，也能保障工程的整体质量。在筏板基础质量的控制问题上，设计人员的设计方案同样是非常重要的，如果设计人员在这一方面没有专业的技术能力或者在设计过程中不能有效地对施工地点进行调查而设计出没有针对性的施工方案，这对筏板基础的施工都是会产生不利影响的，所以在进行筏板施工之前，设计人员先要对施工地点进行调查研究，之后组织相关的专业性人员进行讨论，最后将筏板基础的施工计划设计出来才是合理的科学的。③材料进厂检验不到位。材料检查不到位就可能会使不符合要求的材料被使用，这样建筑工程的质量就不能得到保证。在一般的施工单位中，材料进厂检验不到位主要体现在质检人员的素质上。一些施工单位质检员在对材料进行质检时，不能做到认真仔细的状态，而是本着应付的状态，抱着材料即使不合格一时半会也看不出来的心态来对待被检测的材料。还有一些质检工作人员是被贿赂后，对被检的材料采取睁一只眼闭一只眼的态度来检测材料。这样的情况在我国的一些施工单位中是大量存在的，同时这种事情的发生对建筑工程的质量也造成了严重的影响，也对社会的发展造成了严重的阻碍作用。④施工人员的素质不够，对自己的工作不能负责。在我国的建筑施工单位中，由于建筑行业发展较快，对施工人员的数量要求大，所以就造成很多的施工人员素质较差的现象。这些施工人员在完成自己的工作后，只是转身就走，从不在乎自己的工作质量，而同时工程方面的质量检测员可能会有管理不全面的现象，在这两种因素影响下，就会使工程的质量受到影响。

2. 解决方案

由于人们对建筑工程的质量越来越重视，所以为了应对并解决在施工或设计中出现的问题，我国人民在这些问题上也提了相应的改善办法。①坚持质量第一，增强质量意识。这个方法的实施主要依靠宣传和教育培训的方式进行的。一些工程施工单位之所以会有很多施工问题出现而对工程的质量造成影响，其实很大一部分原因就是施工单位各个职位的工作人员的质量意识不够强烈。这些人根本意识不到质量在建筑工程中的重要性，所以在施工过程或管理过程中才会出现不严谨的工作状态。在建筑工程的施工中，只有提高施工人员的质量意识，才能让这些人在本质上认识筏板基础建设工作在整个建筑工程的重要性，而严格的对待筏板基础的施工质量。②对使用在筏板基础建设上的原材料要进行严格的质量控制。建筑工程中筏板基础的质量对整个建筑工程都有着重要的影响。所以在进行筏板基础的施工中，一定确保施工材料的质量。其中材料的质量不仅仅是表示材料本身质量是不是符合要求，还有让设计施工的人员对使用什么样的材料和材料的配比都有严格的设计。在建筑工程中筏板基础的建设中，材料的选用和配比都是很有讲究的，在对材料选择和计算配比比例时都要邀请权威性的专家进行评估和审查。只有这样才能保证材料的选用和配比是合理科学的，才能确保筏板基础的质量。要保证施工材料的质量，就要严格进行材料的入场检测，确保进厂的每一种材料能是符合要求的。另外为了防止一些质检人员工作认真的问题，还要特别对检测过得材料进行二次抽检，并制定相应的奖罚措施，使从事质检的工作人员更加认真地对待工作。

四、筏板基础施工应用过程

（一）施工准备

首先是技术资料准备。完成筏板基础施工前的各项技术资料；编制筏板基础大体积混凝土施工方案，确定合理的施工顺序及工期；编制大体积混凝土温度计算及温测布置方案，并制定施工应急预案。

其次是施工现场准备。复核垫层厚度及标高位置；复核筏板基础边线及主控轴线位置；复核筏板钢筋、剪力墙、柱插筋位置、标高、尺寸；复核筏板边缘砖模、外剪力墙模板位置、标高；复核后浇带、施工缝及预埋件等是否均符合设计要求。

第三是施工人员及机具、设备配备。确定项目部各岗位人员组成名单，指定专人负责混凝土浇筑、温度监测、养护保温等重要施工环节；安排具有丰富施工经验的技术班组参与浇筑作业；浇筑前对所有人员进行技术交底。

（二）浇注方案

混凝土进场后应频繁地做坍落度试验，不合格者严禁使用。混凝土的浇筑方法必须合理，避免出现冷缝。由于泵送混凝土的坍落度大，底板混凝土采用"平推浇筑法"，即"一个坡度，薄层浇筑，循序推进，依次浇筑到顶"的连续浇筑方法，混凝土自然流淌形成一个斜坡，利用自然流淌形成的斜坡浇筑混凝土，避免输送管道经常拆除或接长，以提高泵送效率、简化混凝土的泌水处理并保证上下层混凝土浇筑间隔不超过初凝时间。加强带混凝土施工时，带外侧用小掺量膨胀混凝土，浇注到加强带时改用大掺量膨胀混凝土，到加强带的另一侧时又改为小掺量膨胀混凝土浇筑。如此循环下去可连续浇筑混凝土结构，但要注意 C35 混凝土与 C40 混凝土更换时用错部位，每个浇筑带的宽度应根据现场混凝土的方量、结构物的长、宽及供料情况和泵送工艺等情况预先计算好，避免冷缝的出现。

混凝土采用自然流淌形成斜坡的浇筑方法。此种方案能较好地适应泵送工艺，减少混凝土输送管道拆除冲洗和接长的次数，提高泵送效率，混凝土自然形成浇筑坡度以 1 ：6 为宜，必要时可在下部设挡板，在每个浇灌带的前后布置 4 ~ 5 台插入式振动棒，其中 2 台振动棒布置在泵管出口处，负责上部振捣，其余布置在中部及坡角处，为防止集中堆料，先振捣出料点处的混凝土使之形成自然坡度。然后成行列式由下而上全面振捣，严格控制振捣时间。振捣至砂浆上浮，混凝土表面呈水平不再下沉，且不再出现气泡为止。

筏板基础应用过程中必然涉及浇筑混凝土部分，在浇筑时的自由卸落高度应该控制在不 2m 内，这样做的目的主要是尽量避免混凝土产生离析，在相关的垂直模板浇注时，要通过有效的水平移动，来提高建筑准确性，避免一处连续浇灌，浇筑时应该进行重复振捣，通常情况下在半个小时左右进行重复振捣，这样不但提高强度，也可以有效排除混凝土因泌水在粗骨料水平筋下部生成水分和空隙，对于筏板基础的强度提高起着重要作用，浇筑成型后的混凝土也要按标准进行合理刮平，在初凝前用木抹子抹平压实以闭合收水裂缝。待筏板基础完工后，尤其要针对该基础的变形和沉降进行监测，通过数据分析明确现场检测结果，积极进行跟踪，从而提高移位与不均匀沉降控制能力。

第三节　钢筋混凝土预制桩施工

一、钢筋混凝土预制桩概述

钢筋混凝土预制桩是一种能够承受住较大的工程荷载、工程沉降和变性较小、施工速度较快的一种新型的桩基施工方式和施工措施之。在目前的工程项目中，我们常见的钢筋混凝土预制桩主要可以分为实心桩和预应力装两种不同的结构模式，其沉桩方法也随着科学技术的发展而出现了不同的措施和手段。如目前我们工作中常见的锤击式、静力压桩式、振动式和旋转式等。近年来，随着科学技术的发展，各种新工艺、新设备的不断出现为桩基础施工带来了新的发展依据和工作措施，也为钢筋混凝土预制桩施工带来了良好可靠的基础依据。

二、钢筋混凝土预制桩的施工

（一）预制桩制作

在建筑工程项目实践施工中，施工队伍所采用的钢筋混凝土预制桩制作方法主要包括了间隔法、并列法以及反模法等。预制桩加工制作并不会受到工艺技术的限制，施工企业可以选择在施工现场进行加工制作，也可以让厂家进行直接制作。施工企业可以结合实际施工环境情况，合理采用预制桩制作方式，这样有利于降低预制桩制作成本支出，避免原材料浪费现象的发生。目前，建筑钢筋混凝土预制桩的加工制作流程是现场布置→制作准备→地坪浇筑→钢筋绑扎→支模→钢筋混凝土浇筑→养护管理→拆模。预制桩的加工制作环境要求场地平整坚实，不存在任何杂物，制作场地不会出现不均匀沉降问题影响到预制桩的实际制作水平。预制桩制作人员可以通过采用对接方式实现对钢筋骨架主筋的连接，统一截面内的主筋接头不能够超过50%。预制桩制作人员还需注意的是预制桩顶1m之内不可以出现任何接头，钢骨架偏差必须控制在允许范围内。

（二）预制桩运输、起吊和堆放

预制桩的运输和起吊工作都必须满足相关要求才能够有效进行，就比如在预制桩起吊前，桩身实际强度必须达到设计要求的 70%，而预制桩运输则要求桩身强度达到 100%。现场搬运起吊工作人员在预制桩实际起吊工作中，必须确保预制桩的起吊点符合设计要求。倘若是不存在吊环起吊要求，那么就必须严格遵守最小弯矩的基本原则，在预制桩起吊过程中尽量保证其平稳性，避免出现由于操作过快失去平衡性的问题，导致预制桩的掉落损坏。预制桩的堆放场地要始终保持其平整坚实，现场设置垫木的位置必须与落地点保持一致。相同桩号的预制桩要平整堆放在同一个区域中，并且促使桩尖全部指向同一端。预制桩现场实际堆放的层数最多不能够超过 4 层，位于最底层的垫木要适当加宽，而多层垫木必须保持上下对齐。

施工队伍在进行打桩之前必须将其安全运输到施工现场，以便打桩时的高效率投入使用。在施工现场预制桩的运输距离较短，现场工作人员可以通过操控重机设备展开预制桩的起吊运输，或者是在预制桩下设置滚筒，然后利用卷扬机设备进行拖拉作业。如果预制桩离施工现场距离较远，施工队伍可以通过运用汽车或者轨道板车进行安全运输作业。

（三）预制桩施工作业条件

在建筑工程施工中，钢筋混凝土预制桩施工技术运用对现场作业条件有如下几点要求：第一，施工人员必须展开对桩基和标高的科学测定工作，同时要经过严格检查办理相关预检手续，施工现场桩基轴线和高程控制桩必须合理设置在不会受到打桩影响的区域位置，并且还需采取一定的保护措施；第二，安全清理掉预制桩施工现场高空和地下的障碍物；第三，施工人员要严格按照轴线位置放出桩位线，同时还需利用钢筋头钉好每个桩位，在桩位表层进行白灰标记，这样能够方便打桩人员的高效工作；第四，在预制桩施工前，施工人员需科学开展打试验桩工作，实际打桩数量不能小于两根，打试验桩人员要明确贯入度，同时校验打桩过程所要采用到的相关设备和工艺技术，确保其能够符合相关试验标准要求；第五，合理规定现场打桩机的进出路线和预制桩打桩顺序，相关工作人员要设计出最佳施工方案，并认真做好技术交底工作。

（四）建筑钢筋混凝土预制桩施工工艺流程

在建筑工程施工管理中，钢筋混凝土预制桩施工技术被广泛应用在建筑施工基础环节中，该项技术的应用水平直接关系到整个建筑工程项目的施工质量和效率，施工企业必须高度重视钢筋混凝土预制桩施工技术的实践应用管理工作。当前，建筑钢筋混凝土预制桩施工工艺流程是从打桩机就位→起吊预制桩→平稳放置预制桩→试验打桩→接桩→运输预制桩→预制桩检查验收→移桩机至下一个桩位。

1. 打桩机就位

钢筋混凝土预制桩施工技术在建筑工程施工现场的应用过程中，打桩机应当首先就位，现场施工人员要科学明确打桩机的具体位置，确保其能够达到预制桩施工设计方案的相关要求。预制桩的桩位必须对准施工实际要求，并且施工人员要注意垂直进行每个预制桩桩体结构的置放和沉入操作，这样能够有效防止预制桩在施工中产生严重倾斜或者移动的现象，降低了整个建筑工程的施工质量和效率。

2. 起吊预制桩

在施工现场预制桩起吊工作中，相关工作人员首先要确保将高质量的钢丝绳和索具拴在吊桩上；接着利用索具牢牢捆住预制桩上端吊环的附近处，要注意捆绑处不能够超过 0.3m；再操控起动器设备进行预制桩的起吊工作，操控人员需要确保起吊预制桩的桩尖保持垂直对准地面桩位的中心位置，缓慢匀速地将其插入置放到泥土中；最后，要在每根预制桩的桩顶位置扣好桩帽或者桩箍，操作完毕后就可以解除掉预制桩身上的索具。

3. 稳定垂直桩尖

在建筑工程施工现场中，预制桩的桩尖有效准确插入到各个桩位后，施工人员要采用较小的落距进行 1 ~ 2 次的冷锤操作，当预制桩沉入到桩位一定深度位置时，再使预制桩垂直未定。针对 10m 范围内的短桩，施工人员可以采取肉眼观测或者双向坠双向校正。如果是超出 10m 或者打接桩需要使用线坠或经纬仪双向校正，那么施工人员就不能直接用肉眼观测。预制桩桩尖插入时，其垂直度偏差不能够超过标准设计要求的 0.5%。预制桩在打入前，施工人员必须在预制桩的侧面或者桩架上清晰设置标尺，这样有利于现场打桩施工人员的观测和记录工作。

4. 试验打桩

在建筑工程预制桩施工过程中，施工人员运用单动锤或者落锤进行打桩时，需要注意锤子的最大落距不能够大于 1m，如果是采用柴油打桩时，则应该保持锤子跳动的稳定正常性。

现场施工人员在预制桩打入操作中，需要认真做好以下几点内容：第一，进行打桩时需要严格遵守重锤低击的打桩原则，打桩人员要结合建筑工程施工现场地质条件、预制桩类型、结构以及施工水平进行锤重的合理选择工作；第二，预制桩打入顺序需要根据基础设计标高，科学采用先深后浅顺序。因为预制桩的密集程度有所不同，打桩施工人员可以采取由一侧向单一方向进行，也可以自中间向两个心向对称进行或者四周进行。

5. 接桩

在接桩工作过程中，施工人员要注意以下几点工作内容：第一，如果预制桩过短，不能够满足相关施工设计要求，施工人员可以通过使用焊接方式进行接桩，同时要运用铁片垫实焊牢预制桩上下节之间存在的间隙。在进行焊接工作时，操作人员需要采用一定的防范控制措施，避免焊缝出现变形现象；第二，接桩过程中，施工人员要确保其在距离地面 1m 处进行，上下节桩的中心线偏差不能够超出 1cm，节点折曲矢高不能够超出 0.1% 的桩长。

6. 送桩

在建筑钢筋混凝土预制桩施工中，根据施工设计要求，在进行送桩工作时必须确保送桩的中心线与桩身保持一致，这样才能够展开送桩工作。如果施工人员发现预制桩顶不平时，可以通过采用厚纸或者麻袋进行垫平操作，对于送桩留下的桩孔，现场施工人员必须及时回填密实。

7. 预制桩检查验收

预制桩施工过程中，相关人员要合理开展中间验收工作，确保每根预制桩达到贯入度要求，预制桩桩尖标高进入到持力层。在控制时，通常情况下，必须保证最后三次石锤的平均贯入度不能够大于明确规定要求数值。如果施工管理人员一旦发现预制桩位与施工设计要求产生较大偏差时，就必须及时对其展开改进处理工作，移桩机到新桩位。

三、锤击沉桩施工

（一）打桩前的准备工作

1. 平整场地

在建筑物基线以外 4 ~ 6m 范围内的整个区域或桩机进出场地及移动路线上，应作适当平整压实，并做适当坡度，保证场地排水良好。否则由于地面高低不平，不仅使桩机移动困难，降低沉桩生产率，而且难以保证使就位后的桩机稳定和入土的桩身垂直，以致影响沉桩质量。

2. 进行打桩试验

沉桩前应作数量不少于 2 根桩的打桩工艺试验，用以了解桩的贯入度、持力层强度、桩的承载力，以及施工过程中遇到的各种问题和反常情况等。没有打过桩的地方先打试桩是必要的，通过实践来校核拟定设计方案，确定打桩方案，保证质量措施和打桩技术要求。

3. 确定打桩顺序

打桩时，由于桩对土体的挤密作用，先打入的桩被后打入的桩水平挤推而造成偏移和变位或被垂直挤拔造成浮桩；而后打入的桩难以达到设计标高或入土深度，造成土体隆起和挤压，截桩过大。所以，群桩施工时，为了保证质量和进度，防止周围建筑物破坏，打桩前根据桩的密集程度、桩的规格、长短以及桩架移动是否方便等因素来选择正确的打桩顺序。

（二）打桩

打桩开始时，应先采用小的落距(0.5 ~ 0.8m)作轻的锤击，使桩正常沉入土中约 1 ~ 2m 后，经检查桩尖不发生偏移，再逐渐增大落距至规定高度，继续锤击，直至把桩打到设计要求的深度。打桩有"轻锤高击"和"重锤低击"两种方式。这两种方式，如果所做的功相同，而所得到的效果却不相同。轻锤高击，所得的动量小，而桩锤对桩头的冲击力大，因而回弹也大，桩头容易损坏，大部分能量均消耗在桩锤的回弹上，故桩难以入土。相反，重锤低击，所得的动量大，而桩锤对桩头的冲击力小，因而回弹也小，桩头不易被打碎，大部分能量都可以用来克服桩身与土壤的摩阻力和桩尖的阻力，故桩很快入土。

（三）打桩中常见问题的分析和处理

打桩施工中常会发生打坏、打歪、打不下等问题。发生这些问题的原因，有工艺和操作上的原因，也有桩的制作质量上的原因及土层变化复杂等原因。下面介绍常遇到的几个问题。

1. 桩顶、桩身被打坏

这个现象一般是将桩顶四周和四角打坏，或者顶面被打碎。有时甚至将桩头钢筋网部分的混凝土全部打碎，几层钢筋网都露在外面，有的是桩身混凝土崩裂脱落，甚至桩身断折。发生这些问题的原因及处理方法如下：

（1）打桩时，桩的顶部由于直接受到冲击而产生很高的局部应力。因此，桩顶的配筋应作特别处理，纵向钢筋对桩的顶部既起到箍筋作用，同时又不会直接接受冲击而颤动，因而可避免引起混凝土的剥落。

（2）桩身混凝土保护层太厚，直接受冲击的是素混凝土，因此容易剥落。主筋放得不正，是引起保护层过厚的原因，必须注意避免。

（3）桩的顶面与桩的轴线不垂直，则桩处于偏心受冲击状态，局部应力增大，极易损坏。有时由于桩帽比桩大，套上的桩帽偏向桩的一边，或者桩帽本身不平，也会使桩受着偏心冲击。有的桩在施打时发生倾斜，锤击数下就可以看到一边的混凝土被打碎而脱落，这都是由于偏心冲击，局部应力过大的缘故。因此，预制桩时，必须使桩的顶面与桩的轴线严格保持垂直。

（4）桩处于下沉速度慢而施打时间长、锤击次数多或冲击能量过大称为过打。过打发生在以下几种情况：一是桩尖通过硬土层时，二是最后贯入度定得过小，三是锤的落距过大。由于混凝土的抗冲击强度只有其抗压强度的 50%，若桩身混凝土反复受到过度的冲击，就容易破坏。遇到过打，应分析地质资料，判断土层情况，改善操作方法，采取有效措施解决。

（5）桩身混凝土强度不高，有的是由于砂、石含泥量较大，影响了强度，有的则是由于养护龄期不够，未到标号要求就进行施打，致使桩顶、桩身被打坏。

2. 打歪

桩顶不平，桩身混凝土凸肚，桩尖偏心、接桩不正或土中有障碍物，都容易使桩打歪；另一方面，桩被打歪往往与操作有直接关系，例如桩初入土时，桩身就有歪斜，但未纠正即予施打，就很容易把桩打歪。防止把桩打歪，可采取以下措施：

（1）打桩机的导架，必须仔细检查其两个方向的垂直度，以确保垂直，否则，打入的桩会偏离桩位。

（2）竖立起来的桩，其桩尖必须对准桩位，同时，桩顶要正确地套入桩锤下的桩帽内，勿偏在一边，使桩能够承受轴心锤击而沉入土中。

（3）打桩开始时，桩锤用小落距将桩徐徐击入土中，并随时检查桩的垂直度，待柱入土一段长度并稳住后，再适当增大落距将桩连续击入土中。

（4）柱顶不平，桩尖偏心，易使校打歪斜，因此必须注意桩的制作质量和桩的验收检查工作。

（5）如系由于地下障碍物使桩打歪，应设法排除，或经研究移位后再打。

四、静力压桩施工

静压预制桩的施工，一般情况下都采用分段压入、逐段接长的方法。其程序为：施工准备→测量定位→压桩机就位→吊桩喂桩→桩身对中调直→压桩→接桩→再压桩（送桩）→终止压桩→切割桩头。

（一）施工准备

在开始沉桩前，应对沉桩场地进行彻底的平整，以便桩机可以得到良好的固定，同时确保排水设施可以正常工作。此外，对于施工现场的地面承载力而言，其必须与压桩的要求相吻合。此外，仔细检查进入施工现场管桩的外观以及出厂检验文件。与此同时，在管桩堆放时，应保证场地具有良好的平整度，同时为了运输与吊运方便，需按照管桩的型号、规格来进行堆放。在开始压桩前，应对至少三根管桩进行试桩试验，试验合格后方可开展接下来的工作，以便后续工作可以顺利开展。

（二）测量定位

在开始施工前，需要对轴线与桩位进行准确的划定，并且为了标志明显，可将涂上油漆的钢筋插入桩位中。另外，如场地较软，则短钢筋会在桩机搬运过程中出现滑移，所以当桩机到达预定位置后，需要对桩位进行重新划定。

（三）压桩机就位

压装机可在进场前调试、安装完毕，并保持合适的速度行至预定位置，随后对其进行调平作业并对此进行校核，同时将长步履落地以均衡受力。

（四）吊桩喂桩

将桩节长度控制在 12m 内，并可通过压装机上的工作吊机完成吊桩喂桩。第一节桩需要设置桩尖，并将其运输至压桩机附近后，起吊则可用单点法来予以进行，并且此方法利于桩身可竖直进入夹桩的钳口中。如果起吊通过硫黄胶泥接桩法来实现，则浆锚孔的深度需要进行彻底检查，同时要求将孔中的积水与杂质进行彻底的清除。

（五）桩身对中调直

当钳口夹住桩体后，可以缓慢的速度来下降桩体，当桩尖与地面距离10cm时，则需要对桩身进行适当调整，桩尖与桩位处于同心桩体，随后向土中压入桩体，当下压至1m处时便可暂停下压，随后对桩身垂直度进行校正，待校正偏差作业结束后方可继续开始下压。

（六）压桩

桩可在压桩油缸的作用下向土中压入，压桩油缸的最大行程视一般为 1.5m ~ 2m，所以每一次下压，桩入土深度约为 1.5m ~ 2m，然后进行松夹→上升→再夹→再压，反复进行上述工作，便可完成一节的下压作业。随后，如桩压到距离地面 1m 时，则可进行接桩作业或通过送桩器来把桩压至规定标高。

（七）接桩

电焊焊接接头与硫黄胶泥锚固接头是静压预制桩常用的接头形式，所以需要对接头质量加以严格把控。

（八）送桩

在送桩过程中，送桩器可由现场的预制桩段来替代，当最后一节桩顶部端面距地面 1.5时，其顶部端面可由被吊运来的另一节桩压住，并不需要连接彼此的接头，当下压至与终压条件相一致后终止，随后便可拔出上面的一节桩体，以便在接下来的压桩作业中使用。

（九）终止压桩

压桩可在桩体压入土层一定深度后或者桩尖抵达设计持力层后终止。

静力压桩技术应用过程中的常见问题与解决对策作为关键的隐蔽工程，静力压桩施工过程中难免会出现一系列的问题，下面将对问题以及解决办法予以阐述。

五、预制桩施工的质量通病及防治

（一）桩身断裂

1. 现象

桩在沉入过程中，桩身突然倾斜错位，当桩尖处土质条件没有特殊变化，而贯入度逐渐增加或突然增大，同时当桩锤跳起后，桩身随之出现回弹现象，施打被迫停止。

2. 原因分析

（1）桩身在施工中出现较大弯曲，在反复的集中荷载作用下，当桩身不能承受抗弯强度时，即产生断裂。桩身产生弯曲的原因有：一节桩的细长比过大，沉入时，又遇到较硬的土层；桩制作时，桩身弯曲超过规定，桩尖偏离桩的纵轴线较大，沉入时桩身发生倾斜或弯曲；桩入土后，遇到大块坚硬障碍物，把桩尖挤向一侧；稳桩时不垂直，打入地下一定深度后，再用走桩架的方法校正，使桩身产生弯曲；采用"植桩法"时，钻孔垂直偏差过大。桩虽然是垂直立稳放好，但在沉桩过程中，桩又慢慢顺钻孔倾斜沉下而产生弯曲；两节桩或多节桩施工时，相接的两节桩不在同一轴线上，产生了曲折，或接桩方法不当（一般多为焊接，个别地区使用硫黄胶泥法接桩）。（2）桩在反复长时间打击中，桩身受到拉、压应力，当拉应力值大于混凝土抗拉强度时，桩身某处即产生了横向裂缝，表面混凝土剥落，如拉应力过大，混凝土发生破碎，桩即断裂。（3）制作桩的水泥强度等级不符合要求，砂、石中含泥量大或石子中有大量碎屑，使桩身局部强度不够，施工时在该处断裂。桩在堆放、起吊、运输过程中，也能产生裂纹或断裂。（4）桩身混凝土强度等级未达到设计强度即进行运输与施工。（5）在桩沉入过程中，某部位桩尖土软硬不均匀，造成突然倾斜。

3. 预防措施

（1）施工前，应将地下障碍物，如旧墙基、条石、大块混凝土清理干净，尤其是桩位下的障碍物，必要时可对每个桩位用钎探了解。对桩身质量要进行检查，发生桩身弯曲超过规定，或桩尖不在桩纵轴线上时，不宜使用。一节桩的细长比不宜过大，一般不超过30。（2）在初沉桩过程中，如发现桩不垂直应及时纠正，如有可能，应把桩拔出，清理完障碍物并回填素土后重新沉桩。桩打入一定深度发生严重倾斜时，不宜采用移动桩架来校正。接桩时要保证上下两节桩在同一轴线上，接头处必须严格按照设计及操作要求执行。（3）采用"植桩法"施工时，钻孔的垂直偏差要严格控制在1%以内。植桩时，桩应顺孔植入，出现偏斜也不宜用移动桩架来校正，以免造成桩身弯曲。（4）桩在堆放、起吊、运输过程中，应严格按照有关规定或操作规程执行，发现桩开裂超过有关规定时，不得使用。普通预制桩经蒸压达到要求强度后，宜在自然条件下再养护一个半月，以提高桩的后期强度。施打前桩的强度必须达到设计强度100%（指多为穿过硬夹层的端承桩）的老桩方可施打。而对纯摩擦桩，强度达到70%便可施打。（5）遇有地质比较复杂的工程（如有老的洞穴、古河道等），应适当加密地质探孔，详细描述，以便采取相应措施。

4. 治理方法

当施工中出现断裂桩时，应及时会同设计人员研究处理办法。根据工程地质条件、上部荷载及桩所处的结构部位，可以采取补桩的方法。条基补1根桩时，可在轴线内、外补；补2根桩时，可在断桩的两侧补。柱基群桩时，补桩可在承台外对称或承台内补桩。

（二）桩顶位移

1. 现象

在沉桩过程中，相邻的桩产生横向位移或桩身上下升降。

2. 原因分析

桩数较多，土层饱和密实，桩间距较小，在沉桩时土被挤到极限密实度而向上隆起，相邻的桩一起被涌起；在软土地基施工较密集的群桩时，由于沉桩引起的空隙压力把相邻的桩推向一侧或涌起；桩位放得不准，偏差过大；施工中桩位标志丢失或挤压偏离，施工人员随意定位；桩位标志与墙、柱轴线标志混淆搞错等，造成桩位错位较大；选择的行车路线不合理；特别是摩擦桩，桩尖落在软弱土层中，布桩过密，或遇到不密实的回填土（枯井、洞穴等），在锤击震动的影响下使桩顶有所下沉。

3. 防治措施

（1）采用点井降水、砂井或盲沟等降水或排水措施。（2）沉桩期间不得同时开挖基坑，需待沉桩完毕后相隔适当时间方可开挖，相隔时间应视具体地质条件、基坑开挖深度、面积、桩的密集程度及孔隙压力消散情况来确定，一般宜二周左右。（3）采用"植桩法"可减少土的挤密及孔隙水压力的上升。（4）认真按设计图纸放好桩位，做好明显标志，并做好复查工作。施工时要按图核对桩位，发现丢失桩位或桩位标志，以及轴线桩标志不清时，应由有关人员查清补上。轴线桩标志应按规范要求设置，并选择合理的行车路线。

（三）接桩处松脱开裂

1. 现象

接桩处经过锤击后，出现松脱开裂等现象。

2. 原因分析

连接处的表面没有清理干净，留有杂质、雨水和油污等；采用焊接或法兰连接时，连接铁件不平及法兰平面不平，有较大间隙，造成焊接不牢或螺栓拧不紧；焊接质量不好，焊缝不连续、不饱满，焊肉中央有焊渣等杂物。接桩方法有误，时间效应与冷却时间等因素影响；采用硫黄胶泥接桩时，硫黄胶泥配合比不合适，没有严格按操作规程熬制，以及温度控制不当等，造成硫黄胶泥达不到设计强度，在锤击作用下产生开裂；两节桩不在同一直线上，在接桩处产生曲折，锤击时接桩处局部产生集中应力而破坏连接。上下桩对接时，未作严格的双向校正，两桩顶间存在缝隙。

3. 预防措施

（1）接桩前，对连接部位上的杂质、油污等必须清理干净，保证连接部件清洁。检查校正垂直度后，两桩间的缝隙应用薄铁片垫实，必要时要焊牢，焊接应双机对称焊，一气呵成，经焊接检查，稍停片刻冷却后再行施打，以免焊接处变形过多。（2）检查连接部件是否牢固平整和符合设计要求，如有问题，必须进行修正后才能使用。（3）接桩时，两节桩应在同一轴线上，法兰或焊接预埋件应平整服贴，焊接或螺栓拧紧后，锤击几下再检查一遍，看有无开焊、螺栓松脱、硫黄胶泥开裂等现象，如有应立即采取补救措施，如补焊、重新拧紧螺栓并把丝扣凿毛或用电焊焊死。（4）采用硫黄胶泥接桩法时，应严格按照操作规程操作，特别是配合比应经过试验，熬制时及施工时的温度应控制好，保证硫黄胶泥达到设计强度。

（四）沉桩达不到设计要求

1.现象

桩基础设计时，对端承桩是以进入持力层的最终贯入度为控制标准，参考桩尖高程；而对摩擦桩则以桩尖标高为主，参考贯入度。但有的工程要求双控，又由于离心管桩多为长桩深基，有时就会沉桩达不到设计的最终控制要求。

2.原因分析

（1）勘探点不够和粗略，对工程地质情况不明，尤其是持力层标高起伏，致使设计考虑持力层或选择桩尖标高有误，有时因设计要求过严，超过了施工机械能力或桩身混凝土的强度。（2）勘探工作以点带面，对局部硬夹层不可能全部了解，尤其是在复杂的工程地质条件下，以及遇到地下障碍物如大块石头、混凝土大块等，沉桩就会达不到设计要求。（3）群桩效应问题，砂为持力层时，桩数越多，会越挤越密实，最后就会出现下沉不多或不下沉的现象。（4）打桩行机路线选择不合理，锤头选择太小或太大，使桩沉不到设计标高，或沉入过多。（5）桩顶打碎或桩身打断，致使桩不能继续打入。

3.防治措施

（1）详细探明地质情况，必要时应补充勘探，正确选择持力层或标高，根据工程地质条件、桩断面及长度，合理选择桩工机械、施工方法及行车路线。（2）防止桩顶打碎或桩身断裂。如采取法兰盘下加钢套箍、加垫减振材料、选老桩、严格校正垂直度等措施。（3）遇有硬厚夹层，可采用"植桩法"、射水法或气吹法等措施。无论采用哪种方法，桩尖至少应进入未扰动土6倍桩径（保证设计要求）。（4）施打前平整场地时，清除掉地下障碍物，必要时，放桩位时以钎探法探明地下物，及时清除。（5）正式施打前，可在正式桩位上进行工艺试桩（选不同部位试打 3～5 根），以校核勘探与设计要求的可能性、合理性。

第四节　钢筋混凝土灌注桩施工

灌注桩是桩基础施工中一种较为常见的形式，具备施工振动小，承重力大等特征，在现今建筑基础施工中获得了十分广泛的应用。但由于钢筋混凝土灌注桩施工工艺较为复杂，且施工质量也无法保障，一旦施工不当，极容易发生质量问题，从而影响到建筑工程整体结构稳定性。针对此，必须对钢筋混凝土灌注桩施工技术进行深入的探讨，以保证灌注桩施工质量。

（一）灌注桩施工准备工作

1. 确定成孔施工顺序

通常情况下，在进行钢筋混凝土灌注桩施工时，依据成孔方式的不同，其所采用的成孔施工顺序也是大不相同的。例如在沉管灌注桩成孔时会对附近的土体产生挤压作用，针对此，应当间隔一个或是两个桩位进行成孔操作。而在进行钻机成孔灌注桩施工时，由于其桩位成孔时本身具备泥浆护壁，所以不会对周围的土体造成较大的挤压作用，针对此，在进行该类灌注桩施工时，可依据实际施工条件与最便利的、合理的原则明确成孔施工顺序。

2. 成孔深度的控制

如果灌注桩种类为摩擦型桩，此时应当依据设计桩长来控制具体成孔深度。如果是端承摩擦桩，则必须确保设计桩长与桩端处于持力层一定深度内。在进行成孔操作时，如果采用锤击沉管工艺进行，对于此时桩管入土深度，必须以结合标高控制与贯入度控制的方式进行。此外，在成孔过程中，如果采用端承型桩进行，则应当通过贯入度对沉管深度进行有效的控制，并且还要结合设计持力层标高进行辅助控制操作。

3. 钢筋笼的制作

在进行钢筋笼的制作时，必须确保主筋环向均匀布置，而箍筋直径与间距、主筋保护层等，均需要满足工程设计规定。在连接箍筋与主筋时，应当采用点焊的方式进行。对于分段制作的钢筋笼的接头，应当采用焊接方式进行相关操作，但必须确保其满足有关质量检验技术规范标准。在将钢筋笼吊放入孔时，严禁与孔壁产生碰撞。此外，在进行混凝土灌注施工时，应当采取一定的措施以固定钢筋笼的位置，避免钢筋笼由于受到混凝土上浮力的影响而出现上浮的现象，当然也可以等到混凝土浇筑施工结束之后再通过带帽的平板振动器将钢筋笼振入混凝土灌注桩内。

4. 混凝土的配制

在配制混凝土时，对于其所需要用到的材料与性能，必须进行严格的、仔细的选择。通常情况下，灌注桩混凝土所采用的粗骨料可选用卵石或者是碎石，但其最大粒径必须小于钢筋净距的 1/3；而对于沉管灌注桩，应确保其不超过 50mm。同时，素混凝土桩应当处于桩径 1/4 与 70mm 范围内。对于坍落度的规定，所选择的成孔工艺不同，规定也存在较大的差异。此外，需确保混凝土强度等级超过 C15，且水下浇注混凝土要超过 C20。

一、泥浆护壁成孔灌注桩

泥浆护壁成孔灌注桩是利用原土自然造浆或人工造浆浆液护壁，通过循环泥浆将被钻后切削土体的土块钻屑挟带排出孔外而成孔，而后安放钢筋笼，水下灌注混凝土而成桩。

（一）护筒埋设

护筒是埋置在钻孔口的圆筒，用以固定桩孔位置，保护孔口，防止塌孔及地面水流入，以及钻头导向作用。护筒一般是用 4 ~ 8mm 厚钢板制成，其内径应按桩径及钻机确定。当采用回转钻机时，宜大于钻头直径 100 ~ 150mm；当采用冲击钻时，宜大于 200 ~ 300mm。埋设护筒一般常用挖埋式，护筒中心与桩位中心偏差不宜大于 50mm。埋设深度，粘性土中不宜小于 1.0m；砂土层中不宜小于 1.5m。筒顶面宜高出地面或填筑面 0.2 ~ 0.3m，孔内泥浆面宜保持高出地下水位 1.0m。埋设护筒应稳固，与坑壁之间用粘土回填夯实。

（二）制备泥浆

泥浆在桩孔内会吸附在孔壁上，形成泥膜，避免内壁漏水，并保护筒内水压稳定。在粘性土层中钻进时，泥浆就地选用（用粘性土调制），重度宜控制在 1.2 ~ 1.4kN/m³。在穿过砂夹卵石层或易坍孔的土层中钻进时，泥浆重度宜提高为 1.3 ~ 1.6kN/m³。灌注混凝土时，废弃的泥浆要注意污染。施工时，应经常测定泥浆重度，并控制粘度 18 ~ 22SEC，含砂率不大于 4% ~ 8%，胶体率不小于 90%。

（三）成孔

泥浆护壁成孔灌注桩成孔方法主要有钻孔和冲孔。

1.回转钻成孔

回转钻成孔按排渣方式可有正循环钻孔和反循环钻孔两种。目前，我国在钻孔灌注桩基础工程施工中，较广泛应用正循环回转钻进成孔。正循环回转钻成孔是钻机回转装置带动钻杆和钻头回转切削岩土，由泥浆泵输进泥浆，泥浆沿孔壁上升，从孔口溢浆口流人泥浆池，经沉淀后返回循环池。

钻机安装时，转盘中心与钻架上吊滑轮应在同一垂直线上，钻杆位置偏差不应大于 20mm。开始钻孔时，应先在护筒内放人一定数量的粘土块，捎提钻杆空转，并从钻杆中压人清水，搅拌成浆，开动泥浆泵。初钻时，应低档慢速钻进，然后根据土质情况可按正常速度钻进。反循环回转钻进，与正循环回转钻进排泥路线相反，孔内泥浆自孔口流入，经由钻杆内腔抽吸出孔外至地面。

2.冲击钻成孔

冲击钻成孔是把带刃的重钻头（冲锤）提高，靠自由下落的冲击力来破碎岩层或冲挤土层，排出碎渣成孔。它适用于碎石土、砂土、粘性土及风化岩层等。桩径可达 600 ~ 1500mm，大直径可分级成孔。开孔前应在护筒内多放一些粘土块，当土质松软时，尚应加入一定数量的小片石，注入泥浆或清水，反复冲击，把泥和石片挤进孔壁。开孔段冲程不宜大于 1m，当深至护筒脚以下 3 ~ 4m 后，可根据地质条件，适当加大冲程。

岩层中钻进时应低锤勤击，当发现偏斜时，应立即回填 300 ~ 500mm 片石，重新钻进。遇孤石时，可抛填相似硬度的片石或卵石，用高冲程冲击，或高低冲程交替冲击，将孤石击碎挤入孔壁。冲击过程中，应勤抽渣，勤检查钢丝绳和钻头磨损情况，检查转向装置是否灵活，预防发生安全质量事故。

（四）浇筑水下混凝土

泥浆护壁成孔灌注桩混凝土的浇筑是在泥浆中进行，故为水下混凝土浇筑。水下混凝土必须具备良好的和易性，配合比应通过试验确定。水下混凝土浇筑常用导管法。导管壁厚不宜小于 3mm，直径宜为 200 ~ 250mm，直径制作偏差不应超过 2mm。导管分布长度视工艺要求确定，底管长度不宜小于 4m。接头一般为法兰或反螺纹方扣快速接头，要求接头严密，不漏浆，不进水。使用前应试拼装、试压，试压水压力为 0.6 ~ 1.0MPa。导管顶部设有漏斗，整个导管安置在起重机设备上，可以升降。采用导管既可以防止混凝土中水泥被水带走，又可防止泥浆进入混凝土内形成软弱夹层，从而减少混凝土离析现象。导管法浇筑混凝土时，先将安装好的导管吊入桩孔内，导管顶部高于泥浆面 3 ~ 4m，导管底部距桩孔底部 0.3 ~ 0.5m（桩径小于 600mm 时可适当加大导管底部至孔底距离）。导管上口接漏斗，在漏斗中存储足够数量的混凝土后，剪断隔水栓塞的提吊钢丝或打开阀门，让存储在漏斗中的混凝土同隔水栓塞一起向孔底猛落（若采用阀门，则无隔水栓塞），这时孔内环隙中的泥浆急剧外溢，说明混凝土已落入孔底。存储在漏斗中的混凝土量应能将导管中的水全部压出，并使导管下口埋入孔内的混凝土内 1 ~ 1.5m，以免孔内的泥浆可能重新流入导管。随着混凝土不断通过漏斗、导管灌入桩孔、钻孔内，初期灌注的混凝土及其上面的水或泥浆不断地被顶托升高，要相应地不断提升导管和拆除导管，直至钻孔灌注混凝土完毕。

二、干成孔灌注桩

干作业成孔灌注桩是指不用泥浆和套管护壁的情况下，用人工钻具或机械钻成孔，下钢筋笼、浇混凝土成桩。它适用于地下水位以上的填土、黏性土、粉土、砂性土、风化软岩及粒径不大的砾砂层。缺点是孔底常留有虚土不易清除干净，影响桩的承载力；螺旋钻具回转阻力较大，对地层的适应性有一定的条件限制。干作业成孔灌注桩按成孔机具和工艺方法的不同有如下不同。

（一）螺旋钻成孔灌注桩

1. 螺旋钻机钻孔

螺旋钻要由主机、滑轮组、螺旋钻杆、钻头、滑动支架和出土装置等组成，一般采用步履式全螺旋钻孔。这种钻机根据钻杆形式不同可分为：整体式螺旋、装配式长螺旋和短螺旋三种。它是一种动力旋动钻杆，使钻头的螺旋叶旋转切土，土块由钻头螺旋叶上升排出孔外。钻头形式有多种，不同类型的土层宜选用不同类型的钻头，常用的有平底钻头、耙式钻头、筒式钻头和锥式钻头 4 种，平底钻头适用于松散土层；耙式钻头适用于含有大量砖块、瓦砾的杂填土层；锥底钻头适用于黏性土层；筒式钻头适用于钻混凝土块及条石等障碍物。

螺旋钻孔施工要点如下：

（1）螺旋钻进应根据地层情况，合理选择和调配钻进参数，并可通过电流表来控制进尺速度，电流值增大，说明孔内阻力增大，应降低钻进速度。

（2）开始钻进及穿过软硬土层交接处时，应缓慢进尺，保持钻具垂直；钻进含有砖头、石块或卵石的土层时，应控制钻杆跳动与机架摇晃。

（3）钻进中遇憋车，不进尺或进尺缓慢时，应停机检查找出原因，采取措施，避免盲目钻进，导致桩孔严重倾斜、跨孔甚至卡钻、折断钻具等恶性事件发生。

（4）遇孔内渗水、跨孔和缩径等异常情况时，立即起钻，采取相应的技术措施；上述情况不严重时，可调整钻具参数，投入适量黏土球，上下活动钻具等，保持钻具顺畅。

（5）冻土层、硬土层施工时，宜采用高转速，小给进量，恒钻压。

（6）短螺旋钻进，每次进尺宜控制在钻头的 2/3 左右，砂层、粉土层可控制在 1.2 ~ 1.8m，黏土、粉质黏土在 0.6m 以下。

（7）钻至设计深度后，应使钻具在孔内空转数圈清除虚土，然后起钻，盖好孔口盖，防止杂物落入。

钻孔时，如遇软塑土层含水量大的情况，可用叶片螺距较大的钻杆，这样工效可高一些；在可塑或硬塑的土层中，或含水量较少的砂土层中，则应采用叶片螺距较小的钻杆，以便能均匀平稳的钻进土中。一节钻杆钻完后，可接上第二节钻杆，直至钻到要求的深度。

2. 清理孔底

土层螺旋钻进，孔底一般有较厚的虚土，需进行专门的处理。常用的方法是采用 25 ~ 30kz 的重锤对虚土进行夯实，或投入低坍落度的混凝土，再用重锤夯实。

3. 插入钢筋笼

一级建筑桩基，应配置桩顶与承台的连接钢筋笼，锚入承台 30 倍主筋直径，伸入桩身长度不小于 10 倍桩身直径，且不小承台下软弱土层层底深度。

钢筋笼入孔内，不要碰撞孔壁，骨架要扎好保护层垫块，控制保护层厚度，又要保证钢筋骨架垂直度及钢筋笼的标高。

4. 浇筑混凝土

（1）移走钻孔盖板，再次复查孔深、孔径、孔壁、垂直度及孔底虚土厚度。有不符合质量标准要求时，应处理合格后，再进行下道工序。

（2）吊放钢筋笼：钢筋笼放人前应先绑好砂浆垫块（或塑料卡）；吊放钢筋笼时，

要对准孔位，吊直扶稳，缓慢下沉，避免碰撞孔壁。钢筋笼放到设计位置时，应立即固定。遇有两段钢筋笼连接时，应采取焊接，以确保钢筋的位置正确，保护层厚度符合要求。

（3）放串筒浇筑混凝土。在放串筒前应再次检查和测量钻孔内虚土厚度。浇筑混凝土时应连续进行，分层振捣密实，分层高度以捣固的工具而定。一般不得大于0.5m。

（4）混凝土浇筑到桩顶时，应适当超过桩顶设计标高，以保证在凿除浮浆后，桩顶标高符合设计要求。

（5）撤串筒和桩顶插钢筋。混凝土浇到距桩顶1.5m时，可拔出串筒，直接浇灌混凝土。桩顶上的插筋一定要保持垂直插入，有足够的保护层和锚固长度，防止插偏和插斜。

（6）混凝土的坍落度一般宜为80～100mm；为保证其和易性及坍落度，应注意调整砂率和掺入减水剂、粉煤灰等。

（二）螺旋钻成孔扩底灌注桩

钻孔扩底灌注桩施工是用钻扩机成孔和扩底，成孔后放入钢筋笼，浇注混凝土形成扩底桩以便获得较大的垂直承载力的方法。目前我国常用的是钻扩机是ZKl20型双管双螺旋钻孔机，它的主要部分是两根并列的开口套管组成的钻杆和钻头，每根套管内有运输土的螺旋叶片和传动轴。钻头和钻杆采用铰连接。钻头上装有钻孔刀和扩孔刀，用液压操纵可使钻头并拢或张开。

开始钻孔时钻杆和钻头顺时针方向钻进土中，切下的土由套管中的螺旋叶片送至地面。当钻孔达到设计深度时，操纵液压阀，使钻头徐徐撑开，边旋转边扩孔，切下的土也同样被套管内的叶片送至地面，直至达到设计的要求为止。ZKl20型直径为400mm，扩大头直径最大可达1200mm，最大钻孔深度为5m。

干作业扩底灌注桩适用于地下水位以上的黏土、粉土、砂土、填土和粒径不大的砾砂层，扩底部宜设在强度较高的持力层中。

（三）手摇钻成孔灌注桩

除上述两种于作业成孔灌注桩施工方法还有手摇钻成孔灌注桩，它是用人力旋转钻具钻进，成孔直径一般为200～350mm，孔深3～5m。本法不用能源，机具简单，操作容易，但劳动强度大，适用于缺乏成孔机具设备、桩数不多的情况下。

三、人工挖孔灌注桩

（一）施工准备

施工现场准备过程中，先清理干净施工场地，对地表进行平实，并彻底清理影响挖空的软土，设置排水沟，保证排水通畅。同时，还要准备好人工挖孔灌注桩施工设备，比如铁锹、发电机、吊车、通风管、钢丝绳以及安全帽和吊桶等，根据要求对施工机械设备进行性能检验和安全检测。

施工准备阶段对施工人员进行技术培训及安全培训，同时还要将防护技能教育以及技术交底工作落实到实处，并在此基础上制定施工和安全管理规范。对施工过程中的主要环节进行严格检查，采用技术和管理手段，确保人工挖孔灌注桩施工的安全可靠性。

人工挖孔施工时二人一组间隔开挖，一人进行孔内开挖，一人在地面上控制电动葫芦，其中需要保证开挖孔径不得小于0.8m。开挖时主要使用短柄铁锹，在风化岩区采用手持风镐开挖。开挖一节高度为1.0m，必须使用不低于桩身混凝土强度的混凝土进行护壁，护壁厚度不小于100mm，护壁内应配置直径不小于8mm的构造钢筋。待上一节护壁达到强度后方可进行下一节施工。桩孔深度大于10m时，利用输风管、鼓风机等向桩孔输送新鲜空气，孔内送风量不宜小于25L/s吊笼上下通畅联系。

成孔开挖过程中，每一个小组每日的流水作业以2～3根桩为宜。人工挖孔作业过程中，遇到孤石、障碍物，则采用人工、风镐以及空压机等设备配合施工作业。成孔时，地面设专人疏通排水沟，将桩孔中抽出的水排净，并从桩孔中挖出石碴、废土，由专人运出场外。

垂直度、桩位以及直径校核过程中，注意以下几点：第一，基桩轴线水准点、控制点，应当布设在不受影响之处。开工之前进行复核，然后妥善保护，而且施工时应时常复测。第二，首节护壁成孔施工操作完成后，在护壁四周用竹片将桩位中心线定位出来，而且桩位轴线采用正交十字线进行管控。作为往下施工模板对中和桩位垂直度偏差控制的重要参考，直径检查时利用尺杆找圆周方法进行操作。完成以上施工任务以后，检查分土方开挖以及混凝土护壁二次进行，每段检查时避免出现偏差，并且对其进行随时纠正，以确保位置准确度。

（二）护壁施工

在护壁施工过程中，采用一节组合式钢模板拼装之，拆上节，支下节，周转应用。

用吊桶运输混凝土，并采用人工浇筑方式，上部留出100mm高处作浇灌口，当护壁浇筑完成后，用混凝土将其堵上。混凝土浇灌过程中，用敲击模板、竹以及木棒将其捣实，不可在桩孔水淹没模板以后灌筑混凝土，而是应当严格按照土质状况，尽可能利用速凝剂，确保设计强度达标；如果护壁出现蜂窝或者漏水，则需及时进行堵塞、导流，以免孔外水经护壁流入孔中，这样可以确保护壁混凝土的施工安全性和强度。拆除护壁砼内模时，根据气温情况而定，通常在24h后进行施工作业，使砼保持一定的承载强度，能够挡土；当混凝土的施工强度为1MPa时，就可以拆模。

（三）终孔检查

当孔挖至设计的持力层以后，应当进行严格的自检和评定。终孔检查时，主要针对桩孔中心线位移与桩径偏差、孔底沉渣、终孔深度和桩底持力层进行严格检查，而且各项偏差一定要在规范范围之内。

（四）挖孔施工注意事项

桩孔直径、垂直度，应当对每一段进行严格检查，一旦发现偏差，需及时对其进行纠正，确保位置正确。对于桩端终孔而言，深度需按设计要求进行施工操作，每一根桩终孔后，需请勘察人员、设计人员以及监理和业主检查验收，然后逐根隐蔽检查。遇塌孔时，建议在塌方位置砌砖外模，然后配上直径为 6mm、间距为 150mm 的钢筋，最后支内模灌筑砼护壁。就质量标准而言，桩孔位的中心线位移偏差不超过 ≤30mm；桩孔径的允许偏差，不超过 ±20mm；护壁混凝土的厚度偏差，不超过 ±35mm。

（五）钢筋笼的制作与质量验收

钢筋进场验收要有质保单，并要求作力学性能试验和焊接试验，合格后启用。焊条要有质保单，型号要与钢筋的性能相适应。钢筋笼制作严格按设计加工，主筋位置用钢筋定位支架控制等分距离。加颈箍宜设在主筋外侧，以加强对钢筋笼的箍子作用，且不会增加施工难度，主筋一般不设弯钩。钢筋笼搬运和吊装时，应防止变形；安放前需再检查孔内的情况，以确定孔内无塌方和沉渣；安放要对准孔位、扶稳、缓慢、顺直，避免碰撞孔壁，严禁墩笼、扭笼。注意钢筋笼的标高，到达设计位置后应采用工艺筋（吊筋、抗浮筋）固定，避免钢筋笼下沉或受混凝土上浮力的影响而上浮。当成孔深度与设计深度不同时，钢筋笼长度也宜随之变化。

（六）混凝土灌注施工

检查成孔质量合格后应尽快灌注砼。在灌注砼前，应进行清孔工作，要求孔壁、孔底必须清理干净，孔底无浮渣，孔壁无松动。在施工中注意控制桩头混凝土的标高，应适当超出设计标高，以保证在凿除浮浆层后，桩头进入承台内 100mm。砼灌注过程中必须实行旁站，全员、全过程控制，严格把关。

（七）常见安全问题及安全策略

1. 施工中常见的安全问题，需要加强注意

（1）孔壁坍塌。当地下水位较高，地基土为渗透系数大的粉土、粉细沙等砂性土层或深厚的饱和淤泥质粘土，且无护臂，不能承受水、土侧压力，又未采取降水措施时，极易出现渗水、流沙、涌泥现象，最终可能造成孔壁坍塌。因此，在地下水位较高的场区，不宜采用人工挖孔桩。

（2）孔口落物。桩孔附近有堆积物未能及时清理，在人为或雨水冲刷下，物体落入孔内而造成人员伤亡事故，或者地面上操作人员不慎将物体落入孔内也会造成人员伤亡事故。

（3）窒息中毒。下挖较深时，孔内可能积累大量有害、可燃气体，没有相应措施测定孔内的有毒有害气体的含量及种类，并且没用采取有效的通风措施时，也会对施工人员造成伤害。

（4）触电伤亡。桩孔内施工面窄且多水、潮湿，若孔内未按要求采用低于12V的安全电压和安全灯，或者是使用的通风设备、照明设备的电线破损等，均易发生触电事故。

（5）坠落孔内。孔口无盖板、护栏等防护措施或明显的标志，夜间又无足够照明，人员易失足掉入孔内。施工人员用麻绳、尼龙绳吊挂或脚踏孔壁上下及电动葫芦（或卷扬机）无自动卡紧保险装置也易发生事故。

（6）扩底塌方。桩扩工序完成后，如果未能及时进行桩体填筑，土体丧失稳定，容易出现塌方，危及施工人员安全。挖孔桩施工安全管理过程中，应当对施工人员严格要求和加强管理。比如，施工人员的视力、听觉以及心脏和血压等基本身体素质应当正常，而且还要对其进行安全技术教育和培训，考核后才能上岗。人工挖孔灌注桩施工现场，要求施工人员佩戴安全帽、系好安全带，并且穿上绝缘胶鞋。当孔中有人时，在孔上应当有人对其进行监督防护。井孔的四周作业人员以及监护人员，严禁穿拖鞋或者赤脚工作，更不能酒后上岗。

2. 安全策略

（1）施工过程注意事项

在施工过程中，勘察单位应根据工程特点进行针对性勘查，如：场区内各地质的物理力学性质、厚度、透水性；地下水类型、水位变化情况、补充来源和有无侵蚀性等不良影响等。还要查看地下有无障碍物（电缆、煤气管线、上下水道等）或原构筑物基础、废钢铁等；是否存在危害较大的滑坡、断层破损带、泥石流、崩塌以及强烈发育的岩溶、土洞等不良地质现象；有无缺氧、有害气体情况，有害气体的种类及其产生原因（这一项应为特殊要求）；相邻建筑物的高度、结构形式、基础形式、埋置深度等资料。

此外，还应根据场地条件和要求编制施工方案。编制人工挖孔桩的方案前，应仔细分析勘察报告提出的水文地质与工程地质条件，更重要的是应进行现场查勘，获知施工现场的周边环境条件和地下障碍物等条件，然后根据上述资料编写有针对性的施工方案。

人工挖孔桩较适用于地下水位以上的粘性土、填土、季节性膨胀土、自重与非自重湿陷性黄土，中间有硬夹层与砂夹层、卵砾石层及全强风化基岩。

人工挖孔扩底桩扩底直径不宜大于3d，斜率为1/3~1/2，扩底最下中心距须大于1.5m或D+1.0m（其中D为扩端设计直径），以防相邻桩间土壁无法直立而坍塌。

护壁通常为混凝土护壁，厚度不宜小于100mm，混凝土强度等级不得低于桩身强度，护壁内等距放置直径不小于8mm的直钢筋，上下节护壁间用钢筋拉结。当土层松散或为流沙层时，则应采用钢护筒或钢筋混凝土沉井。

地下水丰富且较浅时，需考虑井点降水。此时应分析对环境的影响，以免因地下水过采用引起地面下沉，危及周围建筑的安全性。

（2）安全措施

挖出的土方需及时运走，而且井孔口四周1m范围内，一律不得堆放土石方，通常堆土高度不超过 0.8m。井口四周需用混凝土浇筑成井圈，其高度应当高出地面至少 20cm。孔深挖到超过人高时，桩孔口、孔内布设靠周壁略低的半圆防护网，随孔深不得增加而向作业面下引。井孔中需设应急所用的软爬梯、安全绳。井内人员应当乘专用吊笼进行上下，坚决避免乘坐吊桶、脚踩护壁等上下井孔。当孔深超过了 5m，地面应当适当配备向孔中送风的设备，风量至少 25L/s。在每日施工作业之前，应先检测。如果遇到有地下水渗出现象，则应当将挖、运泥水同时进行；如果地下渗水量过大，则吊桶很难满足排水要求，此时应当先在桩孔底部位置挖集水坑，并用高扬程水泵进行抽水。人工挖孔灌注桩施工现场，需做好电源线路管控，按照"三相五线"制度以及 TV-S 要求布设，按"三级配电"级漏电分段、分级保护。对于垂直起重设备而言，需经常进行检修和维护，确保机件正常运转。同时，按钮开关、钢丝绳、减速器、绳卡以及吊笼和吊桶等设备，不能带病作业。

（八）人工挖孔灌注桩基础施工的质量验收要点

在进行人工挖孔灌注桩施工过程中，质量验收要点主要包括桩孔施工、钢筋笼的制作与吊装、混凝土的灌注施工及成桩的质量检验等内容。

1. 桩孔施工

在进行大规模开孔前，首先要展开成孔试验工作，从而对相应技术、地质资料、工艺及设备的适宜性进行检查。在开孔之前，要对建设单位提供的测量基线与基准点进行桩位中心线放线，同时展开复核。在桩孔施工过程中，要对开挖位置进行合理设定。如某一施工单位在进行人工挖孔灌注桩基础施工时，桩净距是 2.4m（低于 2.5m），是桩径的 1.8 倍（低于 2 倍），因此，在对桩孔进行开挖时，采取的开挖形式是间隔开挖。另外，在第一节井圈护壁中，井圈顶面要高出场地 150mm ~ 200mm，要在下部井壁厚度基础上使壁厚增加 100mm ~ 150mm。其中心线和设计轴线之间的偏差要保持在 20mm 以内。

2. 钢筋笼制作与吊装

（1）钢筋笼制作过程

在进行钢筋笼制作时，首先要保证钢筋与焊条等工程材料符合标准规范要求及施工实际情况。在钢筋进场时，要展开相应的验收工作，确保每批钢材都具有质保单。之后，要对钢筋展开焊接试验及力学性能检测试验，检测合格才可将钢筋投入使用。进场焊条同样需具备质保单，且其型号要和钢筋性能相匹配。在进行钢筋笼制作时，要严格按照设计标准展开制作，在主筋位置利用钢筋对支架进行定位，对等分距离进行控制。在制作钢筋笼过程中，要将相关数据严格控制在允许偏差范围之内。其中，在钢筋笼直径与长度上允许出现的偏差分别为 10mm 与 50mm；在钢筋箍筋或螺旋筋的螺距间允许存在 20mm 偏差，在主筋间距中允许出现 10mm 范围偏差。另外，在主筋外侧要用加劲箍进行束缚，保证钢筋笼受到有效箍子作用。

（2）钢筋笼吊装过程

在进行钢筋笼吊装时，要避免变形问题出现。在安装前要对桩孔进行严格检查，避免孔内沉渣存在或有塌方现象。应对准孔位顺直而缓慢地进行安放，不可对孔壁造成碰撞。当钢筋笼安装到设计标高位置时，要利用抗浮筋、吊筋等工艺筋对钢筋笼进行固定，防止上浮或下沉现象发生。钢筋笼安放好之后要用水泥砂浆进行钢筋保护层的制作。如果桩孔有混凝土护壁，要对钢筋构筑 35mm 的保护层，如果孔内无护壁则这一厚度要上升至70mm。

3. 混凝土的灌注施工

在确认成孔质量符合要求后，即要展开混凝土灌注施工。在这一过程中，首先要开展清孔工作，保证孔底沉渣厚度符合相应要求。当成孔中有地下水渗透时，若渗透量过大，要用导管法进行水下混凝土灌注。若渗透量较小，可将孔内积水抽除后采取串筒法进行混凝土灌注。在利用串筒法进行混凝土浇筑时，要保证传统和孔底之间的距离在 2m 范围以内，并用插入式振捣器对混凝土进行振实处理。对于混凝土的用料要严格进行把控，可以选用最大粒径不超过 50mm 的卵石或碎石作为粗骨料。在进行混凝土配制时，要对配合比进行严格把控，对混凝土坍落度进行准确掌握。桩头混凝土标高要比设计标高稍高，同时桩身混凝土要留存混凝土试件。

4. 成桩的质量检验

对混凝土试件展开强度检验，同时进行桩身动态检验，主要包括对桩身小应变与大应变进行检验，从而对断桩、扩径、桩长及缩颈进行有效检验，对混凝土强度进行估算。如条件允许，可对成桩进行 1% ~ 2% 的抽样检查，采取慢速维持荷载方法对竖向静荷载进行试验。各项检测结果均要与设计要求相符。

第四章　钢筋混凝土工程

第一节　模板工程

一、模板施工技术的基本概述

建筑模板工程施工技术是对建筑工程的整体结构和各个构件的尺寸进行精细地测量检验，确定其在建筑物中的准确位置，尽量保证其各部位能够有效地与工程的原始设计数据有高度的一致性。在建筑行业之中，建筑工程的实际施工是最耗费能源资源的环节，特别是随着我们国家现代化城市发展的需要，建筑工程的需求量也越来越大，对建筑行业资源能源的需求量也逐步增加。在现阶段我国的能源紧缺的情况越来越严重，建筑行业方面需要技术方面的进一步革新才能适应这种建筑需求量剧增的现状。当前，混凝土结构是高层建筑行业中最常见的结构，这种结构在提高建筑的整体性、经济性、抗震性方面都有重要的作用。这种混凝土结构运用得越来越广泛，推动了建筑模板施工技术的运用。

二、模板工程施工技术要点

（一）模板的配置技术

在建筑施工模板配置构造比较简单的物件时一般是直接以施工图纸为根据进行配制工作，并且在配制时应该要严格按照图纸的规格尺寸，不能造成任何配制上的误差。而对于一些比较细节又复杂的构件，配制面与面之间的间隙可能过于狭窄，这时就要采取放大样本的方法，就是依据图纸上的每个细节，直接在平面上构造出这个构件的实物，再通过测量实物的准确的数据来配置该模板。但这种放大样本的方法程序过于复杂，浪费工程配制的时间、人力、物力。这时，就需要结合准确的计算来配制工程施工中的模板。

（二）模板施工技术简介

1. 模板工程的预先准备。施工单位在建筑模板工程的正式施工之前一定要提前进行施工面的准备工作，只有这样才能使得工程后续的模板的安装工作提供准确的数据，为做好模板工程奠定稳定的基础。而工程施工的人员也应该在施工的准备工作中时刻关注以下这几点：第一，对施工面进行清洁。在建筑模板工程施工时施工面上的不清洁物会对后期施工模板的安装这一环节造成很大的影响，所以，施工人员在进行模板工程准备工作的时候，要对施工模板和墙壁、房梁、房柱等施工面都进行彻底的清洁；第二，刷上脱模剂。脱模剂在模板工程是一种重要的工程施工粘合剂，用来最后固定模板，所以，施工人员对于脱模剂的涂抹量也要严格管控，要保证每个施工面都被均匀地涂抹上。

2. 模板的配置。建筑模板工程施工人员对模板进行配置也是工程中很重要的一项工作，这不仅要求施工人员严格控制对模板配置的力度，还要能够保证建筑模板的强度、稳定性等都能够达标，这样才能进一步为建筑模板的施工奠定更稳定的基础。所以施工人员在配置工程模板的时候，应该严格按照工程原始设计的平面图中的各项数据来进行，特别是那些构造简单的模板可以直接根据图纸进行一比一地构建。另外，还要进行特别关注的是在配制房柱与施工断面以及其整个支撑的系统的时候一定不能完全采用平面图中的尺寸，而是要根据施工的基本规定来进行模板配置。在制作更为复杂的模板构件的时候，施工人员一定要尽可能地通过更加科学的方法来进行测量工作，这样才能准确地配置出合适的模板。

3. 模板的施工。在所有的工序完工以后，就能开始进行模板施工了。在施工节中，施工人员一定要完全按照设计平面图和施工的完整工序来进行，千万不能打乱了施工顺序。模板施工的正确施工工序是从垫层到基梁，接着是构造柱模板、再构造梁模板、然后是楼板模板等。

4. 模板工程的后期拆除。在一个模板建筑工程完工之后一定要进行必要的拆除工作，这是工程中最重要的一步。在模板进行完验收工作以后，要对模板的工程进行浇砼和砼养护工作。后期模板工程施工拆除时对不同的结构要使用不同的强度。比如说对梁、墙壁、柱板等不用考虑控制强度，直接拆除就行了。但是，顶梁模板拆除要使用 50% 的强度，而拆除梁底要使用 75% 的强度。最不能忽视的是模板的后期修复保养工作，因为模板后期修复保养工作对之后的使用安全有很重要的影响。

（三）模式工程施工中基本的技术要求

不管是什么类型的建筑工程项目，首先要考虑的一定是安全方面的问题，建筑模板工程当然也是这样。在进行建筑模板工程施工的时候，我们首先要进行的就是严格保证混凝土结构的稳固性，这样才能保证整体模板工程的质量。同时，尽量在保证安全的情况下降低模板工程的施工成本，施工进度也要在此基础上尽可能缩短。在实际的模板施工过程中，模板的位置、尺寸、强度等都要经过严密的考虑，还有混凝土的浇筑和养护也是需要考虑的问题。

三、模板施工技术应用关键点

（一）依托施工图纸，合理进行模板配置，做好细节控制

对于建筑施工的模板构造，如果相对简单，可以结合施工图纸进行配置，尤其要严格遵守图纸的规格尺寸，避免配置误差的出现。如果构件比较复杂，细节要求较高，甚至是面临配置面与面间隔过窄的情况，则要对样本进行放大，重视图纸的细节，以求在平面上形成构件实物。而后，对实物进行测量，获取准确数据，达到对模板的合理配置。但是，这种方式的不足之处是程序复杂，资源耗费大，需要借助精确的计算来提升模板配制的水平。

（二）模板工程施工技术要点

1.重视模板工程施工前的准备工作。对于模板工程施工，准备工作不容忽视，目的是为后续模板安装提供更加准确可靠的数据，为模板工程奠定稳定基础。首先，做好施工面的清理工作，保证施工面清洁无杂物，以便为模板安装创造条件，尤其关注模板、墙壁、房梁等位置，保证彻底性。其次，粉刷脱模剂。脱模剂是工程施工粘合剂，作用是进行模板的固定，因此，要合理控制脱模剂的使用量，保证涂抹均匀，范围广泛。

2.结合施工要求，合理进行模板配制，控制好力度与稳定性。在模板工程施工中，模板配置工作也十分重要，需要掌握好配置力度，保证强度，稳定性突出。在进行模板配置的时候，要以设计平面图为依据。另外，针对房柱与断面、支撑系统的配置，不能全凭平面图纸，需要结合施工要求与规定进行合理配制。面对复杂的模板构件，要重视采用科学的方法进行测量，力求准确性。

3.严格遵循模板施工流程，强化环节控制。立足模板施工，要严格遵循施工流程，遵守施工平面图，控制好各个环节，避免施工顺序出现问题。具体讲，模板施工需要从垫层开始，而后是基梁、构造柱模板、再构造梁模板以及楼板模板等。

4.重视模板拆除工作，结合结构要求，选择合理拆除强度。在模板工程中，后期拆除工作也比较重要。在模板验收结束之后，需要对模板工程进行浇砼和砼养护。在拆除过程中，要结合结构，应用不同的强度。例如，针对墙壁、梁等，直接拆除即可，无须考虑强度标准。顶梁模板的强度需要控制在50%左右，梁底维持在75%左右。除此之外，模板后期保养工作也不容忽视，直接关乎后期使用的安全性与稳固性。

（三）模板工程施工注意事项

对于建筑工程项目的模板施工，安全是基本要求。要保证混凝土结构的稳固性，为目标工程质量的提升奠定基础。同时，要合理降低工程施工成本，在保证安全的前提下，加快施工进度。除此之外，模板施工中涉及的强度、尺寸等各种参数，都需要注重严谨性，

经过严密的分析，尤其将混凝土浇筑与养护工作落到实处。

四、加强模板工程施工技术水平

（一）以设计方案为依托，切实加强模板施工前的技术管理工作

对于建筑模板的配置，需要以设计方案为依托，合理控制模板规格，保证模板内部结构科学性与有效性。基于此，要明确相关规定与要求，构建更加合理的方案与设计，借助计算机，保证各项参数的准确性与可靠性，降低误差的产生。

（二）结合建筑工程合理选择模板施工的材料与工艺

为了有效抵制模板工程技术应用中的问题，要做好材料与工艺的选择工作。具体讲，首先，以设计图纸为依据开展施工行为，强化位置与尺寸的合理性，满足设计标准。其次，在工艺选择上，要将后期拆除工作考虑其中，选择恰当的模板搭建方式，同时，要保证符合混凝土浇筑要求，加强模板负载力的提升，保证模板强度与稳定性达标，能够有效应对混凝土浇筑完成后产生的重力。除此之外，鉴于模板之间的连接状态，需要对接缝位置进行有效处理，控制好密实度。

（三）积极开展针对性培训，切实丰富与提升模板施工人员专业知识与技能

对于模板工程施工而言，其技术应用效率及质量与施工人员专业素质息息相关，因此，要全面提升其专业能力。首先，对重视对施工人员进行专业知识与技能的培训，结合技术发展，更新知识结构。其次，要将培训与考核进行结合，科学进行评定，确保施工人员掌握知识与技能。最后，安全管理工作不容忽视，要增强安全观念，制定有效的激励措施，最大限度降低不安全因素，为建筑整体质量的增强提供保障。

第二节　钢筋工程

一、钢筋工程对材料的品质要求

钢筋质量的好坏对钢筋工程的整体安全有重要影响，因此把控好质量关至关重要，要严格依据工程设计要求使用符合质量标准的钢筋。在原料进厂时，监理和施工双方要严格进行复核检查。同时要按照国标严格进行抽样检测。经过进厂复验的相关程序后，方可以对钢筋原材料实施加工。加工过程中要严格监理工人的施工质量。

二、钢筋工程施工工艺

（一）钢筋制作

加工钢筋前，要设计复验钢筋加工图纸，查看有无错误或遗漏，同时检验每种钢筋的下料表，对标具体要求。经过一系列检查核验后，可以进行放样，试制操作，如果钢筋存在污渍要先行进行一定的技术处理。要节约原材料，尽可能缩小钢筋短头，减少浪费，按照实际所需的型号，长短，加以合理安排。热轧光圆 8mm，10mm 要调直到 12mm 以上，要用钢筋调直机进行调直，不能使用冷拉操作，取样时也不能进行砸直操作，否则无法进行有效检测。在钢筋使用过程中，要先切断长料，后切断断料，高效利用钢筋原材料，优化施工成本。按照弯钩形式进行分类，可以将其分为半圆弯钩，直弯钩，斜弯钩。当钢筋弯曲时，要在弯曲的地方进行收缩操作，外面要拉伸，实现更好的圆弧状，适当分析优化弯曲的调整值，箍筋末端必须弄成弯钩形，以方便调整箍筋，增加弯钩长度和调整值。钢筋下料时合理设计构件尺寸及保护层厚度，确保钢筋加工效果。

（二）钢筋的绑扎安装

要对钢筋材料的尺寸、规格、型号依据设计要求进行核验，检查是否一致，核对完成后在进行绑扎操作，要用 20 号铁钢丝绑扎直径在 12mm 以上的钢筋，而直径在 10mm 以下的钢筋则需要使用 22 号铁丝进行绑扎，对周围的两行钢筋的交叉位置应该绑扎牢固，而中间部分的交叉位置要做到交错绑扎，避免钢筋受力过程中产生位移。

若有双层钢筋网的出现，则应该在这两层钢筋网中设计一个较为固定的钢筋间隙，以便更好控制绑扎垂直度和主筋间的间距。要在竖向的受力筋外围绑扎一道箍筋或水平筋，并在两者之间实施点焊操作，确保钢筋位置正确，固定，并进行校正。在浇筑前要预留洞口预埋件和埋管，避免浇筑完成后在外墙开洞。要做好防雷接地引线，将其焊成通路，同时要避免对钢筋结构有所损害，相关施工要实现密切配合，不能有错埋和漏埋的情况出现。

（三）钢筋接长

要严格设计要求，针对不同的使用环境使用规格不同的钢筋，采用与之相符的接长技术。而且应当在受力较小的地方设置受力钢筋的接头，并且同一纵向的接头最好不要超过 1 个。就接头尾部与钢筋弯曲点的距离而言，应该大于或等于钢筋直径的 10 倍。如果接头使用的是绑扎法，则与之相邻的纵向受力钢筋绑扎接头也需要错开。

当梁与板绑扎的时候，如果纵向受力钢筋出现双层排列，那么就应该将直径 15mm 的短钢筋垫在两排钢筋中间。箍筋的接头要交叉进行设置，要和两根架立筋绑扎，悬臂挑梁应该箍筋接头在下。在梁主筋外角处，应该和箍筋进行满扎。要避免板上部的负钢筋被踩下。钢筋绑扎接头连接区之间的长度要比搭接长度长 1.3 倍。而且同一连接区段的受拉钢筋接头占比不能超过四分之一，当钢筋直径大于 28mm，小于 32mm 时，不宜使用绑扎法接头，应使用焊接或机械连接法。

（四）施工中应注意的几个问题

1. 钢筋锚固中应注意的问题

钢筋锚固长度必须依照施工图纸进行施工，在图纸表达不清晰和未标注的区域，应及时向设计人员咨询并记录。在钢筋工程的施工过程中，钢筋锚固要求如下：

（1）框架梁或连续梁支端支座

框架梁或连续梁中，下部受纵向力的钢筋一般会插入支座，其插入支座的锚固长度是具有一定标准的。一般来说，月牙纹钢筋的插入锚固长度要大于钢筋直径的 12 倍，光面钢筋的插入锚固长度大于 15 倍，螺纹钢筋的插入锚固长度大于直径的 10 倍。上部受纵向力钢筋也会插入到支座内，其插入的锚固长度同样有相应的标准，一般情况下，一级钢筋的插入长度要大于直径的 35 倍，二级钢筋的插入长度要大于直径的 45 倍。

（2）框架梁的端节点

在框架梁的上部受纵向力的钢筋长度应过节点中心线，当横向锚固长度较短时，应在节点处向下弯折，但要保证弯折后的其纵向锚固长度大于十倍的直径长度，同时还要保证其长度不超过 22 倍直径的长度。在对框架顶层进行施工时，要注意角节点部位的梁钢筋需要与柱框架进行搭接。施工的着重点应放在对钢筋弯曲半径的精密控制上，其弯曲半径应保证控制在施工使用标准范围内。当要制作以 15 倍钢筋直径为弯曲半径的钢材时，要注意控制的进准度，一定要按相关要求制作。

2. 钢筋的接头问题

在进行钢筋连接施工时，应优先采取使用焊接接头的方法。在施工工作中还应该注意钢筋接头错位现象的发生。使用非焊接方法进行接头时，应保证其位置在焊接接头位置处的钢筋直径 45 倍的距离区段内，且保证其长度不超过 550mm，一般情况下，使用绑扎方法的接头不得超过总接头的一般。在钢筋统一进行断料时，应注意到钢筋之间的相互错位现象。另外，钢筋弯折位置与钢筋接头位置的距离应保证在钢筋直径的十倍长度以上。在遇到主要受拉力作用的搭接钢筋时，箍筋之间的距离应保证在钢筋直径的 5 倍以内，并且不超过 100mm；当遇到主要受压力作用的搭接钢筋时，箍筋之间的距离应保证在钢筋直径的 10 倍以内，并且要保证长度不超过 200mm。在对接头处使用钢筋焊接的方法时，应优先选用双面焊缝的方式。其方法是使钢筋进行前期的预弯，然后在水平面上进行拼接，这个过程中关注预弯的角度是否达标。

3. 其他应注意问题

（1）一般情况下，框架结构中的柱梁交叉核心区具有密集的钢筋分布，给施工带来了很大程度的阻碍，使施工困难上升，柱框架中的箍筋的漏放问题依然严重，这种情况会降低结构抗震和抗侧向变形的强度。如果用两个半边箍筋代替柱结构中的箍筋，可以很大程度上降低施工难度和解决漏放问题。

（2）针对锚固筋的漏放问题，部分企业选择凿出主筋，再进行电焊锚固，这种施工方法对结构造成极大的破坏，并且在焊接时会烧伤主筋，对施工质量造成极大的影响，这种施工方式是不允许的。

（3）在针对偏心受压柱进行配筋时，在缺少相应的钢筋需要进行替换时，必须按照全截面钢筋进行替换。同类钢筋的选用替换的直径相差不能超过 5mm。钢筋成型绑扎自身是隐秘工程，因此相关部门应加大对此的监督管控力度，否则在钢筋安装完成后发现存在的问题，不但难以解决，还会延误工期，给建筑工程带来巨大的损失。

4. 严谨有序的施工秩序

在钢筋工程的施工过程中，往往会具有复杂的施工工艺与技术，从前期的钢筋加工制作到钢筋的绑扎安装施工都是具有一定的施工顺序的，当任意一项顺序被调动都会影响到施工的质量，因此施工人员必须严格按照标准的施工工序进行施工。特别是对于钢筋结构复杂多样的钢筋施工节点位置，必须严格按照设计人员给出的施工顺序进行分步绑扎、焊接接头、安装，以严谨的态度换取较高的施工质量。并且要求施工监察工作人员要定时对建筑钢筋工程项目的进度和质量进行检查，并且根据实际施工的进度分析安排接下来得工作。在钢筋施工过程中要极力避免为提高施工效率，进行对钢筋施工的标准顺序更改的行为。建立良好钢筋施工环境，提高钢筋工程的施工质量。

5. 对钢筋施工成品进行保护

在钢筋的施工过程中，对于已完成的钢筋项目，应实施相关的成品保护措施。当今部分施工单位在对已完成项目的钢筋管理不到位，相关的钢筋保护制度不完善。在实际施工时，经常发生严重踩踏完工的钢筋，是完工的钢筋件的质量受到严重的影响。因此施工单位应建立完善钢筋保护措施，并且应尽快落实在施工现场，建立安全通道，在最大程度上避免施工人员对完工钢筋结构造成破坏。

三、钢筋工程质量控制

（一）钢筋工程质量控制流程

钢筋工程在钢筋混凝土工程中主要起到抗拉和抗剪的作用，而混凝土结构抗压强度高但是抗拉强度很低，需要与钢筋协同工作才能发挥其优势，因此钢筋工程的质量控制具有十分现实的意义，在钢筋工程加工的过程中，主要包括钢筋加工准备、技术交底、钢筋下料、钢筋绑扎安、钢筋工程评定、钢筋工程资料整理等。

1. 钢筋施工的准备工作

（1）对钢筋加工的图纸进行交底和学习施工现场的项目管理人员必须对钢筋工程的

内容进行交底，并且组织相关人员学习有关的规范、规程或规定，在指导施工过程中做到有据可依，详细查阅结构图纸，并与建筑及水电等专业图纸对比，做深入细致的研究，提前分析确定施工中的难点及需要着重注意的部分。

（2）对钢筋原材的检验报告等资料进行收集钢筋入场是必须提供钢筋生产合格证、质量检测报告等相关的证明文件，并且在监理工程师的见证下进行取样送检，取样的数量符合法定的要求，即：每60t为一批，经过复检合格后才可以使用。

2. 认真的落实技术交底

在钢筋加工之前必须进行技术交底，技术交底一般由施工单位技术负责人进行交底，主要是技术负责人对现场的技术人员进行交底，现场技术人员对负责钢筋工程的班组进行交底，交底的内容必须有针对性，确保交底完成后，操作工人能够明白钢筋如何进行加工、钢筋加工和安装过程中质量控制的重点在哪里等。

3. 钢筋下料成型

（1）钢筋下料的准备工作

在钢筋工程下料前，必须按照图纸的相关要求，对钢筋的各种构配件的尺寸，洞口位置等进行明确，然后根据钢筋工程图纸的配料图示画出各种下料简图，并填写钢筋配料单，配料单上要标明分项工程名称、构件型号、简图、注明尺寸、钢筋级别等。

（2）钢筋加工

钢筋的加工主要包括两大部分：

①刚进的额除锈，在钢筋工程加工前必须对钢筋上面的锈蚀进行清除，除锈的方法主要有钢筋调直除锈、钢筋除锈机除锈、酸洗除锈等。②对钢筋进行调直，钢筋调直的作用主要是节约钢材，同时提高钢筋的抗拉强度和屈服强度，钢筋调直合格的基本要求就是钢筋平直无弯曲，同时钢筋的表面没有损伤裂纹出现。

4. 现场绑扎安装

（1）现场绑扎的准备工作

钢筋的绑扎主要是根据部位的不同划分不同的绑扎标准，在梁、板、墙等钢筋处必须按照不同的要求进行绑扎。一般来说，钢筋绑扎必须首先核对成品钢筋的级别、直径、形状、尺寸和数量等应与料单相符；配备合适的铁丝以及保护层垫块等工具；在进行绑扎前，必须对模板中的杂乱物件进行清理，并且弹出钢筋的位置线；柱的钢筋在两根对角线主筋上划点；梁的主筋应在架立筋上划点，基础的钢筋，在两向各取一根钢筋划点或垫层上划线。钢筋绑扎的接头必须分开布置。

（2）现场绑扎

钢筋的现场绑扎主要分为墙筋、梁板、柱的钢筋绑扎。绑扎墙筋时，钢筋有90嶵弯钩时，弯钩应朝向混凝土内；采用双层钢筋网时，在两层钢筋之间，应设置撑铁以固定钢筋的间距；墙筋绑扎时应掉线控制垂直度，并严格控制钢筋间距。应注意板上部的负钢筋要防止被踩下，特别是雨棚、挑檐、阳台等悬臂板，要严格控制负筋位置及高度；板、次梁与主梁交叉处，板的钢筋在上，次梁钢筋在中层，主梁的钢筋在下，有圈梁时，主梁钢筋在上。

5. 资料整理

由于钢筋工程属于隐蔽工程，因此在进行隐蔽之前必须进行隐蔽检查，检查形成的各种资料必须认真的留存，只有这样才能在事后的检查中留有依据，否则无法实现各种资料的闭合。同时施工资料整理的过程中必须注意留存各种钢筋原材进场的合格证及证明文件，需要进行复检的需要将各种复检的报告张贴在后面，并配有良好的钢材复检台账。通过这一系列资料的留存，可以在建筑工程出现问题的时候有资料可查，直接找出问题的原因所在。

（二）钢筋工程质量控制要点

1. 钢筋的检查

钢筋工程的检查主要包含两大部分，一部分就是在钢筋原材进场时，必须检查钢筋的出厂质量证明、出厂合格证以及各种检验报告。同时钢筋目测后应没有过大的弯曲，其表面不能出现裂纹和油污。符合进场要求的钢筋应按照规范规定的抽检批次进行钢筋性能的抽检，主要有机械性能以及力学性能两部分，只有这两部分检测报告均合格才能真正用于工程施工之中。

2. 钢筋的保管

由于钢筋在空气中容易产生锈蚀，因此对于钢筋必须进行妥善的保管，一般来说进场的钢筋必须安放在制定的钢筋棚中，钢筋下方必须通过木垫块加高，加高的高度在200mm 左右，同时在钢筋的四周不能存在积水，因此必须在周边设置排水明沟，做完上述任务后，必须将钢筋规格、钢筋的批次以及钢筋的使用部位等用木板标记树立在钢筋前面，以便钢筋工人能够清除的识别各种部位的钢筋。

3. 钢筋加工的质量控制

钢筋工程质量控制中最重要的一部分就是钢筋加工质量的控制，钢筋的加工主要包括钢筋的下料、钢筋的绑扎、焊接、机械连接等方面，规范对钢筋加工的要求都有详细的论述，因此在加工的过程中必须按照图纸和规范进行施工。

（三）安全管理措施

1. 施工前要加强对施工人员新工艺的培训和指导设立培训机构，对施工人员进行定期或不定期培训，通过系统的学习、训练与考核，不断提高每位工作人员的安全意识，另外，还可采用新型理论方式加强学习，提高施工人员安全管理意识和责任感；为施工人员播放有关隧道模板施工视频，使施工人员可深刻了解施工全过程，然后再让相关工作人员进行实际操作,保障施工流程正确;制定健全的激励机制,根据考核结果对施工人员进行奖励和惩罚,以此提高施工人员对工作的责任心和主动性,为提高施工整体质量奠定良好基础。

2. 对隧道模板施工人员开展书面安全交底,在这个过程中不仅要保障施工过程中的整体质量,还要重视施工过程中的安全隐患和安全注意事项,提高施工人员安全意识和自身专业技能,最大可能地保障施工人员人身安全。

四、钢筋工程施工质量监理

(一)钢筋工程施工质量监理的重要性

当前建筑基本都是钢筋混凝土结构,混凝土具有较强的抗压强度和粘结力,而钢筋混凝土结构具有较强的抗拉、抗压强度,将它们结合起来就能有效提高性能以共同承载外部的载荷。其中钢筋结构主要承担外部拉力,如果其质量出现问题,将严重影响建筑工程的外部弯矩,导致整栋建筑的承载能力下降,从而影响整个建筑工程的质量。因此,在钢筋工程施工过程中应当提高重视度,加强对钢筋工程施工质量的监理,创新施工工艺和技术,为建筑工程施工质量提供基础保证。

(二)钢筋工程施工质量的监理要点分析

1. 原材料质量监理的分析

钢筋原材料的进场必须具备产品合格证书和出厂检验报告。首先要认真核查产地、批号、规格是否与合格证相符,品种、级别、数量以及物理和化学性能指标是否在出厂检验报告上填写完整;其次检查钢筋的外观质量,钢筋外观应平直、无损伤,不得有裂纹、片状、油污、颗粒状或片状老锈等;钢筋进场之后必须按照抽样检验方案的标准进行复验,经复核合格后方可使用。同时应当在钢筋运输和储存时,做混凝土地坪、砖砌钢筋堆放墩墙,不得损坏标志,用木牌标明钢筋直径、级别、产地,堆放整齐,避免锈蚀或油污,设专人管理并建立完善的出入库管理制度。这样才能从源头上保证建筑的施工质量。

2. 钢筋加工质量监理要点的分析

主要表现为:钢筋调直。一般采用冷拉方法与机械方法。当采用冷拉方法时,HPB235级钢筋不能大于4%。对HPB235级钢筋成型的箍筋随机取样检查箍筋内径尺寸,误差应当控制在5mm的范围以内。钢筋除锈。施工单位可根据设备条件选择:钢筋除锈机除锈、钢筋调直中除锈、人工除锈和酸洗除锈等。钢筋表面应洁净、无损伤,油渍、湖污和铁锈等应在使用前清除干净。如果锈是深褐色或者黑色的,钢筋表面有颗粒状或者片状的现象,钢筋除锈后仍有麻点状,这样的钢筋不能使用。如果铁锈是红褐色的,并且在钢筋的表面有粉末状的铁锈,这样就会严重影响到钢筋与混凝土的粘结力,清洗干净即可使用。吊筋弯曲角度控制。施工人员需要在水泥地面上弹出该梁吊筋处的实际尺寸墨线,先制作成型一根样品，然后放在墨线上进行对比检查，检查吊筋和相邻钢筋的位置关系是否合适，检查吊筋的弯起角度有没有达到设计的要求等。最后，按照吊筋样品进行加工。在施工中对楼梯踏步段的主筋也要作一样的要求。机械接头。施工开始时及施工中应当对每批钢筋进行接头工艺检验：每种规格钢筋需要有取自同一根钢筋的接头试件和母材试件，并且均不得少于 3 个。外露丝扣两端相等并且不大于一个丝扣，接头的质量也必须符合 JGJ107 钢筋机械连接通用技术规程的规定范围。工艺质量要求以及外观检查。直套筒挤压接头：在进行挤压后，套筒长度应当是原长的 1.1 ~ 1.15 倍的大小；压痕处套筒的外径的大小范围应该是原来外径的 0.8 ~ 0.9 倍。钢筋焊接。先对所用焊剂、焊条等焊接工具进行检查，这就需要承包方提供质量保证书、产品合格证、出厂检测报告等相关质保文件，焊接所用的材料要符合设计要求。在成批焊接施工前先要做好样品，这样可以参照施工。焊接时需要注意检查焊接电压、电流、熔锻时间等，每批钢筋焊接完成后应当根据规范要求进行严格检查，逐根检查每个对焊接头的外观和质量。

3. 钢筋绑扎安装质量监理要点的分析

主要表现为：钢筋绑扎分为三个阶段进行，即：准备阶段、操作阶段和检验阶段。钢筋安装绑扎时，需要保证钢筋的级别、尺寸、规格、数量、间距、位置、节点构造、锚固长度、连接接头和保护层的厚度等达到要求。在准备阶段需要先熟悉施工图和配筋图，同时明确各部位的做法，还要进行核对规格直径、形状、数量和尺寸。清扫干净绑扎的地点，弹出构件的中线、边线、预留洞口线以及钢筋的位置线。钢筋安装施工质量的监理。在安装的时候，要首先保证安装钢筋的级别、规格和建筑的标准相同。但在实际工作中，还会有各种各样的问题存在，这就需要工程管理人员及时的调节和处理。如钢筋的安装顺序与穿插顺序，在主梁和次梁相交时，应该将次梁钢筋放置在主梁钢筋的上面，主梁钢筋要放置在支柱主筋的内部，相交处需要加设吊筋和加密箍筋，从而提高钢筋的力学性能。具体来看：在连接的接头处需要连接区域内通过纵向的受力钢筋面积率小于或等于 50%，绑扎钢筋的链接区段纵向受力钢筋的面积率则要小于 25%，其内不能有对接的焊头，而且还应当相互的错开；要确保基础钢筋的箍筋直径小于支柱钢筋直径；在插筋的过程当中需要确保位置规范，并使它保持稳定，当有梁垫或圈梁的时候，主梁钢筋需要在梁垫和圈梁的上面。

第三节　混凝土工程

混凝土是一种传统建筑材料在建筑工程当中使用非常广泛，在建筑工程施工当中混凝土使用量非常巨大，据估计，一般民用建筑工程混凝土的造价约占工程建安成本的 12% ~ 19%，钢筋混凝土占比更是达到 20% ~ 30%。同时，混凝土为水泥、砂、石子、水、外加剂、矿物掺合料六大部分组成，内部结构及形成机制较为复杂，因此在生产、运输和浇筑当中影响混凝土质量的因素非常之多，每个环节把控不严均可能出现质量问题，甚至影响到整体施工质量。以混凝土结构为例，混凝土结构裂纹按照裂纹的深浅度可分为表面裂纹，深度裂纹以及贯穿性裂纹。混凝土工程施工需避免混凝土结构出现有害裂纹情况，在施工当中就必须要对施工现场的混凝土内外部温差变化、水泥热化反映以及混凝土的自收缩现象等一系列重点给予充分的重视，优化施工方案，加强对混凝土工程施工在土木工程建筑当中的管理。

一、混凝土工程施工技术

（一）混凝土施工技术要求

建筑工程项目地基通常相对较深，建筑面积较大，因此对工程施工作业过程中的混凝土质量控制提出了更高的要求，一般搅拌选择预拌泵送处理，如此能够根据不同的高层施工实现精确浇筑。在实际使用时，混凝土耐久性应当满足高抗压的强度指标，另外按照混凝土施工用途的差异性，对于部分混凝土还提出了较为特殊的要求，例如混凝土补偿收缩性、免除震动性等。随后需要结合实际状况开展施工作业，对混凝土施工作业环境实施全面监测与控制，确保施工作业温湿度等相关条件能够符合规定要求，对于不同的季节或不同的地区也应当选择各不相同的周期作业方法。建筑工程混凝土施工作业过程中还需要对施工缝隙预留位置予以科学设计，严格遵循相应的施工规范标准，如果在施工作业时要求对混凝土浇筑顺序予以调整，则应当对调整作业方案进行充分论证调研，确保方案的科学性，从而保证混凝土施工作业的规范性以及工程项目施工建设质量。

（二）建筑混凝土工程施工技术分析

1.配合比的控制

混凝土配合比在实际生产时往往会受到外部因素的较大影响，配合比控制不科学会对建筑工程质量带来较大的影响。如果配合比富裕系数过高会造成建筑工程施工成本的增加，同时存在资源浪费问题；富裕系数过低则无法达到设计要求且产生不必要的经济损失。对配合比的控制具有较高的技术要求，应当结合工程施工的具体情况和工程施工作业中的相关因素，严格根据科学的配比原则实时调控，确保设计配合比和生产配合比保持一致，按照外界的变化情况进行实时调整，对混凝土配合比进行动态监控。

2.浇筑流程及方式

建筑作业属于混凝土施工作业过程中的关键性工序，确保混凝土建筑施工质量的基础和前提是开展好建筑施工。混凝土结构浇筑的基本流程为流淌施工、封层施工、推移施工以及分间断施工，必须要确保施工材料搅拌均匀后再进行浇筑作业。在浇筑作业时要防止水分渗入到现浇结构中来，确保混凝土浇筑的干净度。若在浇筑作业之前选择分层浇筑技术措施，则需要确保上层开始凝结前就结束下层的浇筑施工作业，如果出现尚未开始正式浇筑材料就存在凝结的问题，则需要第一时间对施工材料进行强力搅拌，确保其流动性能够满足施工规范标准。浇筑作业过程中需要控制好倾落材料高度，从而防止现浇作业时出现离析问题。与此同时，外部的天气变化情况和施工作业附近的环境温度也会对混凝土结构浇筑作业质量产生影响，所以必须要选择合适的天气和温度进行浇筑。

3. 裂缝防治措施

在建筑工程混凝土施工作业开始之前，作业人员应当对工程所在地的气候环境以及自然条件进行全面调研，结合不同的气候环境条件选择有针对性的技术措施，调整混凝土施工作业工艺，借助于添加各种外加剂的方式来避免混凝土产生裂缝。而当混凝土裂缝已经出现之后，必须要第一时间做好修复和填补，唯有施工作业人员自身具备较高的专业技术能力，熟悉了解增强混凝土粘附力以及强度的技术措施，熟悉掌握各种外加剂的添加技巧，才能够确保建筑工程混凝土施工质量，避免裂缝的产生。

4. 现场质量控制

建筑工程混凝土施工的整个流程即是做好每一道工序的基本过程，对于混凝土施工现场的质量控制即是对每一道工序予以科学控制。有一个好的施工现场才能够确保每一道工序的顺利进行，对混凝土施工质量的控制也可以说是对施工现场质量的控制。在实际施工作业时，应当严格控制好各类影响因素和外部条件的变化，如果存在对工序质量产生影响的因素，必须要第一时间通过相关对策予以处理，确保各项工序的稳定进行。对于施工作业现场来说，应当对各项工序进行检验，确保合格后需要填写好质量验收单，对混凝土施工作业进行数据统计分析，确保其能够满足国家规定标准，保证各项工序的作业质量。

5. 养护措施

对于建筑工程混凝土施工作业来说，后期的有效养护是非常关键的。如果混凝土出现了泌水现象，必须第一时间对其进行处理，同时应当采取有针对性的保温养护手段，如在具体的施工过程中，应当根据施工作业环境的温度差异选择具体的养护措施，确保混凝土的环境温度适宜。唯有当养护作业结束后，才能够将绝缘层的薄膜解开，从而实现保护混凝土的作用。

二、混凝土工程通病防治

（一）混凝土工程通病分析

混凝土工程作为工程体系中重要的一环，在施工中的重要性不言而喻，但是在施工过程中，混凝土工程经常会发生一些质量通病，例如混凝土露筋，表层麻面等情况，这类问题一旦发生，会对建筑的质量造成严重影响，从而容易发生安全事故，威胁生命以及财产安全。同时混凝土工程的质量通病也会导致建筑无法达到规定使用年限，并影响建筑用户的居住及工作体验。以下是混凝土工程中常见的四种质量通病。

1. 麻面

麻面指混凝土施工过程中由于各种操作问题导致混凝土表层出现砂浆不均现象，导致表面呈现凹凸不平，纹理粗糙但未出现露筋现象的问题。导致混凝土表层麻面的主要原因有五点，一是在混凝土浇筑过程中对浇筑模板的清理工作不到位，清理效果不佳导致模具表层不平整，进而导致表层浇筑完成后凹凸不平产生麻面；二是模板拆除过早，混凝土未凝固就将模板拆除导致混凝土粘连在模板上而出现麻面；三是混凝土浇筑过程中密封性不足，导致局部漏浆而产生麻面；四是隔离层涂抹不均导致部分混凝土表面没有隔离而与模板发生粘连，导致麻面的产生；五是在振捣过程中操作不规范，导致混凝土表面产生气泡，从而出现表层麻面现象。

2. 蜂窝

蜂窝问题是混凝土施工过程中常见的问题，是指在混凝土施工过程中由于配比或操作原因导致混凝土结构呈类蜂窝状，密度松散，空隙过多，蜂窝问题很容易导致混凝土的质量出现问题从而使得工程的功能无法实现。导致蜂窝问题的主要原因有混凝土的混合配比不合理、钢筋排列方式过于密集、混凝土搅拌过程中没有充分搅拌均匀及搅拌过程中砂石料投入过多等。

3. 混凝土露筋

混凝土露筋是指混凝土结构中的钢筋裸露，使得混凝土失去使用价值，导致这种问题的主要原因有以下三点，一是浇筑过程中内垫块数量过少或内垫块产生位移，无法固定钢筋，导致钢筋位置发生改变，出现露筋问题；二是混凝土的配比出现问题导致混凝土发生离析，导致模板漏浆无法覆盖钢筋，最终导致钢筋裸露；三是混凝土振捣过程中由于对保护层的压力过大，保护层无法承受而使得振捣直接撞击钢筋，导致钢筋发生位移最终出现露筋现象。

4. 混凝土裂缝

混凝土裂缝问题是指在混凝土施工过程中由于配比或浇筑问题导致混凝土结构出现裂缝，影响混凝土质量和使用。导致这种情况发生的原因较多，主要有以下几点，一是混凝土的配比不合理，导致混凝土结构不够紧密，产生裂缝；二是在混凝土浇筑过程中操作不规范，导致局部产生裂缝；三是在施工过程中不认真清理施工缝与变形缝，导致缝边石子松动而影响混凝土结构质量，或是缝隙内残留的碎屑砖石过多，使得浇筑的效果下降，从而产生混凝土裂缝。

（二）混凝土工程通病防治

1. 麻面

关于表层麻面的解决方法，首先应从模板的清洁度开始处理，定时对模板表面进行清理，保证模板表面没有杂质，从而避免混凝土表层受到杂质影响而产生麻面；其次应该讲模板的接缝进行填补封满，以防在混凝土注入模板时模板接缝导致混凝土表层出现缝状凸起；在隔离剂的涂刷过程中也要保证均匀与合理，且在涂刷过程中要谨慎细心，避免因涂刷不匀而导致混凝土出现麻面。如果混凝土表面已经出现麻面问题，情况轻微可以通过混凝土相关材料做磨平与压光处理来解决麻面。

2. 蜂窝

关于蜂窝的解决方法，首先应当从混凝土的配比开始严格控制，要求混凝土的配比参数和混凝土的搅拌时长必须合理，同时严格要求施工人员在混凝土搅拌过程中按照规范进行搅拌，保证搅拌过程的匀速与规律，防止搅拌速率变化幅度过大导致搅拌不匀；在浇筑过程中，必须要求按照规范流程浇筑，例如在立柱与墙根的浇筑过程中，必须先将下部浇筑工程完成后方可进行上部浇筑，以防烂脖子的情况发生；最后还要保证混凝土表面的压实度，同时在振捣过程中保证质量，控制振捣幅度并提高保护层的韧性，才能排除结构中的气泡。

3. 混凝土露筋

关于混凝土露筋的解决方法，需要先针对钢筋的排列距离和位置进行详细检查，确定钢筋的安置合理且稳定，如果钢筋之间的排列距离过近，可以通过将大小适中的碎石安放在钢筋之间的空隙中的方式来提高振捣时钢筋的稳定性和混凝土的结构质量；如果混凝土已经出现露筋现象，则需要在混凝土表面用一比二比例的水泥浆将露出的钢筋进行掩盖磨平，从而补救混凝土露筋问题。

4. 混凝土裂缝

关于混凝土裂缝的解决办法，应当针对混凝土结构中出现的变形与缝隙进行仔细检查，一旦发现杂质需要及时清理，防止杂质对混凝土结构的质量造成影响；在混凝土的浇灌过程中，应该将浇灌高度保持在两米以上并安设溜槽来提高浇筑时的质量，从而保证下一步振捣的质量；如果混凝土已经出现裂缝情况，首先要将缝隙中松散的混凝土碎渣或不坚固的结构清除，再用清水冲洗掉无法捡净的灰尘及碎屑，之后调配比例为一比二的水泥砂浆，并将其灌入缝隙当中，磨平缝隙开口，将缝隙填满以提高混凝土的结构质量和密度，从而保证建筑质量。

三、混凝土工程施工质量管理

（一）混凝土工程施工质量管理的重要意义

混凝土工程施工质量管理对于整个建筑工程建设非常重要，不仅与人们的生活紧密相关，而且与整个社会的和谐稳定有直接关系。因此，做好混凝土工程施工质量管理工作具有非常重要的意义，具体表现在以下几点：

第一，有利于保证建筑工程的顺利开展

在建筑工程中注重混凝土工程施工质量管理，减少事故的发生，能够使工程在规定的工期内将工作竣工。一旦出现质量问题或者发生事故，不仅会造成人力、物力和财力资源的浪费，甚至会造成人员伤亡，使工程很难顺利开展，不能按照工期完成任务。因此，只有做好混凝土工程施工质量管理工作，才能实现整个工程的顺利开展。

第二，有利于保证建筑工程的整体质量

建筑工程在施工过程中采取有效的混凝土施工质量管理措施，能够严格管理施工现场以及材料的使用等，从而做好每个施工环节的各个细节主要事项和要点，从而建筑工程的整体质量。

第三，有利于保证广大人民的生命和财产安全

在工程建设中，建筑大多是用来满足人们居住或者办公的。如果工程质量出现问题，将会使人们的生命和财产安全遭受重大损失。因此，只有注重混凝土工程施工质量管理，保证工程质量，减少安全事故的发生，才能有效保证广大人民的生命和财产安全。

（二）影响混凝土工程施工质量的因素

1.水灰比因素。混凝土的强度很大程度上取决于水灰比，水灰比就是水泥和水的比例，水灰比的变化会影响混凝土强度的高低。一般情况下，普通的混凝土水灰比为：0.4∶0.65，要求在搅拌混凝土时掺入水泥中的水量不能高于水泥用量的四分之一。如果水泥水化用的水量超出这个比例，那么多余的水量就会留在混凝土的内部，慢慢形成空隙，使混凝土的密度、强度和耐久性都产生影响。一般而言，水灰比的大小与混凝土的硬度呈反相关的关系，即水灰比越大，混凝土的强度就越低。在混凝土的强度影响因素中，水灰比是非常关键的，这也是影响混凝土工程施工质量管理的一大因素。

2.原材料因素。原材料尤其是粗细骨料的变化对混凝土的强度也会产生重大影响，因此需要考虑原材料这一重要因素。骨料的强度一般要高于混凝土的强度，因此骨料的自身强度并不会对混凝土的强度产生较大影响，主要是骨料的颗粒形状和表面情况等对混凝土的抗拉强度产生影响。如果混凝土的强度要求相对低，但是使用的是高强度的石子，那么就会产生较大差别的弹性模量，如果水泥水化受到外界环境的稳定或者湿度变化时，就有可能产生裂缝现象，对混凝土的质量产生直接影响。

3.施工现场原材料的计量控制因素。混凝土的配合比中需要加入多种原材料，如果对材料计量不加严格控制，为了节省成本而使用不合格的衡器，只是对材料的体积进行控制，那么就会导致实际用料存在不均衡的问题，使混凝土的配合比受到影响，进而导致混凝土的强度发生波动，对混凝土工程的施工质量产生影响。

4.振捣密实因素。在混凝土的施工作业过程中，会产生振捣是否密实的情况，这对混凝土的强度也会产生直接影响。如果模板接缝不严格，那么就会产生跑浆的现象，混凝土就会不密实，导致强度受到影响。为了提高混凝土的密实度，一般采用机械振捣和人工振捣相结合的方法，从而保证混凝土的质量。

5.混凝土养护因素。混凝土容易受到外界温度的影响，加上水泥产生的热量会对混凝土的内外部体积产生影响，使混凝土的质量产生影响，因此需要进行养护。为了减少混凝土的裂缝现象，保障混凝土工程施工质量，需要保证混凝土的凝结硬化在符合条件的温度和湿度条件下进行。

（三）混凝土工程施工技术有效应用要点

1.混凝土的配制与搅拌

随着建筑行业的规范化及细分化，现今建筑工程所需混凝土主要为商品混凝土，现场搅拌混凝土只占工程施工当中很小的一部分。因此需要根据现场需要设计出符合条件的混凝土，将清晰明确的要求提交至混凝土搅拌站，同时入厂检验必须严格执行，坍落度、碱含量、不同龄期抗压强度试验及同条件试块等试验应严格按照要求执行。

2.控制温度应力

第一，加强对混凝土浇筑温度的有效控制，做好对混凝土降温的措施。由于混凝土的浇筑的过程大都是在自然环境下进行的，所以混凝土在浇筑当中会受到温度变化的影响，为了保证混凝土的质量，浇筑混凝土应尽可能地选择在适宜天气下进行，避开高温天气。第二，如果混凝土浇筑环境的温度太高，甚至是已经要超过混凝土所能承受的极限，就必须及时采取措施对混凝土及其相关的原材料进行冷却和降温处理。第三，大体积混凝土在施工养护时混凝土内部设置循环水管，主要是为了给混凝土内部进行降温，这种强制性降温的方法可以从根本上解决混凝土温度不适宜的问题。对混凝土温度应力进行控制，不仅可以保证混凝土的浇筑温度和内部温度都能够达到合理的范围，而且还能够有效减少混凝土结构出现裂缝的问题。

3.增强混凝土的抗裂性

（1）通过掺加矿物掺合料或外加剂来增强混凝土的抗裂性混凝土的早期收缩主要是由于化学收缩、沉缩及干燥收缩所决定，后期收缩主要为干燥收缩、碳化收缩所决定。对于混凝土的早期收缩来说，良好的保水性及养护条件将减少混凝土的体积变化，因此适宜含量的粉煤灰及固定用水量时添加减水剂优化混凝土的和易性等均可增强混凝土的抗裂性能。好的养护条件也是阻止混凝土水分蒸发过快的有效手段，从而减少混凝土的体积变化。和易性良好的混凝土将产生比较好的孔结构，结构中有较少的连通孔也会阻止水分的蒸发，对于混凝土后期也有较高的体积稳定性。同时由于前期水化热较大，后期降温将导致混凝土收缩，为减小收缩可在条件允许处使用缓凝剂，如大体积混凝土施工。

（2）通过添加纤维增强混凝土抗拉强度防止开裂

近些年来研究表明，通过纤维材料（如碳纤维、复合材料纤维等）的添加能够显著提高混凝土的抗拉强度，从而防止混凝土的开裂。但纤维材料的价格较为昂贵，因此市场应用较少，在有特殊需求位置可以进行相关抗裂改善应用。

（3）合理的混凝土配合比及材料配置

高强度混凝土的后期收缩较小，可以通过相应的混凝土配合比调整提高混凝土强度，从而较少后期干缩。由于前期水化热较大，后期降温将导致混凝土收缩，为减少收缩可在条件允许情况下使用低热水泥或热膨胀系数低的集料，减少温度收缩。

（4）施工工艺上的设置

由于近年来，工程规模逐渐变大，工程中底板、楼板施工面积较大，一次浇筑无法满足要求，因此为防止收缩开裂，均应分段、分层施工，同时设施工缝及温度收缩缝。

（四）混凝土工程施工质量的管理措施

1. 加强对原材料的管理和控制。混凝土工程施工过程中，原材料是必不可少的。为了保证混凝土工程的施工质量，今后一定要加强对原材料的管理和控制。具体来说，首先，在选择原材料供应商时，一定要严格比较，选择信誉度比较高并且性价比高的供应商，通过对材料进行测试来保证水泥、砂和石等的质量，尤其是水泥的安定性能要有所保证，否则就会出现混凝土表面的膨胀性裂缝，影响工程质量；其次，要全面检测并实验所有施工材料，要使混凝土的强度等级和粘结性符合要求，然后才能正常进行下一个环节的施工；再次，重视外界环境的温度和湿度。为了保证混凝土的耐久性，可以在一定的温度和湿度情况下加入添加剂。

2. 加强对混凝土的施工管理。为了保证混凝土工程的整体质量，保证混凝土的配合比是一项非常重要的工作。对于混凝土的各项指标要求，不仅受运输方式、气候条件等影响，还与混凝土的含水率相关，因此要做好混凝土的浇筑管理工作，从低层到高层进行浇筑，加强振捣的密实度，并且严格控制原材料的计量，运输过程中尽量保持稳定，从而减少混凝土由于振荡而发生离析等现象，最终保证混凝土工程的整体施工质量。

3. 做好混凝土的养护工作。混凝土在施工过程中会由于水泥水化而出现凝结或者硬化等现象。因此，在开始浇筑混凝土时就要做好混凝土的养护工作，否则就会出现混凝土表面的不平整，甚至出现裂缝，影响混凝土的性能。在硬化过程中，为了将混凝土的性能充分发挥出来，应当考虑温度和湿度等条件，并且根据不同的季节采取有针对性的养护措施，例如在冬季时，由于气温较低，因此需要采取额外的温度保护措施，可以用蓄热法和塑料薄膜及保温材料覆盖的方法对混凝土进行合理养护，使水分减少流失，从而保证混凝土的强度，使施工质量得以保证。

四、混凝土工程施工现场监理

（一）混凝土工程施工现场监理的意义

在混凝土施工过程中，对不同施工阶段有不同的要求且施工复杂，难以统一监管，所以为了保质保量的保证混凝土施工顺利，需要监管人员具有认真负责的工作态度，严格监督施工的每一个环节，保障混凝土施工方案的合理性，提高建筑工程的整体质量。混凝土是整个施工过程中非常重要的施工材料，所以混凝土质量好坏直接关乎建筑工程的牢固程度以及人民的财产生命安全。因此，做好混凝土施工前期的准备工作，中期的监管工作以及后期的养护工作，以及做好混凝土施工过程的全监理工作，是每一个建筑工程都要认真对待的。

目前，在我国的混凝土施工过程中出现的安全事故仍在增多，其中多为质量问题所引起。因此，在混凝土施工监理过程中要多加监管质量方面，提前发现与之相关的问题，防患于未然。混凝土质量方面问题容易引起成本发生变化，给企业造成经济损失，最主要的是会影响建筑物的结构和使用寿命。因此，加强对混凝土施工全过程的监理必不可少，企业须遵守混凝土施工相关的规则章程，努力建设让人们满意的建筑工程。

（二）建筑混凝土施工现场监理需要遵循的原则

1.把质量监理放在首要位置

混凝土施工过程监理的主要目的之一就是保证混凝土的质量，进而保证整个建筑施工的质量。混凝土是施工材料的重要组成成分之一，它与建筑工程息息相关，并在很大程度上影响着整体施工质量，所以，加强对混凝土质量的检测监管是很有必要的。首先，在混凝土质量监理过程中要严格按照国家规定的标准及法规实施，保证进入施工现场的混凝土质量达到标。其次，混凝土对技术操作的要求很高，施工人员的技术操作直接关系到了混凝土的施工质量，施工人员缺乏专业知识及操作不熟练往往导致质量不合格的现象发生，因此，一定要注重混凝土施工人员的选拔，从而让施工顺利进行。最后，在建筑工程的完工阶段，需要安排专业人员严格按照国家规定的质量标准进行验收和考核，为混凝土工程的后期使用提供安全保障，保证其使用年限。

2.做好预防准备工作

混凝土施工的准备工作也是施工监理的一部分，虽然控制混凝土施工的质量是监理的主要目的，但做好混凝土施工前的准备工作，对预防安全事故发生的安全是不容小觑的。做好施工前的准备及预防工作能够有效保证混凝土质量，可以防患于未然。有些混凝土工程，一旦发现有质量问题或对人民的生命财产造成威胁，后期就很难进行补救工作，不仅会耗费大量人力、物力、财力，严重时还会影响整个工程的质量，也会给企业带来不良的社会效应。因此，混凝土施工监理要兼顾前期预防工作和施工质量保证，两者相辅相成，提供一个良好的施工环境，避免"亡羊补牢"这种事情发生。只要预防措施到位，就可以省去后期的补救工作。所以，混凝土施工应以保证质量为主，以做好预防措施为中心，严格管控施工全过程，按照国家质量标准进行施工、检测。

（三）建筑混凝土工程施工现场监理

1.监理施工前的准备工作

建筑混凝土施工前的监理工作包括对施工方案的监理和对选用混凝土厂商的监理。

混凝土施工前要绘制好图纸，监理人员对图纸方案的可行性进行分析，认真核对图纸信息，检查图纸上混凝土各个结构的尺寸、规格以及分布位置，准确了解图纸内容，及时发现图纸的缺陷和不足，及时反映到设计部门，并与相关工作人员进行商讨，提出改良建议，防止施工时出现问题，阻碍施工进度。

对于混凝土材料的选取，也有几点需要注意。首先，一定要全面了解混凝土的生产厂商，选取信誉度较高的厂家。其次，监理人员到厂家进行考察，查看其生产资质、生产设备是否符合国家标准，有无合格证书。还要对厂商的车辆数量和厂商的每日生产量进行详细咨询，确保能满足建筑工程的需求，从而保证施工效率。

做好施工前的准备工作，虽不能保证施工过程万无一失，但足以应对施工时面对的困难，节省许多时间。

2.混凝土施工现场监理

混凝土施工有很多道工序，其中搅拌施工占据了重要地位，此处就以搅拌施工为例进行分析说明。混凝土在搅拌时，所放入的材料是有一定顺序的，监理人员要经常提醒施工人员注意这些细节，要严格按照石子、水泥、砂子、水的顺序依次放入。还要监督施工人员按照设计人员给出的配合比进行搅拌，保证科学配比。最后，注意混凝土搅拌的时间与温度，监理人员严格监督施工现场的各个环节，促使施工人员科学认真地完成搅拌工作，否则就难以保证混凝土的质量。

3.混凝土工程的后期养护监理

尽管前期准备工作和施工过程中解决了很多问题，混凝土质量得以保障，但后期的养护工作仍然是必不可少的。建筑混凝土工程完工后，监理人员对现场进行勘察，检测混凝土的强度，全面了解现场状况，做出总结报告，根据工程质量和现场环境分析出后期养护的具体工作内容。

第五章　钢筋混凝土主体结构工程施工

第一节　柱施工

一、柱钢筋

（一）柱钢筋预埋施工

1. 后植筋技术

（1）后植筋技术的施工方法

植筋技术是一项新型的钢筋混凝土结构加固技术，是一项对混凝土结构较简捷、有效的连接与锚固技术，也是一项钢筋混凝土结构补救措施。它是在已有混凝土结构或构件上以适当的直径和深度钻孔，并采用专用植筋胶，利用其粘结和锁键原理使新增的设计钢筋与原混凝土粘接牢固，使作用在植筋上的拉力通过化学粘接剂（植筋胶）向混凝土中传递，从而形成整体受力体。植筋技术的关键是混凝土基材的质量、植筋胶的配合比、施工温度、施工过程质量控制。在植筋过程中，如果基材本身强度不够、植筋孔未清理干净和干燥、植筋胶质量不过关以及植筋过程质量控制不严格，那么植入的钢筋强度也不会合格。

（2）后植筋技术的优点

1）布置灵活。根据实际需要可以在混凝土结构的任何部位设置，也可以根据结构受力特点增加植筋的数量。

2）施工方便。需要植筋时，二次结构测量放线已经完成，只需要在相应位置钻孔植筋即可，避免了预留钢筋造成的支模开孔和定位放线。

（3）后植筋技术的缺点

1）质量得不到全部保证。植筋质量完全取决于植筋人员的技术水平，植筋施工过程中常出现的问题有钻孔深度不够、清孔不彻底、植筋胶拌制不符合要求、施工温度低、钢筋公称直径植错。任何一个环节出错都会造成不合格隐患。即使拉拔试验合格也只是抽查了其中一小部分，在质量方面存在安全隐患。

2）钻孔钻破顶板。钻孔过程中难免钻头摆动，遇到结构中的钢筋受到反震作用导致大块混凝土破损，将本来光滑整洁的楼板凿成多出破损面；为了保证钻孔的有效性，事先应采用钢筋磁感仪（又称为钢筋混凝土探测仪）探测原结构主筋，而事实上大多数植筋施工队伍并没有使用这种仪器，这使钻孔成为一种试探性的工作，一旦遇到主筋，便会另外选取位置继续钻孔，这种方法很容易将梁板上的一小块区域造成"蜂窝煤"。

3）造成楼板渗漏水。在 100 ~ 150mm 等较薄楼板上植筋，尤其是有防水要求部位，操作不当或未对已经破坏的部位采取防水封堵措施，特别容易造成渗漏水。

4）过程质量需控制因素较多。钢筋、植筋胶原材料应合格；植筋深度有明确要求，钻孔不得小于 15d，且为植筋深度的 +（10 ~ 15mm），这里的深度正偏差是为钢筋断面平整程度留出余量值；钻孔内应清理干净，无粉尘，因为大多数植筋胶产品要求孔道必须干燥；结构胶的配比应精确，还要充分注意胶体的凝结时间，注胶时还要掌握注胶量，过多会溢出造成混凝土表面污染和浪费，过少则孔内注胶不饱满，易造成粘结强度不够。

2. 预埋钢筋技术

（1）预埋钢筋技术的施工方法

预埋钢筋是在结构混凝土浇筑前，将二次结构所需的钢筋提前留置在相应位置的楼板或框架梁中。在楼板或梁钢筋绑扎的同时，将构造柱钢筋绑扎或焊接在楼板钢筋网片或梁钢筋上；梁底或板底预留钢筋则在梁板模板底部开孔，将钢筋留置部分穿过楼板底模同时保证钢筋锚固长度。预埋钢筋的关键在于留置位置的正确性。

（2）预埋钢筋技术的优点

1）强度可以得到保证。钢筋直接锚固在结构中，强度较高。

2）工序简单。操作人员只需要将钢筋埋入相应位置并看护至浇筑完成即可，而不需要植筋中一系列的工序。

3）为后续工序节省时间。节省了后植筋施工时间，在结构完成后可立即投入二次结构砌筑，利于垂直分段流水施工作业。

4）不需要进行相关的检验试验，节约了因拉拔试验造成额工期影响，节省了因植筋检验拉拔强度造成的试验费用。

（3）预埋钢筋技术的缺点

1）损坏模板。拆模过程中，尤其是梁底模板，在留置钢筋部位的模板容易在脱模过程中被损坏，周转使用次数减少，造成一定的经济损失。

2）留置钢筋错位。在混凝土浇筑中由于人为作用或振动棒的震动导致预埋钢筋倒塌、位移，成型后发现错位仍需切割重新植筋。

（二）柱钢筋施工常见问题及对策

1. 柱筋接头未错开设置（在同一截面）问题

原因分析：技术交底不到位，操作工人质量意识和操作技能差，钢筋下料制作不规范或未进行翻样下料，无视柱筋连接接头位置的要求；对钢筋的下料、加工、接头位置等质量，施工单位"三检"和监理、项目工程部检查验收均不到位。预控措施：加强对钢筋工（特别是下料人员）的技术交底，对柱筋接头错开间距，应根据规范要求，错开间距必须满足"大于 35d 且 500mm"的要求；施工过程中，在施工单位"三检"合格的基础上，由项目工程部、监理及时进行检查验收，发现问题应及时指出并责令施工单位整改。

2. 边角柱主筋端部未做弯锚收头问题

原因分析：施工单位技术交底、施工"三检"和工程部、监理的跟踪检查验收不到位；钢筋下料人员操作技能和经验差，对规范不熟悉，钢筋下料长度错误。预控措施：做好工人的技术交底工作，根据规范及图集要求，边、角柱外侧钢筋无论直锚长度是否达到要求，端部必须做 90 度弯锚，且弯锚的平直段长度至少应为 12d；顶层柱筋采用绑扎接头（规范允许范围），有利于调整钢筋高度、弯锚朝向等；如接头采用电渣压力焊，必须对每根钢筋做相应的下料，或在施焊前统一下部钢筋的接头标高，然后再统一下料、施焊，但应注意弯锚的朝向；施工单位和项目工程部、监理，从顶层角柱、边柱钢筋的下料开始，一直到钢筋加工、安装，均应及时做好过程检查验收。

3. 柱筋偏位问题

原因分析：轴线放样错误，施工操作人员质量意识差，责任心不强，柱筋随意生根，对已造成偏位的柱筋不进行纠偏；柱筋固定不到位（特别是砼浇筑过程中，未作跟踪检查）；施工单位"三检"和项目工程部、监理的检查验收不到位。预控措施：确保柱轴线位置正确；柱定位箍筋设置，必须柱底设一道（固定在梁筋上），距板面以上 50cm 设一道，且应绑扎牢固；砼浇捣过程中不得强行扳动柱筋，且钢筋班要有专人值班，发现有偏位，应及时纠正；对已偏位的柱筋，必须作纠偏处理，对偏位过大的柱筋，要设同柱筋根数加强筋，端部做 90 度弯锚，与柱筋绑扎牢固，且底部同梁上层主筋（砼保护层凿除）焊牢，或做植筋处理。偏差较小时可以剔除部分砼，把钢筋做 1：6 微弯处理；施工单位"三检"和工程部、监理的过程跟踪检查和验收应到位。

4. 柱筋绑扎接头区域箍筋未加密设置问题

原因分析：技术交底不到位，施工单位"三检"和项目工程部、监理的检查验收不到位；操作工人质量意识差，有偷工减料现象。预控措施：认真加强技术交底，提高工人质量意识，要对每位操作人员提出构件钢筋绑扎具体要求；绑扎接头箍筋必须按相关规范要求加密，有抗震设防要求时，搭接长度范围内的箍筋均应按不大于较小柱筋直径的 5 倍及不大于 100mm 的间距加密。非抗震设防要求的结构按设计要求加密；钢筋绑扎质量（特别是绑扎接头位置质量），施工单位"三检"和项目工程部、监理的检查验收应到位。

5. 柱筋电渣压力焊接头偏包、偏心问题

原因分析：技术交底不到位，操作工人技能和质量意识差。如：压力过大、安装钢筋和夹具不正确、钢筋断面不平整、焊剂添加不均匀、焊接时间过短、上部钢筋没有扶正等；施工单位"三检"和项目工程部、监理的检查验收均不到位。预控措施：加强技术交底工作和施工单位"三检"、项目工程部和监理的检查验收力度，不合格电渣压力焊接头则应要求作返工处理；加强对操作工人技术交底和业务培训或更换操作技能差的工人。对弯折不大于3度的，偏心不大于0.1d（2mm），焊缝高度4mm。且施焊前应检查焊机夹具有无损坏、钢筋切断部位是否扭曲、弯折，焊剂应均匀填装。

6. 剪力墙内柱筋扭曲变形、松散问题

原因分析：柱筋成品保护不到位；操作工人无质量意识；检查验收工作不到位。预控措施：加强技术交底力度，特别是成品保护问题，不得随意碰撞造成钢筋严重弯曲变形；加强施工"三检"和监理、工程部的检查验收力度，上道工序未经验收或不合格严禁下道工序施工；对已严重变形、扭曲的钢筋，必须作加强或返工处理，且应按规范要求绑扎钢筋。

7. 柱筋接头留设位置不规范（在非连接区域）问题

原因分析：技术交底和跟踪检查验收工作不到位；操作工人技能和经验差，对规范不熟悉，钢筋下料有误或者说下料时未考虑到柱筋接头的留设位置。

预控措施：加强技术交底力度，保证柱筋接头留设位置的规范性。规范规定：有抗震要求的结构首层柱筋接头应留设在楼层柱净高的1/3处（基础顶面嵌固部位算起）以上和上部梁底起柱净高的1/6或柱截面长边（圆柱为直径）或500mm的最大值以下的区段，首层之外的楼层柱筋接头应留设在各层上下柱净高的1/6或柱截面长边（圆柱为直径）或500mm的最大值以内区段不应留设柱筋的接头；非抗震设防结构为楼面（基础顶面嵌固部位）以上不小于500mm（绑扎接头不作要求）；从钢筋下料、连接，到钢筋安装，施工单位"三检"和工程部、监理检查验收均应认真落实。

8. 柱筋底部第一道箍筋设置位置过高（超过5cm）问题

原因分析：技术交底和检查验收不到位；操作工人对箍筋（特别是柱筋）绑扎规范要求不熟悉。预控措施或方法：加强技术交底和柱箍筋安装绑扎过程中的跟踪检查验收力度；根据规范要求，柱根部第一道箍筋离楼地面一般不应超过5cm。

9. 柱筋偏位问题

原因分析：柱筋定位位置有误，未弹线或弹线位置有误；砼浇筑过程中，柱筋固定不牢固，且施工人员也未及时对已偏位或扭向的柱筋进行校正；施工单位和项目工程部、监理的隐蔽验收工作不到位，监理旁站无所为。预控措施：加强技术交底和对柱筋定位、固定、校正的跟踪、专项检查验收工作力度，特别是在砼浇筑过程中，有偏位或扭向的钢筋

应要求跟班人员及时调整；柱筋生根定位时，应要求施工人员先弹出中心线，并对中心线位置进行准确复核，确保其准确性；加强对砼浇筑施工人员的教育，施工过程中应要求不得强行扳（撬）动钢筋。

二、柱模板

（一）混凝土构造柱模板安装应符合下列规定

1. 从模板受力程度上分析，模板及其支架应具有足够的承载能力、刚度和稳定性，能可靠地承受浇筑混凝土的重量、侧压力及施工荷载。

2. 模板安装要保证工程结构和构件各部分形状尺寸和相互位置的正确，同时应做到构造简单，装拆方便，符合混凝土的浇筑、养护等工艺要求。

3. 模板的拼（接）缝严密，有一定的强度，振捣时不得漏浆，构造柱内外模板与砖墙的接触处的缝隙，要用嵌缝材料橡皮条、泡沫塑料胶带等补平粘贴牢固，只有做到模板与墙体接触严密无缝隙，才能保证浇筑成型的混凝土构造柱拆模后平整光滑。

4. 模板与混凝土的接触面应清理干净，并涂刷隔离剂，但不得采用影响结构性能或妨碍装饰工程施工的隔离剂。

5. 构造柱混凝土浇筑之前，模板内的杂物和楼板内的灰渣应清理干净，木模板浇水湿润，但又不得有积水现象；浇水过多，容易产生构造柱混凝土离析，影响混凝土的密实度。

6. 清水混凝土工程及装饰混凝土工程所使用的模板，应满足设计要求，达到混凝土构造柱内坚外美的效果。

（二）墙砌体构造柱模板安装的新工艺流程

1. 构造柱砖砌体马牙槎几何尺寸，垂直度保持准确，墙面平整无残留灰浆，柱脚楼地面灰渣必须清理干净。

2. 砖砌马牙槎缺口墙边缘粘贴15mm宽泡沫海绵胶带，并且要求粘贴牢实，确保模板密封可靠。

3. 木工清理模板，拼接安装木夹板内表面必须清理干净，并刷隔离剂。对安装好的模板，要全面自检互检一遍，大于3mm的缝隙要嵌补或贴补密实平整，确保构造柱的模板与砖砌体之间无空隙。

4. 构造柱木夹板宽度400～450mm，每边超出马牙槎墙边30～50mm，构造柱模板立好后，先用φ18冲击电钻杆将夹墙两边模板钻孔，穿φ16PVC套管和φ12钢丝拉杆螺栓固定一处，因构造柱断面尺寸不大，模板拉杆间距500～600mm一道，用山型螺母卡紧固牢实。

5. 模板拆除后φ16PVC套管眼在内外墙抹灰之前用压力喷枪打发泡剂密封严实，以防渗漏。用上述方法安装构造柱模板，施工工艺简单，省工省料，施工速度快，工程质量好，劳动效率高，而且节省了模板安装工程的造价。

（三）结论与建议

构造柱模板可用木模板，多层夹板或组合钢模板。在每层砖墙及其马牙槎砌好达到一定的强度后，应立即支设模板，模板必须与所在墙的两侧严实贴紧，支撑牢靠，防止模板缝漏浆，形成蜂窝麻面。浇筑构造柱混凝土时，构造柱的底部（圈梁或框架梁面上）应留出 2 皮砖高的孔洞，以便清除模板内的杂物，清除后立即封闭。构造柱模板安装后，必须将马牙槎部位和模板浇水湿润，将模板内的落地灰、砖渣等杂物清理干净，并在结合面处注入适量与构造柱混凝土相同标号的去石水泥砂浆。构造柱混凝土的坍落度宜为 50 ～ 70mm，石子粒径不宜大于 20mm。混凝土要用机械搅拌，随拌随用，搅拌好的混凝土应在 1.5h 内浇灌完毕。

三、柱混凝土浇筑及养护

当前，各种难度大、超高层的建筑普遍采用钢管混凝土结构，一方面带动了钢制作技术的发展，另一方面提高了高层建筑的施工质量，推动了城镇化建设的高质量发展。钢管混凝土柱的原理是借助钢管对混凝土的核心套箍约束作用，向钢管内部填充混凝土，这些填充物在三向受压状态下，使得混凝土具备更高的抗压强度和压缩变形能力，从而增强管壁的稳定性。应用钢管混凝土柱浇筑技术，在很大程度上提高了高层建筑的稳固性和承载力，极大提高了高层建筑的结构质量。

（一）钢管混凝土柱浇筑施工工艺

1. 钢管柱的制作

在制作过程中，需根据钢管柱各部件的制作要求，严格按照钢管柱的焊接尺寸、位置、标准高度等进行钢管柱制作。为保证制作质量，减少现场的工作量，钢管柱在安装完成并检验合格后，需即刻运送至现场进行安装。

（1）安装前工作

钢管柱安装前，应先由施工人员进行焊接工艺实验，根据焊接的相关参数及技术措施进行钢管柱安装。焊接人员必须要持证上岗人员。

（2）安装过程

进行钢管柱安装时，需采用对缝焊接方式促进钢管成型。实施焊接工作时，必须把握对称原则，均匀、分段、逆向进行焊接工作，尽可能减少焊接应力变形，确保焊接的尺寸符合要求。

2. 现场安装钢管柱

钢管柱的现场安装分四步进行，首先用水准仪和经纬仪对基础进行放线测量，并标记测量结果，标出柱子的中心点，并借助圆规等工具画出钢管外圆，做好标记，再对钢管口进行打磨，打磨平整后，严格对焊根及焊区 30mm 内进行清洁处理，将焊接过程中出现的污染物清洁干净，使其露出金属色，再将柱子运送至现场，根据之前设计好的图纸逐一将柱子吊至位置上放好；其次，利用刚刚水准仪测出的数据，对柱子的长度进行测量，并进行修正，用 25t 的吊车对柱子进行吊装，再找出刚刚在基础预埋板上所画的管子外圆周，焊接三块定位板，以便将柱子顺利摆放到位；第三，利用两台经纬仪，在互相垂直的两个方向上观测，为方便观察，应先安装角部钢管柱，再将经纬仪对中于柱轴线进行观测，并做好垂直度偏差值记录，以便下次安装、调整；最后，因为机器焊接难免会出现焊接错位等现象，应该采用人工焊接，焊接时注意接口焊缝为熔透二级焊缝，分次焊满。在焊接工程中，容易产生较大的焊接残余变形，这对钢管安装带来极为不利的影响，因此，应当采取必要的措施防止产生垂直度偏差。

3.钢管混凝土浇筑工艺

（1）顶升浇筑施工

在对钢管混凝土进行顶升浇筑施工时，不可进行外部振捣，因为在进行顶升浇筑作业时，突然进行外部振捣，易导致泵压急剧上升，甚至导致浇筑被迫中断。另外，在浇筑钢管混凝土时，在不确保混凝土供应量能连续浇筑 1 根柱子的前提下，不可进行浇筑，防止在浇筑过程中出现堵塞现象。浇筑时，当看到混凝土中的石子从卸压孔洞中溢出后，再稳压 2 ～ 3min 即可停止浇筑作业，然后等待 2 ～ 3min 再插入回流的闸板，此时钢管混凝土便浇筑完毕。

（2）泵送混凝土截流装置

设置泵送混凝土截流装置是为了防止拆除输送管时出现混凝土回流现象，该装置需要在连接的短管上设置一个止流装置，闸板式为其主要形式。在顶升浇筑阶段，为防止混凝土在输送过程中出现闸板缝漏气现象，需要用黄油将缝隙涂住；在顶升浇筑结束后，先控制泵压 2 ～ 3min 左右，后疏松闸板的螺栓，打入止流，再进行输送管拆除工作。

（3）卸压孔

顶升浇筑施工是当前钢管混凝土浇筑施工的重要施工工艺，在采用泵送顶升浇筑工艺时，钢管柱顶端必须设置预留排气卸压孔，并且预留的排气卸压孔的面积不能小于混凝土输送管的截面面积；在设置排压孔时，要注意将洞口适当接高，以此来填充混凝土停止泵送顶升浇筑后的回落空隙，防止混凝土回流现象发生。

（二）高层建筑钢管混凝土柱养护方法

1.加强对钢管混凝土柱结构性裂缝的控制

（1）控制钢管混凝土柱浇筑过程中堆石区的质量

钢管混凝土柱之所以会发生变形，是由于地基不均匀沉降和堆石料（垫层、过渡层、堆石体）填筑不当引起的。因此，防止变形的关键是要充分考虑预留堆石体的沉降，相应的柱体在浇筑施工前至少要有3个月的预沉降期，以减少钢管混凝土柱结构裂缝。

（2）对钢管混凝土柱面板进行合理的设计

在钢管混凝土柱面板设计方面，不仅要严格控制钢管混凝土柱面板的厚度，还要注意面板钢筋的合理配置，面板的厚度应控制在合理的范围内。一般来说，垂直接头用来将面板分成几个板。在面板的裂点处还可以增加诱导缝，从而释放拉应力，增强面板的柔韧性。另外，在传统的配筋工艺中，钢管混凝土柱面板一般采用单向双向配筋法。近年来，出现了双层配筋结构，即采用薄壁配筋，并保持与单层配筋相同的配筋率和配筋间距，抑制钢管混凝土柱后期不均匀沉降引起的裂缝。

2. 钢管混凝土柱面板非结构性裂缝防治

防止钢管混凝土柱面板非结构性裂缝的方法是使用高抗裂性的混凝土和对面板混凝土的原材料、外加剂进行优化。混凝土面板也采用干缩低水化热的硅酸盐水泥或普通硅酸盐水泥，最好不掺或少掺矿渣活性物质。应尽量选用高效减水剂和引气剂，以提高混凝土的可操作性、抗渗性和抗裂性。

3. 混凝土养护

混凝土养护是防止混凝土因收缩和热应力而开裂的环节。第一阶段，用草帘覆盖面板，然后喷、洒水进行维护；第二阶段，用亚麻布覆盖面板，然后喷、洒水进行维护；这两种方法都有很好的效果，遇到暴风雨或大风天气，应防止帘和亚麻布被风刮走；第三阶段，面板直接喷水保养，混凝土表面固定花管长期保持湿润。浇筑工作完成后，必须做好混凝土的保温、防潮等维护工作。采用聚氨酯等新型保温、保湿材料，可快速保护面板表面，降低混凝土面板的适应力和温度应力，充分发挥其良好的自修复能力。混凝土养护可以延长混凝土面板的使用寿命，有效防治裂缝的产生。

4. 降低垫层的约束力

在钢管混凝土柱施工完成、浇筑钢管混凝土柱面板之前，应检查铺盖。如果垫层出现空隙，必须及时处理，然后对边坡进行修整，以确保边坡的平坦度满足钢管混凝土柱面板的施工要求。在施工过程中，尽量避免将钢材插入垫层中。一般来说，垫层可以涂上一层乳化沥青，然后进行混凝土板浇筑操作，减少垫层材料之间的摩擦，保证钢管混凝土柱面板不会因约束裂缝而变形太大。

钢管混凝土柱是近年来在高层建筑中应用频率较高的施工工艺，其借助钢管内部向心力，通过一系列严格细致的施工工艺，加强了钢管混凝土柱的稳定性，提高了建筑施工质量，因此，广大建筑领域研究人员应看到钢管混凝土柱的种种优势，加大研究力度，创新钢管混凝土浇筑技术，以促进城市建设的发展。

第二节　剪力墙施工

一、剪力墙的结构及施工特点

剪力墙作为高层建筑施工作业的主要建筑结构之一，对整个建筑行业的发展有着极其重要的影响。但是在实际施工作业环境中，却很少有人对其重视，这就导致剪力墙在施工作业中出现各种质量问题，从而影响高层建筑质量。通常情况下，剪力墙对建筑物的承载力及抗震能力、抗风能力是其他结构支架所无法比拟的，它不仅仅能有效避免这些情况发生时所带来的严重损失，更能保障人们的生命财产安全。所以，对于剪力墙施工技术必须引起重视，从各个方面加强其质量把控。下面就剪力墙的结构及施工特点进行简要分析：剪力墙结构主要分为隔墙和维护墙两种。从施工角度来讲，必须保障剪力墙施工设计与实际平面布置和结构设计保持一致，这样才能有效发挥剪力墙的作用。与此同时，还要确保剪力墙的承载力是在一定空间范围内且具有良好的整体性，这两者必须同时具备才能使得剪力墙的结构特性及水平承载力符合其建筑要求，起到稳定、牢靠的效果，否则将难以发挥剪力墙的效用。

剪力墙的施工特点主要体现在以下几点：第一，受其自身特点所决定，剪力墙在施工作业中缺乏其灵活性，对于一些公共建筑而言难以满足其空间布局要求，这就需要在施工中利用有效的科学技术加以完善，可以在施工作业中为了有效满足剪力墙的结构要求，不设置梁，直接采用平板的方式进行施工作业。这样不但节约了成本，也能充分发挥剪力墙的效用。但是针对普通剪力墙来讲，在结构设置方面就要遵循三个原则：一是结构构成。在采用矩形结构、L 形结构和 T 形结构的同时，必须确保剪力墙的主轴是正交的布局方式。二是当建筑物结构是三角形或是 Y 形时，要沿着剪力墙的三个不同方向进行合理布局。三是当建筑物结构是正多边形、圆形和弧形结构时，要采取沿剪力墙方向进行环向布局。第二，在剪力墙结构施工作业环境中，受其长度因素的影响也要进行适当的处理。剪力墙必须依据实际施工作业情况来判定其大小、长短。若是剪力墙太长则会影响刚度的韧性，导致使用周期缩短，抗震能力较弱，从经济角度来讲也不利于成本的控制。此外，剪力墙的高度要符合受力情况，确保抗震能力在规定范围内。

二、剪力墙施工技术要点分析

（一）大模板施工技术要点

大模板施工作业是建筑施工中的核心内容，也是建筑施工的重点。大模板施工技术将对整个建筑施工剪力墙质量有着极其重要的影响，所以在进行施工作业时必须严格按照质量要求进行施工作业：第一，对控制线要进行严格把控。放线过程中必然会受到多种因素的影响，使其线难以按照规定合理放线，所以针对放线位置要对剪力墙钢筋、预留洞等位置进行准确地把握，检查其内部是否清洁干净。第二，对模板组装技术要进行科学合理的管控。在科学技术的指导下，对剪力墙模板进行找平，这样不仅仅可以确保质量，更能符合施工技术要求。在组装的过程中要按照不同的型号进行标号拼装，然后对拼好的模板进行重新编号。除此之外，还要在模板使用前涂抹一层隔离剂，在涂抹过程中若是受到外界因素的影响就要重新涂抹，确保隔离剂的隔离效果。在实际施工作业环节中，隔离剂有时会与建筑结构及质量产生某种意义上的冲突，此时就要确保隔离剂不能对建筑结构及装修产生一定影响，在剪力墙外挂的情况下，要求混凝土的强度必须高于 7.57.5N/mm，如果低于这个数值，则不能进行模板安装。在模板进行安装过程中也要遵循一定的原则，从内至外，从横向至纵向，且保障安装到位。三脚架和脚手架在剪力墙施工作业中是比较关键的一项技术，在此过程中要充分考虑螺栓的预留空间，只有预留空间符合施工具体实际要求才能对下层外墙进行施工作业。

内墙模板的安装必须按照由横向纵向的原则进行安装，先对门窗等进行模板安装，并且利用一些技术优势进行临时加固，在此基础上进行墙体模板的安装，此时，需要将一侧墙的模板利用塔吊放到恰当位置，然后，以撬棍作为支点进行位置的移动，进行另一侧模板墙的安装，两侧模板安装后，加固穿墙螺栓，并对脚螺栓进行位置调整，最后必须保证墙体两侧模板支撑架的脚螺栓，保证从垂直、标高、水平等不同角度均与前期设计保持一致。外墙模板安装同样需要精密的技术支持，首先对门窗等洞口、穿墙管等进行检查，将杂物彻底清理，并确定墙体内侧模板安装完好，然后，将外墙进行三脚架或者是脚手架的安装，保证安装安全稳定，然后对于窗墙螺栓进行相应矫正和固定，施工过程要求技术精度高，必须保证模板安装严密、牢固，避免出现漏浆现象；模板安装在剪力墙的施工中固然重要，大模板的拆除同样也是较为关键的施工，模板拆除过程中必须保证不能对墙体的表面造成任何影响，需要先纵向再横向，首先松动穿墙螺栓，然后将地脚螺栓松动，最后逐步将模板与墙体剥离，一旦遇到有些地方难与墙面剥离，那么需要用撬棍在模板下进行轻微撬动，拆除工作完成后，对于模板上留下的杂物进行彻底清除，遇到模板有挂钩的地方，拆除工作更要做得细致。

（二）混凝土施工技术要点

从某种意义上来讲，混凝土原材料的使用对整个建筑高层剪力墙施工作业有着极其重要的影响，原材料的质量将是导致整个施工建筑质量的关键，所以，在整个高层剪力墙施工作业中必须对原材料加以控制，确保质量符合建筑施工要求。一旦在施工作业中发现各种原材料质量问题就必须对其加以控制，找出问题所在及时解决，严禁不合格的原材料进入施工现场或是继续被使用，这样存在极大的安全隐患，影响高层剪力墙的建筑施工。其次，在剪力墙施工中，施工过程的组织模式也会对质量产生影响，尤其是高层建筑剪力墙施工中，施工组织模式是极其重要的，应当根据混凝土施工的步骤和工序进行，在施工工艺上进行有效的协调和调整，从而避免因为混凝土问题产生模板变形或者位置偏移等现象。高层剪力墙施工中钢筋气压焊对钢筋对接技术要求相对较高。因此，在焊接过程中需要采取有效的焊接方式，来提高施工的工作效率，从而缩短工期，给施工企业带来更大的经济效益。首先，进行焊接技术前，先对各种设备的参数进行检查；其次，进行顶压工序，必须保证焊接的两段钢筋在同一条直线上；接下来进行加热，调整好电流，确保焊接位置和焊接的准确度；最后，进行减压，按照要求将焊接工作完成，良好的焊接工艺严重影响着施工质量。

（三）剪力墙结构中的钢筋工程施工

在框架剪力墙施工技术中钢筋是应用最为广泛的材料。在钢筋施工过程中，需要遵循以下几个施工原则。第一施工人员在进行钢筋箍筋固定的过程中，尽可能利用空间的工具，对于钢筋进行定型，这样可以防止钢筋在施工过程中发生移动，如果钢筋发生运动，很容易造成模板不能够按照一定的垂直度进行结合，直接影响后期的混凝土浇筑作业。在对于钢筋工程进行固定以后，施工人员还需要按照国家要求的规范和标准，对于钢筋的移动进行一定程度的审核，检验合格完成之后才能够进行下一步的作业，确保钢筋在施工过程中不发生位移。对于钢筋再进行焊接过程中，对于一些直径比较大的钢筋我们可以采用电渣压力焊的方式进行焊接，对于直径比较小的钢筋我们可以利用绑扎的方法进行搭接。无论采取哪一种搭接的方法，都要注意钢筋之间的彼此间距，这样就可以有效防止电渣进入钢筋的加密区。高层建筑使用的钢筋数量比较巨大，因此很多的节点都密集分布，我们要在进行施工过程中，特别要注意到墙柱节点的顺序以及位置，这样才能够保障施工的合理顺序。为了对于高层建筑钢筋工程的顺利开展，我们需要对于工地施工图认真绘制，并且对于钢筋的规格以及在各个部位的焊接标准进行严格管理，这样才能够保障框架剪力墙结构的钢筋工程作业。

（四）要注意的关键点

在进行框架剪力墙结构施工过程中，我们必须要关注以下几点内容，第一必须要确保所有原材料质量的安全性。为了达到这一工程目标，我们需要对于材料的进场进行检验，特别是钢筋混凝土材料在进场之前都要检查出厂证明以及质量合格证明，同时施工作业人员还需要对于材料进行抽检，质量合格之后才能够进入施工现场。第二，我们在施工过程中需要保证框架剪力墙的受力均匀，这样才能够保障主体结构的抗震性能以及延展性。在进行混凝土浇筑过程中，要注意预防混凝土出现裂缝，要注意控制混凝土内外温度差。特别是对于大体积混凝土的浇筑，需要做好内部的降温工作，尽量使用水化热比较低的水泥，较少释放的热量。做好内部水泥温度的散热工作，可以利用水导管进行散热。做好及时的养护处理，从而达到对于混凝土温度控制的目的。

第三节　梁板施工

一、梁板模板的施工简述

目前，现浇梁板模板技术在我国住宅建设项目中得到广泛运用。这是一项非常重要的施工技术。它是混凝土结构中的基础结构，在很大程度上保证了房屋建筑混凝土施工的质量。现浇梁板模板可针对模板的原材料进行划分，通常可分为：铝合金建筑材料模板；竹胶板建筑材料模板；加固材料模板等。也可针对其施工工艺进行划分，通常可分为：固定牢固的模板；可移动模板；可组装和拆卸的模板等。在房屋建筑工程施工中，模板的尺寸、形状和位置必须严格依照设计和施工要求标准。模板必须拼接牢固，以免漏浆。

二、梁板模板的技术特点

现浇梁板模板浇筑后达到规定时间后方可拆除模板。该部分工程可作为房屋建筑工程现场施工中整个混凝土结构的基本环节。作为结构的主要承载部件之一，必须以规范的方式运用该技术，提高住宅建设项目内部结构的稳定性。

三、梁板施工技术

（一）房屋梁板施工要点

在开展梁板安装工作时，控制梁支柱标高作为其中极为重要的环节，关系到梁板安装质量。鉴于这一要素，在开展梁板安装工作之际，施工人员务必要将梁支柱的相关工作落实到位，结合实际情况，对标高进行科学调整，以确保后续施工工序的有序开展。因此在安装梁板时，施工人员可以基于拉线模式，对梁板部位进行科学调整，确保其处于水平状态，并利用螺栓，对其开展加固工作，确保梁板的稳固性及安全性。在开展梁底模板安装工作时，施工人员要以施工方案及设计图纸为指导，确定梁支柱的标高，并借助拉线工艺，确定梁底模板的位置。在落实房屋梁板施工环节时，施工人员要遵守以下要点：其一，科学运用拉线工艺，对梁板状态进行有效调整，确保其处于水平、平稳状态；其二，沿用上述施工模式，科学有序地开展梁底模板安装工作；其三，结合梁板所处的具体位置，将压脚板、斜撑、梁侧模板这些施工工序落实到位。在开展梁板安装工作时，施工人员要秉承"边模包底模"的施工原则，运用拉线方式对两侧模板的水平平直度进行检测，一旦出现梁高大于0.7m的情况，需要利用对拉螺栓进行加固。

（二）关于房屋结构梁、板支柱的施工

关于楼层顶板厚度、楼层标高以及模板设计等具有明确具体的规定，在开展结构梁、板支柱的安装工作时，必须遵守相应的施工工序，一般以房间的某一端为开头，开展施工工作，并科学控制临近跨边的第一排楼板支柱与跨边之间的间隔，确保其低于30cm。一般而言，楼板支柱距离与梁支柱距离具有明确具体的规定，施工人员可以基于房屋的支柱高度，有效确定水平拉杆步距，并在施工方案的指导下，对房屋支柱强度与刚度情况进行测量和检测，以确保其使用性能，将水平杆科学连接在支柱上，无论是纵向还是横向，均宜保持1.2m的间距。

（三）关于测量放线

在开展房建结构梁和板模板施工之前，施工人员要开展测量放线工作，在梁与楼层顶板上，设置适宜的轴线，并在房屋框架的柱钢筋上，设置水平控制线，在开展放线工序时，要对数据进行严格细致的测量和收集，为后续施工工作的开展奠定良好的基础。

（四）关于楼板施工缝的施工

由于楼板大多是由多个模板拼接而成，故而在完成楼板施工之后，两个模板之间出现缝隙的现象并不罕见，这一现象被称之为楼板施工缝。当面对这一缝隙时，当前建筑行业尚未提出全面系统的应对方案，施工单位可以利用木材进行填堵，以有效减小缝隙大小。科学利用这一施工工序，有利于在拆除模板之后，确保底面的美观度及性能。

（五）关于楼板模板的施工

施工人员在调节支柱高度时，需要科学控制排列情况，以确保整体具有较高的平整度。在实际施工环节，施工人员要在完成建筑周围的铺设工作之后，逐步向中心位置开展聚拢处理工作，高度关注梁与板交汇情况，确保两者能够处于同一方位。

（六）关于模板浇筑及拆除的施工

在开展房建施工之前，模板表面需要保有一定水分，确保其具有湿润性，但水量不宜过大，严禁在模板中渗入过量的水分。为确保施工进度及质量，施工人员要将各个阶段的施工准备工作落实到位，采用适宜的混凝土运输方式、选择最为适宜的振捣工具，采用连续性的浇筑方式，并科学控制振捣的力度，确保混凝土的密实度符合房建施工要求。在完成施工工作的2d～3d内，当混凝土强度能够满足设计值的97%时，方可将模板拆除。与此同时，在拆除模板时，施工人员必须严格依据相关流程及要求，避免造成模板损坏，在拆除顶板的模板时，后浇带模板在可以保留的情况下须保留下来，在后浇带模板浇筑能够满足预计强度范围时，方可完成模板与支撑的拆除工作，并将养护工作落实到位，避免出现混凝土与模板粘结的情况。

（七）关于安装楼梯模板的施工

楼梯模板安装涉及多个施工步骤，具有一定的复杂性及烦琐性。在一般施工中，施工人员要在墙体上先甩筋，在确定梯段钢筋锚到达梁的保护层内部之后，方可开展拆模工作，并结合实际情况面对钢筋所处位置进行科学调整，并针对楼梯钢筋，开展绑扎及吊装固定踏步施工，确保整体结构的稳固性，在整体强度满足设计要求之后，再开展拆模工作。

（八）关于模板的质量要求

施工人员要结合实际情况，选择适宜的模板制作材料，避免使用容易变形、断裂等的材料，并在施工图纸的指导下，开展模板制作工作，并对各个模板进行编号。在使用模板之前，必须确保模板干净整洁，避免模板存在污染物及残留超标的情况。

四、梁板模板施工质量与安全控制

在房建施工过程中，施工人员要采用科学适宜的技术方法，保障高空支撑体系具有相应的强度及荷载能力，以保障施工质量安全。第一，对于铺设在高空的钢管，建筑单位要开展严谨细致的经验工作，确保各个钢管之间的衔接位置符合相应的钢管强度，并设置相应的水平拉杆，在各个方位均设置适宜的支撑，利用钢扣，确保整体的结实度。第二，在开展房建施工之前，施工单位要组织施工人员开展安全教育工作，并加大安全教育的宣传力度，切实增强施工人员的安全意识，并注重增强模板制作人员的专业能力及操作技能，确保相关施工人员具备良好的施工能力及水平。第三，对于施工过程中所需的材料，施工单位要加大监测力度，保障施工材料符合设计要求。

五、梁板模板施工注意事项

（一）模板的状态必须保持良好

在现浇梁模板施工中，尽量避免模板变形，必须保证铸件质量。开始使用模板前，必须清理干净，不得有杂物。每个模板务必严格依照施工设计图纸编号。模板不得随意放置或投掷。模板使用后务必依照模板规范存放。

（二）细节务必做好

混凝土浇筑开始前，我们必须检查模板的状态。假若太干燥，我们必须洒些水。假若有杂物，务必及时清理干净，并在模板上涂脱模剂。脱模剂可以减少模板和混凝土之间的粘附力。混凝土浇筑完成后，拆除模板时，混凝土表面必须光滑，以保证混凝土浇筑质量。

（三）模板安装和拆除

模板安装和拆除必须严格依照施工要求和程序进行。模板安装前，必须针对施工现场条件制定科学合理的施工方案。

第四节　楼梯施工

一、建筑物层数及楼梯设计

（一）住宅建筑设计层数 N 的计算

层高＞2.2m 的地面自然层；建筑物地下（半地下）室的顶板面高度≤室外设计地坪 1.5m 时不计入地面层（不计入容积率）；该高度＞1.5m 时，应计入地面层；建筑底部设置的高度不超过 2.2m 的自行车库、储藏室、敞开空间，以及建筑屋顶上突出的局部设备用房、出屋面的楼梯间等，可不计入建筑层数内。住宅顶部为两层一套的跃层，可按 1 层计，其他部位的跃层以及顶部多于 2 层一套的跃层，应计入层数。

（二）建筑层数 N 与多层住宅建筑楼梯设计的关系

N＞2 层的三级耐火等级住宅建筑，当设置有闷顶时，应在每个防火隔断范围内设置老虎窗，且老虎窗的间距不宜大于 50.0m；通廊式居住建筑当建筑层数超过 2 层时，户门应采用乙级防火门；N＜4 层的住宅建筑的首层对外出口，可设在离楼梯间 ≤15m 处；N＞6 层的住宅建筑或任一层建筑面积大于 500m² 时，应设置封闭楼梯间，当户门或通向疏散走道、楼梯间的门、窗为乙级防火门、窗时，可不设置封闭楼梯间。住宅建筑的楼梯间宜通至屋顶，通向平屋面的门或窗应向外开启。

（三）建筑层数 N 与高层住宅建筑楼梯设计的关系

N≥10 层单元式住宅，每单元疏散楼梯均应通到屋面；N≥10 层单元式住宅，每单元只设有一座通向屋顶的疏散楼梯时，从第 10 层起每层相邻单元应设有连通阳台或凹廊；N≥10 层住宅建筑，户门不应直接开向前室，当确有困难时，应为乙级防火门；N≥10 层商住楼中住宅的疏散楼梯应与商业部分分开独立设置；N≥10 层住宅每幢楼通向屋面的楼梯≥2 座，且不穿越其他房间，通向屋面的门应外开；N≥10 层塔式住宅应设防烟楼梯间，应设消防电梯；N≤11 层单元式住宅可不设封闭楼梯间，但开向楼梯间的户门应是乙级防火门，且楼梯间应靠外墙，有直接天然采光和自然通风；N≤11 层通廊式住宅应设封闭楼梯间；N＞11 层通廊式住宅应设防烟楼梯间；N≥12 层单元式、通廊式住宅应设消防电梯；N=12 ~ 18 层单元式住宅可设一个安全出口，但应设防烟楼梯间和消防电梯，各单元楼梯应在屋顶连通，且单元之间隔墙按防火墙要求进行设计；N≤18 层塔式住宅，每层 ≤8 户，建筑面积 ≤650m² 且有一座防烟楼梯间和消防电梯可只设一个楼梯；N≥19 层单元式住宅应设防烟楼梯间。

二、封闭楼梯间

封闭楼梯间是指用耐火建筑构件分隔，能防止烟和热气进入的楼梯间。高层民用建筑和高层工业建筑中封闭楼梯间的门应为向疏散方向开启的乙级防火门。楼梯间应靠外墙，并能直接天然采光和自然通风，当不能直接天然采光和自然通风时，应按防烟楼梯间规定设置。楼梯间的首层紧接主要出口时，可将走道和门厅等包括在楼梯间内形成扩大的封闭楼梯间，但应采用乙级防火门等防火措施与其他走道和房间隔开。

三、安全出口

（一）非通廊式的多层住宅建筑单元任一层建筑面积大于 650m^2，或任一住户的户门至安全出口的距离大于 15m 时，该建筑单元每层安全出口不应少于 2 个，其他多层住宅可只设一个安全出口。

（二）N≤18 层，建筑面积 ≤650m^2，每层 ≤8 户，且设有一座防烟楼梯间和消防电梯的塔式住宅。

（三）18（含 18 层）以下每个单元设有一座通向屋顶的疏散楼梯，单元之间的楼梯通过屋顶连通，单元与单元之间设有防火墙，户门为甲级防火门，窗间墙宽度、窗槛墙高度大于 1.2m 且为不燃烧体墙的单元式住宅。

（四）超过 18 层，每个单元设有一座通向屋顶的疏散楼梯，18 层以上部分每层相邻单元楼梯通过阳台或凹廊连通（屋顶可以不连通），18 层及 18 层以下部分单元与单元之间设有防火墙，且户门为甲级防火门，窗间墙宽度、窗槛墙高度大于 1.2m 且为不燃烧体墙的单元式住宅。

四、住宅建筑的楼梯构造

（一）N≤6 层的单元式住宅建筑，一边设栏杆的疏散楼梯梯段最小净宽 B 可不小于 1m；一般多层、高层住宅 B≥1.1m。

（二）楼梯踏步宽度不应小于 0.26m，踏步高度不应大于 0.175m。扶手高度不宜小于 0.90m。楼梯水平段栏杆长度大于 0.50m 时，其扶手高度不应小于 1.05m。楼梯栏杆垂直杆件间净空不应大于 0.11m。

（三）楼梯平台净宽不应小于楼梯梯段净宽，并不得小于 1.20m。楼梯平台的结构下缘至人行过道的垂直高度不应低于 2m。入口处地坪与室外地面应有高差，并不应小于 0.10m。

（四）楼梯井宽度大于 0.11m 时，必须采取防止儿童攀滑的措施。

（五）候梯厅深度不应小于多台电梯中最大轿厢的深度，且不得小于1.50m。

五、楼梯施工方法

（一）踏步楼梯施工缝的施工方法

1. 楼梯施工缝的留置

按"宜留置在结构受剪力较小且便于施工的部位"的规定，一般应留置在楼梯梯段1/3跨度的位置（以多层建筑的层高，通常在踏步上三步或下三步的位置）。在结构施工中，为了便于楼梯模板安装与混凝土的浇筑，将施工缝留于踏步上三步的位置。

2. 楼梯施工缝的支模方法

施工缝出的模板采用后插板，这样不改变楼梯模板的支撑受力体系，现场不增加模板用量，便于实际现场施工操作和卫生清理，防止施工缝位置夹渣，能极大提高楼梯施工缝的质量。

3. 后插板工艺流程

楼梯模板安装→后插板留设→钢筋安装→踢面模板安装→砼浇筑→踢面模板拆除→上一层楼梯模板安装→钢筋安装→后插板模板安装→砼浇筑。

4. 施工工艺

（1）在楼梯踢段底模板安装时，在楼梯施工缝位置的斜板上留置一条后插板缝，板缝宽度为100~150mm为宜，板缝沿踢段宽度方向通长留置。

（2）楼梯踢面模板安装时，施工缝位置挂模施工。挂模时，模板的下侧与后插板板缝的下口齐平，挂模角度应与楼梯底板模板成90度。

（3）砼浇筑完成后，将施工缝处的挂模拆除，接缝面的砼凿毛，且将局部松散的砼凿除。

（4）待上一层的楼梯模板、钢筋安装到位，楼梯卫生清理完成并用水冲洗后，楼梯砼浇筑前，将板条插入后插板缝安装到位。后插板的宽度同后插板缝的宽度，其长度与楼梯底板的模板宽度相同。

5. 施工过程控制要点

（1）施工缝的位置必须和预留后插板缝十分的精确，从而确保施工缝的位置能和后插板的板缝下侧能保持齐平，上侧能处在踏步的中心轴线上，且挂模的角度要和楼梯的底板形成90度。

（2）根据现场的施工经验，后插板缝最适宜的宽度在100~150mm，过宽或者过窄的板缝都不利于现场的操作。过宽容易造成由于后插板条的硬度不足而导致这段砼面达不到要求，过窄不利于清理卫生。

（3）为了确保楼梯的踢面能和挂模位置混凝土的施工质量，最好在该位置使用钢制模板，以防变形；且模板务必要和楼梯的侧模牢固，防止模板移位。

（4）施工缝处的混凝土面应凿毛，凿除松散的混凝土，确保施工缝接缝质量。

（5）楼梯混凝土浇筑前，将施工处的卫生清理干净后方可安装后插板，防止导致施工缝的夹渣。

（二）校验模板，保证模板的表面清洁、没有变形

安装施工模板的时候，要用和工艺条件相匹配的隔离剂，有些隔离剂刷完后能立即浇筑混凝土，有的则必须等到其干燥了以后才能浇筑。所以要掌握所有隔离剂的特点，要满足施工现场的气温等环境条件。例如，在雨季使用的隔离剂要有耐雨水冲刷的功能，而在冬季使用的隔离剂则要求冰点较低。给模板涂抹隔离剂的时候，应将模板表面的混凝土残渣和尘土清理干净再进行均匀的涂膜，要求不能漏刷、不能将钢筋与混凝土交接的地方污染。

应对周转次数多的模板以及有较大变形的模板进行检查，确保模板的平整度，模板的质量，模板的刚度以及模板的规格大小能不能达到施工的要求，同事也要对角模进行加工质量的检查，保证它的刚度还有和大模板之间有正确的连接措施；要对紧固模板的螺栓进行规格、质量的检查确认，不能使用不合格的螺栓。

（三）改进混凝土浇筑振捣的工艺

混凝土浇筑前一定要有马道，避免踩踏钢筋。楼梯混凝土可以连续浇筑，在楼层的平面位置预留楼梯的施工缝，同时将相对应的楼梯梁也预留。楼梯的混凝土应从小到上的浇筑，先将平台板的混凝土振实到踏步的位置，然后二者一起浇筑，向上浇筑，达到楼板的标高时，再和板的混凝土一起浇筑，同时需使用木抹子把踏步的上表面抹平。混凝土的表面需进行三次处理：第一次，依据小线振捣，大扛刮平，用木抹子抹平压实；第二次，等到砼表面缩水充分以后，用木抹子将其表面搓平；第三次，在砼开始凝之前，脚踩不留印的时候，用木抹子再一次抹平搓实。

顶板和楼梯的踏步砼浇筑完成以后，不要太早上人。砼浇筑完成，要马上将漏、溅在楼板上和墙体的砼浆清理干净，保证砼面清洁。砼土浇筑完后，要使用有效养护办法，防止产生收缩与脱水裂缝。使用浇水养护的办法设有专人喷水，保证混凝土的湿润没有脱水现象。

第六章　预应力混凝土施工

第一节　先张法

一、先张法施工工艺

首先，我们要对先张法的施工特点有一个充分的认识，这样才能够运用好这项施工工艺。先张法施工工艺是指，在还没有对预应力混凝土进行浇筑的时候，就要准备好预制构件，同时还要在构件台上安设预应力拉筋，这样一来就能够采用混凝土浇筑技术。混凝土结构如果能够结合先张法，那么在浇筑完混凝土之后，便能够进行使用，无须再采取任何后续处理。目前，由于此项施工工艺越来越完善，因此已经得到了广泛的使用。

和别的施工工艺进行比较的话，先张法施工工艺在使用上更加的方便，而且也没有太过复杂的工序，因此并没有太高的施工难度。此外，在使用效果上，先张法施工工艺能够有效地确保施工的质量，其不但能够加强建筑的抗裂性，而且还可以尽可能地降低结构的扰度，这样一来就能够符合施工需求。而更为关键的是，此项工艺的节能效果非常的理想，能够起到不错的环保作用。

二、先张法施工工艺形势

（一）张拉控制力和张拉程序。预应力混凝土是先张法施工工艺所经常采用的施工材料，在施工的过程中，一定要掌控好预应力混凝土的强度，并且还要与混凝土的设计强度进行融合，这样才能够确保施工质量。此外，由于在施工期间普遍是运用超张拉应力来加强钢筋的施工强度，因此一定要在施工期间，有效的预防好由于钢筋张拉力结构强度而导致的质量问题，同时还要掌控好施工管理方面的工作，尽可能地确保在施工期间，所有的环节都能够达到理想的要求。

（二）施工技术要点。因为技术条件有限，我国现在还具有非常多的先张法施工要点，不过很多的施工环节却无法保证施工质量。所以，若想有效地提高施工水平，在施工过程中一定要掌握好施工要点，这样一来就能够提高施工质量。那么下面我们就来具体的讨论一下。

1. 台座施工。在预应力混凝土当中，台座属于不可或缺的部分，其主要的作用，就是能够为上部结构起到支撑。在施工期间，混凝土结构台座部位及其关键。通过对我国台座施工的现状情况能够了解到，可以运用到施工预应力混凝土结构构件台座的方式一共具有两种，分别为墩式台座施工以及槽式台座施工。不过要值得注意的是，无论是哪两种台座施工，都一定要掌握好对工艺以及质量的把控。

2. 预应力筋的张拉和铺设。（1）预应力筋张拉。主要的做法是，首先要往构件台座上刷入隔离剂，以便可以让台面能够全部的包裹住，这样一来就能够防止由于天气因素而造成隔离剂受到影响。此外在刷隔离剂的过程中，不要碰到钢丝，这样一来就能够确保不受到玷污。要是一旦钢丝被玷污的话，那么就要马上采用合理的溶剂对其进行洗刷。而刷完隔离剂以后，再往台面上铺设钢丝。在铺放钢丝的过程中，要是钢筋长度不够的话，那么就要采用拼接器来给钢丝加长，而在加长的时候，最好使用20-22号的钢丝。值得注意的是，在绑扎的过程当中，不同型号的钢丝，在绑扎长度上也会不同，例如在对冷拔地毯钢丝进行拼接的时候，通常长度要大于40d，不过冷拔低合钢筋丝的长度通常要大于50d。（2）预应力筋的拉张。①先张拉靠近台座界面中心处的预应力筋，要是从另外的点开始的话，那么就很有可能让坐台承受一定的偏心力，从而造成台座发生破裂的情况。在张拉的过程中，要通过平稳的速度来慢慢地增加拉力，同时也要精准的掌控好拉张立，只有做好这方面的工作，才可以确保每个预应力筋得到合理的受力，这样一来就可以确保工程的平衡稳定性。②钢制锥形夹具锚固的时候，在敲击锥塞的时候要轻一些，然后慢慢加重，而且还要倒开张拉设备，同时放松预应力筋，它们之间应该取得默契的配合，也就是不但要降低钢丝滑移，同时也要避免过大的锤击力度，以免造成锚固夹具中钢丝的断裂。③对关键结构构件的预应力筋，用应力控制方式张拉的过程中，最好校核预应力筋的伸长值。④在张拉大量预应力钢丝的过程中，要首先调整初应力，以便确保相互之间能够得到相通的应力。

三、先张法预应力混凝土施工技术

（一）折线先张法预应力钢绞线张拉要点

折线先张法预应力混凝土梁可采用反力梁长线台座张拉，在浇筑底模混凝土时要预先在弯起器安装位置处设置抗拔桩，并预埋固定螺栓。为弯起器在纵横向范围内可以移动，所以进行预应力钢筋张拉之前需要对弯起器进行临时固定，为了减小预应力钢绞线和弯起器之间的摩擦力作用，需要在张拉器的凹槽内涂刷润滑剂。张拉横梁和支架安装的顺序为：首先预埋张拉下横梁滑道，同时保证地面标高和滑道之间的标高正确。再将支架上部钢筋按照设计要求施工，并与下横梁滑道焊接，之后安装张拉上横梁，安装过程要注意检查张拉横梁方向是否正确。安装整体张拉的大千斤顶要预留出保证使千斤顶伸缩自如施工空间。弯起器和张拉横梁安装无误之后再布设钢绞线，钢绞线的下料长度根据设计要求进行确定。张拉过程采用以张拉力控制为主，同时对钢绞线的伸长量进行校核。由于折线形钢绞线锚固在张拉横梁上。所以张拉过程一般是采用两端同时张拉，先将单根钢绞线张拉至 80%～85% 的张拉控制应力，并将其锚固于上、下张拉横梁上。

（二）钢绞线的放张

完成钢绞线整体张拉之后，进行顶板钢筋绑扎，浇筑混凝土，当混凝土强度达到设计要求后，可进行钢绞线的放张。在放张的过程中梁体会产生反拱，并可能向中间滑动，所以放张过程要尤为注意，首先放张上横梁折线形钢绞线 12/ 的应力，然后放张下横梁直线形钢绞线 1/2 的应力，再放张上横梁折线形钢绞线剩余的 12/ 应力，最后放张下横梁直线形钢绞线剩余的 1/2 应力。

（三）折线先张法的施工监测

在折线先张法预应力混凝土箱梁施工过程中保证钢绞线的张拉应力与设计相符是一个关键环节，单根在钢绞线张拉应力完成至 85% 时，后张拉的钢绞线会引起张拉横梁产生微小的侧向挠曲，产生的侧向挠曲会使得钢绞线的预应力产生一定的损失；为了使得完成张拉之后的各钢绞线之间的拉应力相接近，需要在张拉过程中及时调整上、下张拉横梁的侧向挠曲值。折线先张法预应力混凝土箱梁的施工监测应包括以下内容：钢绞线应变（应力），在先张法钢绞线张拉的全过程中需要对跨中截面进行监测，最大程度上保证张拉完成后钢绞线的实际张拉应力与设计相符。重点检测张拉横梁和台座反力梁的变形，在钢绞线张拉过程中张拉上、下横梁会产生一定的侧向挠曲变形反力梁会产生压应变，要合理控制变形的程度，以保证施工质量。钢绞线放张后混凝土的应变，重点检测梁顶、腹板位置处钢绞线锚固区混凝土的应变（应力）变化情况，避免混凝土出现开裂。

第二节　后张法

一、预留孔道施工工艺控制

（一）制孔器种类

按制孔的方式制孔器可分为预埋式制孔器和抽拔式制孔器两类，其中抽拔式制孔器有钢管制孔器、金属伸缩管制孔器及橡胶管制孔器等，在浇筑混凝土前预先安放制孔器主要目的在于在梁体混凝土内形成钢丝束的施工张拉预留管道，预埋式制孔器轴向接头则用点焊而径向接头可采用咬口一般采用波纹管或薄钢板卷制而成，在浇筑混凝土前按设计位置用钢丝绑或直接固定在钢筋骨架上。当采用充水橡胶管管内的压力控制在不低于 0.5Mpa 以上，钢管制孔器钢管表面光滑必须平直仅适用于直线形孔道接头用薄钢板连接，橡胶管制孔器为了加强刚度及控制其位置的准确是用橡胶夹两层钢丝编织而成可在管内插入钢筋芯棒；金属伸缩管制孔器用薄钢板管作接头，内用钢筋芯棒与橡胶衬管进行加劲的是金属丝编织成的软管套。

（二）制孔器安装

安装制孔器时，可先将外管沿梁体长度方向顺序穿越各定位钢筋的"井"字网眼，然后在梁中部安装好外管接头，并固定外管，最后穿入钢筋芯棒。外管接头布置在跨中附近，但不宜在同一断面上。同一断面是指顺制孔器长度方向 1m 的范围内。

（三）制孔器的抽拔

制孔器抽拔应在混凝土初凝之后与终凝之前进行。过早抽拔，混凝土可能塌陷而堵塞孔道；过迟抽拔，可能拔断胶管。一般以混凝土抗压强度达到 0.4Mpa，0.8Mpa 时为宜。抽拔时不应损伤结构混凝土。抽拔时间：常温 20 ~ 30ac.3 ~ 5h。预留的孔道，应根据需要在适当位置布设压浆孔及排气孔和排水孔。抽拔制孔器的顺序是先抽芯棒，后拔胶管；先拔下层胶管，后拔上层胶管；先拔早浇筑的半根芯管，后拔晚浇筑的半根芯管。抽芯后，应用通孔器或压气、压水等法对孔道进行检查，如发现孔道堵塞或有残留物或与邻孔有串通，应及时处理。

二、预应力筋的张拉工艺控制

当构件的混凝土强度达到设计强度的 75% 时，便可对构件的预应力筋进行张拉。

（一）张拉原则

在两端张拉适用于曲线预应力筋或长度大于或等于 25m 的直线的预应力筋，张拉顺序应符合设计规定，如设备不足时施工工艺通常采取先在一端张拉完毕以后在另一端补足预压力值，无论两端同时张拉或者在一端进行张拉时均应注意在进行张拉的时候要避免构件截面过大从而造成结构构件出现偏心受压的情况。因此，先张拉靠近截面重心处的预应力筋构件截面或应对称张拉后张拉距截面重心较远的预应力筋。

（二）张拉程序

后张法预应力筋的张拉程序与配用的锚具形式有关，张拉时，应测量千斤顶活塞的伸长量，从而确定张拉力是否满足，张拉的大小可通过油压表控制。对于一次不能张拉完的预应力筋，应进行第二次张拉，二次张拉的伸长量应符合设计要求。后张法张拉预应力筋时，如需超张拉，在任何情况下其最大超张拉应力范围与先张法须超张拉时情况相同。预应力筋的锚固应在应力值处于稳定状态下进行，锚具外多余的预应力应予以切割，切割时不应使锚具和锚固处的预应力筋过热而滑移。

（三）操作方法

预应力筋的张拉操作方法与配用的锚具及千斤顶的类型有关。一般情况下，张拉钢丝束可配用锥锚式千斤顶、环销锚具或锥形锚具；张拉钢绞线或钢筋束配用穿心式千斤顶、锚具，张拉钢绞线还可配用穿心式千斤顶或星形锚具，张拉粗钢筋可配用螺丝端杆锚具、拉杆式千斤顶；现以穿心式千斤顶为例，介绍它的工作原理。千斤顶是穿心式千斤顶，它既可张拉，又可顶锚，故又叫双作用千斤顶，主要由油缸、活塞、弹簧、油嘴等部分组成，可用于张拉带有夹片式锚具和夹具的钢筋、钢丝、钢绞线。工作原理为：将已安装的预应力钢筋，穿过千斤顶中心孔道，于张拉油缸端面用工具锚固定，打开前油嘴，从后油嘴让高压油进入顶压油缸，张拉油缸向后退，张拉活塞顶住锚圈千斤顶尾部的工具锚将预应力筋张拉到施加应力的数据，关闭后油嘴的油阀，从前油嘴进油至顶压油室，使顶压活塞向前推进顶压住锚塞。

三、孔道压浆工艺控制

孔道压浆是为了保护预应力筋不致锈蚀而提高构件的承载能力、抗裂性能和耐久性减轻锚具的受力，并使预应力筋与混凝土构件粘结成整体。孔道压浆用专门的压浆泵进行，压浆时要求密实、饱满，并应在张拉完毕后尽早完成。压浆所用水泥宜采用普通硅酸盐水泥水灰比一般宜采用 0.40 ~ 0.45，掺入减水剂时，水灰比可减小到 0.35 强度等级不宜低于 42.5 级。水泥浆自调制至压入孔道的延续时间，一般不宜超过 30 ~ 45min，在使用前应始终使水泥浆处于搅动状态。压浆应使用活塞式压浆泵，不得使用压缩空气，最大压力一般宜为 0.5 ~ 0.7Mpa；当输浆管道较长时，应适当加大压力。浇筑完毕后，亦应按规定进行养护。压浆顺序，应对下孔道先进行压浆，上孔道后进行压浆，将附近孔道堵塞以免孔道串浆并应将集中一处的孔道一次压完，如集中孔道无法一次压完，为了使以后压浆时通畅，应将相邻未压浆的孔道用压力水冲洗，曲线孔道由侧向压浆时应采取由最低点的压浆孔压入水泥浆的技术进行，并由最高点的排气孔排除空气和溢出水泥浆。

四、封端及编束工艺控制

（一）封端

封端混凝土的强度应不低于构件的强度，孔道压浆后应立即将梁端水泥浆冲洗干净，并对端部钢筋网的绑扎和封端模板的安装要妥善处理，并确保固定，以免在浇筑混凝土时因模板移动而影响构件长，混凝土浇筑完成后静置 1 ~ 2h 后按规范要求进行养护。

（二）编束

为使成束预应力钢丝在穿孔和张拉时不致紊乱，可将钢丝对齐后穿入特制的梳丝板，然后一边梳理钢丝一边每隔 1 ~ 1.5m 衬以弹簧垫圈，并在衬圈处用 22 号钢丝缠绕20 ~ 30 道。

第三节　无粘结预应力混凝土施工

随着科学技术的发展，建筑施工技术水平的提高，许多新方法、新技术、新工艺、新材料应用越来越广泛。"四新"的应用.不仅使得施工工艺大为简化，劳动效率得到提高，同时也使得许多复杂的结构难题得以解决，无粘结预应力混凝土技术就是近几十年来发展起来的一项新技术。

无粘结预应力混凝土构件可采用类似于普通钢筋混凝土构件的方法进行施工，其做法在预应力丝束表面涂防腐涂料并用塑料管包裹后，无粘结筋像普通钢筋一样进行敷设，然后浇筑混凝土，待混凝土达到规定的强度后，进行预应力钢筋的张拉和锚固。省去了传统的后张法预应力混凝土的预埋管道、穿束、压浆等工艺，节省了施工设备，简化了施工工艺，缩短了工期，故综合经济性较好。

一、无粘结预应力技术的特点

（一）构建造型简单，比重小。由于无粘结预应力构件不需要预先留设预应力孔道，这样就减少了一些相关构件，预应力梁板的尺寸也相应减小，比重也就跟着减小。

（二）施工工艺简化、所需设备也较为简单。由于简化了预应力管道留设，不需要孔道灌浆等工序，工序大大简化，工艺流程更加简单，施工更加快捷。

（三）可以有效控制预应力损失。由于预应力钢绞线与混凝土之间有油脂层、保护套等的存在，预应力损失得到有效控制，并且在后期使用时可以进行预应力筋补拉。

（四）构件抗腐蚀能力强。无粘结预应力构件，预应力钢绞线外侧有油脂层、保护套等的存在，有效地对钢筋实施了保护，避免了混凝土对钢筋的腐蚀。

（五）使用性能较传统预应力构件好。无粘结预应力构件和普通预应力构件相比，由于有效减少了钢筋与混凝土的拉扯力，可以有效避免构件在接近极限承载能力的同时出现集中裂缝，使得无粘结部分预应力混凝土构件具有良好的力学性能。

（六）可以有效降低预应力钢筋疲劳程度。由于无粘结预应力构件钢筋与混凝土之间可以产生相对滑动，使两者之间的应力得到控制，预应力钢筋疲劳程度得到大幅度降低。

（七）无粘结预应力构件抗震性能好。当地震发生时，往往会引起构件大幅度位移，无粘结预应力构件对此受影响较小，结构稳定性更加有保证。

良好的技术特点，使其无粘结预应力技术应用日益广泛，但是其施工时技术量高、专业性强，加上无粘结预应力筋对锚具安全可靠性、耐久性的要求较高，还有无粘结预应力筋与混凝土纵向可相对滑移，预应力筋的抗拉能力不能充分发挥，并需配置一定的体内有粘结筋以限制混凝土的裂缝。在施工中如果质量控制不严，易造成结构质量隐患，影响结构安全。

二、无粘结预应力技术施工控制

（一）明确施工工艺流程

常见无粘结预应力技术施工工艺流程为：施工准备→大梁、板支撑架支搭→大梁底模铺设→绑扎大梁普通钢筋和敷设无粘结预应力筋→固定端附加螺旋钢筋、安装锚板及夹具→张拉端附加钢筋网片、锚垫板安装→支次梁底模、扎次梁钢筋→支大梁侧模、次梁侧模、板底模→绑扎屋面板钢筋→浇捣梁板砼→大梁砼达到 75% 设计强度后，张拉钢绞线建立预应力→张拉端锚板、锚具防腐处理、浇砼封闭→张拉端预留张拉口处砼后浇封闭→模板拆除。

施工工艺流程可根据具体情况调整，但一定要保证安排合理。

（二）施工前的准备工作

首先，认真组织图纸会审。在施工开始前，项目技术负责人要及时组织各级技术人员（特别是有相关经验的技术人员）进行审图，就图纸中出现的问题及时通过建设单位与设计者协商解决，图纸会审要及时签署，为施工顺利进行做好准备。

其次，结合无粘结预应力技术规程和工程实际制定专项施工方案，专项施工方案要包括施工进度计划、材料与设备计划，技术参数、工艺流程、施工方法、检查验收，施工安全保证措施，应急预案、监测监控等。方案编制后要经施工企业技术负责人审核，在施工前要完成各级技术交底，保证方案实施。

最后，要严格控制施工材料，做好材料的进场验收工作。各种钢绞线、锚具进场时，要先进行出厂质量合格文件的检查，要求供货商提供出厂合格证、厂家质检部门出具的物理性能证明书（加盖质量检验证章）或产品质量检验报告，预应力钢筋的产品质量证明文件应为原件，包括预应力张拉时所用锚具以及夹具，包括连接器等，是否具有合格证，还包括产品标牌是否符合规格。然后进行外观检查，预应力钢丝的外观质量，应逐盘检查。钢丝表面不得有油污、氧化铁皮。裂纹小刺或机械损伤，但表面上允许有涂锈和回火色。镀锌钢丝的锌层应光滑。均匀、无裂纹。钢丝直径检查，按 10% 盘选取，但不得少于 6 盘。预应力钢绞线的外观质量，应逐盘检查。钢绞线的捻距应均匀，切断后不松散，其表面不得带有油污、锈斑或机械损伤，但允许有浮锈和回火色。镀锌或涂环氧钢绞线、无粘结钢绞线等涂层表面应均匀、光滑、无裂纹，无明显格皱。最后，随机抽样，进行力学性能测试。

（三）大梁支撑及模板施工

模板体系一定要坚固，可以采用双立杆钢管、双扣件支模架体系。端模要按照施工规范要求采用可靠模板，并考虑施工工艺的特殊要求。根据实际需要，梁底模板要按规范要求起拱 1‰ -3‰ L，梁底中部加设双立杆顶撑，梁两侧模板设置 3 道直径 16、间距 600mm 的对拉螺杆。砼浇筑时，派专人看模，发现异常情况，停止砼浇筑，待加固支撑体系后再施工。

（四）穿预应力筋

钢绞线要定长下料。钢绞线应用砂轮锯切割，不得用电气焊切割；如是多束，则采用分束多次穿入的方法；穿预应力筋由锚固端向张拉端穿，避免扭曲；钢绞线穿入后，不得使用电气焊，以避免造成预应力筋的强度降低。

（五）构件混凝土浇筑

无粘结预应力构件组装完毕后，应由建设单位、监理单位、施工单位、设计单位，必要时会同质监站进行隐检验收，当确认合格后，浇筑混凝土，浇筑混凝土之前，应再次检查管道位置是否正确，数量是否正确，有无破损，如发现问题应及时改正。

在进行混凝土浇筑时，要加强对已经完成的工序进行成品保护，千万不要触碰马凳、锚具等，以免预应力钢筋位置失准。浇筑混凝土时要控制浇点，振动棒查设要均匀，避免漏振，防止混凝土表面出现蜂窝麻面及其他质量问题，保证浇筑质量。

（六）预应力筋的张拉

首先，要查看作业条件是否具备，主要是要检查构件的强度、几何尺寸和孔道杨通情况，以及校验张拉设备等。看各方面是否具备张拉条件。

张拉前构件的混凝土强度应符合设计要求，如设计无要求时，张拉设备不应低于设计强度等级的 75%。关键要查看施工单位提供的同条件养护的混凝土试块强度试验报告单。对预制拼装构件的立缝处混凝土或砂浆强度如设计无要求时，不应低于块体混凝土强度等级的 40%，且不得低于 15N/mm。

在安装张拉设备时，对穿好的直线形预应力筋，应使钢筋张拉力的作用线与孔道中心线重合；曲线形预应力筋，应使钢筋张拉力的作用线与孔道中心线末端的切线重合。

配有多根预应力筋的构件应同时张拉，如不能同时张拉，也可分批张拉，但分批张拉的顺序应考虑使混凝土不产生超应力，锚具构件不扭转与侧弯，结构不变位等因素来确定。在同一构件上一般应对称张拉。

在分批张拉配有多根预应力筋的构件时，后批预应力筋张拉所产生的混凝土弹性压缩量，会减少前批预应力筋张拉应力，因而分批张拉产生的应力损失值需分别加到先张拉钢筋的控制应力值内。对重要的结构可采用分两阶段建立预应力，即全部预应力筋先张拉到

50% 之后，再第二次拉至 100%。

预应力筋的张拉程序，主要根据构件类型、张锚体系、松弛损失取值等因素确定。在同一截面中有多根一端张拉的预应力筋时，张拉端宜分别设置在结构的两端．当两端同时张拉一根（束）预应力筋时．为了减小预应力损失，宜先在一端锚固，再在另一端补足张拉力后进行锚固。

（七）质量保证措施

为保证工程质量，施工项目部应建立健全可靠的质量保证体系，主要应包括以下方面：

1. 科学合理的组建施工项目部。施工项目部负责整个施工期间的技术及管理工作，其结构的布置，人员的配备，关系整个施工的成败，因此，以项目经理为首的项目部要选派精兵强将，除要满足职称、执业资格的要求外，关键要具备相关的工程管理经验，能切实承担施工期间的管理任务。此外，还要恰当的选择项目部的结构形式，保证与承揽的工程任务相符合，并能保证人尽其才，人尽其责。

2. 建立健全合理的质量管理体系。施工项目部要结合工程实际建立质量管理体系，以项目经理为总负责人，以项目技术负责人具体负责，挑选业务精湛、责任心强的技术人员，负责整个施工期间的质量检查与验收工作，保证所有工序都能按照规范要求施工，这样不但保证了施工质量，还能获得建设单位和监理单位的信任，有利于施工的顺利进行。

3. 实行目标控制与经济挂钩制度。具体施工开始前，各级技术管理人员可以向下级人员和施工班组下达工程质量目标，根据完成的好坏程度进行奖罚，以此来提高技术管理人员和施工班组的积极性。

4. 实行工地质量例会制度。每个施工项目部一般均会定期召开例会，协调工程相关各方问题。项目部可以根据实际情况召开专门的质量例会，就本阶段出现的质量问题，涉及各方均要查找原因，采取切实可行的措施，特别是涉及交叉作业的工序，不易明确质量责任，更应成为例会各方解决的重点。

5. 完善施工质量检查验收制度。工程可以实行严格的"三检"和"专检"制度。即每一道工序都要进行施工作业者的自检、各个作业班组之间的互检以及交接检。在提交监理验收前还要进行质检员的专业检查，使每道工序的质量都能得到保证。

6. 多种质量控制手段相结合。在施工中。可以有效结合主动控制与被动控制，事先控制、事中控制和事后控制等多种质量控制手段。

7. 加强隐蔽工程的验收。预应力混凝土结构工程施工涉及隐蔽工序较多，必须要加强隐蔽工程的验收，保证每一道隐蔽过的工程都要百分之百合格。

通过对无粘结预应力混凝土工程质量施工过程各个环节的控制，严格按照施工操作规范进行施工，确保每道工序的施工质量，是我们每一位技术人员的职责和追求。

第七章　砌筑工程

第一节　脚手架工程

一、脚手架工程的发展

（一）脚手架的前沿发展

脚手架的起源是很早的，自中国古代建筑始，脚手架便开始投入使用，只是当时的脚手架比较简单，主要是一些木板木棍组成的。例如中国的古塔、城墙、楼房、佛殿等建筑的建造过程中都要用到脚手架。

中国在新中国成立之前以及 20 世纪 50 年代初期，脚手架一般都采用竹或木材搭设的，自 60 年代始才开始推广使用扣件式钢管脚手架，这类脚手架具有加工方便、搬运方便、通用性能强的优点，但其施工效率低、安全性差，不能满足高层建筑施工需求。

20 世纪 70 年代，我国从国外引进门式脚手架体系，因为门式脚手架既可以作为建筑施工的内外脚手架，又可以作为梁板模板的移动脚手架，所以被称为多功能脚手架。

20 世纪 80 年代，国内开始仿制门式脚手架，门式脚手架因此得到了发展，在工程中被大量推广使用，但由于出自各厂的脚手架规格不同、质量标准不一致，给施工单位的使用和管理带来了一定困难。

20 世纪 90 年代，门式脚手架没有得到发展。但在 1994 年项目部选定"新型模板和脚手架应用技术"为建筑业推广应用 10 项新技术之一以来，脚手架工程又有了新的发展。新型脚手架是指碗扣式脚手架、门式脚手架、方塔式脚手架以及高层建筑推广的整体爬架和悬挑式脚手架。碗扣式脚手架是新型脚手架中推广应用最多的一种脚手架，但使用面还不广，只有部分地区和部分工程中应用。随着中国市场的日益成熟和完善，竹木式脚手架将推出建筑市场，只有一些偏远落后的地区正在使用。普通扣件式钢管脚手架占据中国国内 70% 以上的市场，具有较大的发展空间。

中国现在使用的用钢管材料制作的脚手架有扣件式钢管脚手架、碗扣式钢管脚手架、承插式钢管脚手架、门式脚手架，还有各式各样的里脚手架、挂挑脚手架以及其他钢管材料脚手架。

（二）脚手架工程安全问题及现状

随着我国经济的快速发展，建筑工程施工建设项目增多，由建筑施工导致的安全事故也增多，有些安全隐患不得不受到重视。导致建筑施工安全事故产生的原因是多方面的，其中脚手架搭设不规范、脚手架荷载超重等问题都可能造成安全事故。脚手架安全管理是建筑施工安全管理重点，同时也是防止施工安全事故的必要手段。

建筑施工安全生产形势依然严峻，主要体现在"两个上升"：一是一次死亡 3 人以上事故上升，二是部分地区事故总量上升。

1. 脚手架安全问题案例

2016 年 1 月 19 日 15 时四川资阳经济开发区四川南俊汽车集团办公楼建设工程工地，发生脚手架坍塌，造成 3 人死亡，1 人受伤。2016 年 10 月 22 日，北京九龙山地铁附近工地脚手，由于早上风比较大，造成坍塌，事故导致两人受伤车辆被砸。2016 年 11 月 21 日，浙江嘉兴一工地发生脚手架坍塌，事故导致 1 人死亡 4 人受伤。以上是 2016 年脚手架工程产生的安全事故案例，可见脚手架在工程中有许多的安全隐患是很大的，需要去发现改，进一步完善脚手架工程。

2. 在脚手架的安全问题分析

作业职员安全意识淡薄，自我保护能力差，冒险违章作业。一是架子工从事脚手架搭设与拆除时，未按规定正确佩戴安全帽和安全带。二是作业职员危险意识差，对可能碰到或发生的危险估计不足，对施工现场存在的安全防护不到位等题目不能及时发现。

脚手架搭设不符合规范要求。建设部行业标准《建筑施工扣件式钢管脚手架安全技术规范》（JGJ130-2011）中华人民共和国建设部公告 902 号 2011-01-28 批准，2011-12-01 实施。但在部分施工现场，脚手架搭设不规范的现象仍比较普遍，由此导致了多起职工伤亡事故的发生。

脚手架材质不符合要求，使用前未进行必要的检验检测。脚手架搭设与拆除方案不全面，安全技术交底无针对性。工程施工中凭个人经验操纵，不可避免地存在事故隐患和违反操纵规程、技术规范等题目，甚至引发伤亡事故。

安全检查不到位，未能及时发现事故隐患。在脚手架的搭设与拆除和在脚手架上作业过程中发生的伤亡事故，大都存在违反技术标准和操纵规程等题目，但施工现场的项目经理、工长、专职安全员在定期安全检查、平时检查中，均未能及时发现题目，或发现题目后未及时整改和纠正，对事故的发生负有一定责任。随着我国建筑业化、专业化进程的加快，模板脚手架向专业化变革，模板脚手架专业化施工将不再遥远。无论如何发展，安全都是脚手架行业最基本和最重要的要求。

（三）对脚手架工程的建议

建筑脚手架的安全问题一直是建筑施工中的难题，每年都会发生几起脚手架倒塌安全事故。如何提高脚手架的安全度，确保脚手架的施工安全，成为了一项重要的工作。

1.脚手架使用要求

（1）脚手架要有适当的宽度（或面积）、步架高度、离建筑物的距离等以能够满足人工操作、物料堆置和运输的需要为准。

（2）脚手架要具有稳定的结构和足够的承载能力，能保证在施工期间可能出现使用荷载（规定限值）的作用下不变形、不倾斜、不摇晃，并在较大的冲击力下不倾覆。

（3）脚手架的搭设应与垂直运输设备和楼层或作业面高度相互适应，以确保物料垂直运输转入水平运输的需要，并根据现场需要设置施工操作人员的上下通道。

（4）搭设、拆除和搬运方便，并应综合考虑多层作业、交叉作业和多工种作业的同时需求，合理搭设，减少多次装拆。

2.注意在工程中使用时的安全

（1）把好材料、用具和产品的质量关。加强对架设工具的管理和维护保养工作，避免使用质量不合格的架设工具和材料。

（2）确保脚手架具有一定的稳定性和足够的坚固性。普通脚手架的构造应符合有关规程规定；特殊工程脚手架，如重荷载脚手架、施工荷载显著偏于一侧的脚手架和高度超过15m的脚手架必须进行设计和计算。

（3）计算处理脚手架地基。要确保地基具有足够的承载力，避免脚手架发生局部悬空或沉降；脚手架应设置足够多的牢固连墙点，依靠建筑结构的整体刚度来加强和确保整片脚手架的稳定性。

（4）确保脚手架搭设质量。架子地基应平整，钢管脚手架的立杆底部应采用柱座或垫木，木质或竹质脚手架的立杆应埋入地下 30 ~ 50mm，挖好土坑后，将坑底夯实，在立杆底部加枕木或平整的石块或砖头。一般均应设置扫地杆。不得在未经处理的起伏不平和软硬不一的地面上直接搭设脚手架；严格按照设计规定的构造尺寸进行搭设，控制好立杆的垂直偏差和横杆的水平偏差，并确保节点连接达到要求；脚手板要铺满、铺平和铺稳，不得有探头板；搭设过程中要及时设置偏斜和倾覆。在墙面、屋面或其他构筑上搭设脚手架时，均应验算其结构的承受强度，如果强度不够要采取必要的措施。搭设完毕后应进行检查，验收合格后方能使用，并做好记录和签字。高层建筑脚手架在使用前更应进行严格检查，并对脚手架实行挂牌制度，脚手架的搭设和验收年、月、日，该脚手架的技术性能及搭设负责人和单位都要写在标牌上。

3. 安全隐患

利用脚手架吊运重物；作业人员在架子上下相互抛递工具和材料等；推手推车在架子上跑动；在脚手架上拉结吊装绳索；任意拆除脚手架部件和连墙杆件；在脚手架底部或近旁进行开挖沟槽影响脚手架地基稳定的施工作业；起吊构件碰撞或扯动脚手架；使用竹质材料和承插式负管搭设单排脚手架；加强使用过程中的检查，发现立杆沉陷或悬空、连接松动、架子歪斜、杆件变形、脚手板上结冰等应立即处理。在上述问题没有解决之前严禁使用；其他脚手架搭设时应严格禁止钢木混搭和钢竹混搭；由于冬闲或其他原因致使脚手架较长时间不用、又不能拆除的脚手架，在重新使用之前必须经有关部门和人员检查，验收合格后方可恢复使用。

4. 改进措施

（1）加强在施工前对施工人员的培训，指出一些问题容易发生的地方。施工人员必须严格按照规定搭设脚手架，在施工过程中必须佩戴安全帽等，提高自身安全保障。

（2）脚手架的质量问题

在我国，脚手架生产厂比较少，许多厂家的生产设备简单，生产工艺落后，技术也达不到要求，导致一方独大，生产出来的脚手架一次不如一次，由于许多厂家投机取巧，为了抢占市场，压低标价，偷工减料，使钢管厚度减小，导致在长期的工程使用中，钢管就会锈蚀，容易变薄，钢管的承载能力就降低了，实行质量检测认证，要有专门的技术人员对生产的脚手架检查。

（3）加强脚手架的质量维护

在搭建过程中钢管和扣件应当从正当渠道进货，在使用中应定期对脚手架进行维护和修理，如果脚手架出现裂缝，凹陷，锈蚀，需马上拆除脚手架，清除安全隐患。

（4）市场管理

由于对建筑材料租赁市场缺乏有效机制管理，使得建筑材料的使用质量低，许多施工企业单位为了获得更大的利益，选择那些租赁价格低的建筑公司，从而忽视了脚手架的质量和使用安全性，导致那些质量好的脚手架公司没有办法运营，使其倒闭停产，从而市场上质量劣质的脚手架越来越多，给建筑施工带来大的安全隐患。国家应设立相应的检验机构，保证质量优质的脚手架市场，要求施工企业和投标企业选择合格的脚手架，保证施工的安全，从而将安全隐患减到最低。

（5）推广使用新的脚手架，提高施工速度，保障施工安全，增加再次利用率，调节整个租赁市场，把市场上那些劣质脚手架挤出市场，增加今后的施工安全。

二、脚手架工程技术

（一）建筑脚手架工程技术研究

1.脚手架工程的定义

脚手架工程是指在建设工程施工中，为保证人员与材料的高空施工需要，在施工现场为作业、上料或者外墙安全维护而搭建的支架。脚手架是建筑施工的一项重要临时设施，它不仅为工程施工提供了极大的方便，同时也确保了施工的安全性。因此，其对于建筑工程的施工具有重要意义。

2.建筑脚手架工程技术及其分类

在建筑工程中，为搭建和安装、拆除脚手架工程所使用的技术就叫建筑脚手架工程技术。按照脚手架分类的不同，脚手架工程施工也有多种技术方法。根据脚手架搭建的位置，脚手架工程技术可分为内脚手架技术和外脚手架技术。

（二）建筑脚手架工程技术的研究

在建筑工程项目施工中，脚手架工程应用极为广泛，其施工有多种的技术方法。其中使用最为普遍的是扣件式脚手架工程技术，下面就以扣件式脚手架工程技术为例进行深入的分析研究。

1.扣件式脚手架工程的概念与技术标准

在我国建筑工程中，扣件式脚手架工程是指为了便于建筑施工而搭建、承受一定荷载、并且是由扣件以及钢管等所组成的脚手架。扣件式脚手架工程包括的材料一般有钢管杆件、脚手板和扣件等，其施工技术包括搭建与拆除技术等。根据国家的规范，扣件式脚手架执行的技术标准为 JGJ130-2011，即《建筑施工扣件式钢管脚手架安全技术规范》；所使用的钢管质量要符合 GB/T700-2006《碳素结构钢》的 Q235A 级钢要求，扣件质量标准应执行 GB15831-2006《钢管脚手架扣件》的标准。脚手板可采用木质、竹质或者钢制板，其中木质脚手板需按照 GB50005-2003《木结构设计规范》选用，一般是采用 Ⅱa 材质木板。同时，扣件式脚手架工程施工前，依据安全技术规范的要求，须进行脚手架专项方案的技术设计，验算结构构件以及立杆地基承载力，并且需通过专家对方案评审合格后方可进行搭建。

2.建筑扣件式脚手架工程的搭建

建筑工程扣件式脚手架工程施工中，其搭建需要遵循一定的工艺流程，不得随意改变其施工工艺。分析扣件式脚手架工程搭建的技术工艺流程如下：

脚手架基础上铺设垫板→定位立杆、安放底座→摆放纵向扫地杆→将立杆竖起，和纵向扫地杆扣紧→横向扫地杆安装，与立杆扣紧→第一步纵横向水平杆的安装→第一层连墙杆设立，和立杆扣紧→第 2-4 步纵横向水平杆的安装→第 2 层连墙杆设立→加设剪刀撑→铺设脚手板→绑扎防滑条→安装作业层与斜道的挡脚板及栏杆→安挂安全网。

对建筑扣件式脚手架工程的搭建技术方法具体分析如下：搭建扣件式脚手架前，需要事先平整场地，并且对地基填土进行压实处理，排出积水，并保证施工现场排水的畅通。设立的立杆垫板或底座需保持比自然地面高出 60～100mm。脚手架要先对其基础验收，确定合格后方可定位放线；垫板或者底座准确放置在定位线上，垫板可采用厚度 ≥50mm 的木板。但是木垫板应确保其宽度 ≥200mm，长度在 2 跨或以上；搭设立杆时，每 6 跨需安装一根抛撑，待到连墙件得以确认稳定后，才能拆除。在脚手架搭建到有连墙件的主节点时，搭建好立杆、纵横水平杆之后，需马上安设连墙杆。扣件式脚手架的纵向水平杆根据立杆依步搭建，与立杆固定时须采用直角扣件。遇到封闭脚手架的同样一步时，纵向水平杆要在四周交圈设立，且也需要利用直角的扣件和内外角部的立杆进行相互连接固定；

单排扣件式脚手架中横向水平杆在宽度 ≤1m、和过梁两端为 60°的范围里、过梁净跨度 1/2 的高度之内、梁下或者两侧 500mm 之内、砖砌体的窗门洞两侧 200mm 内和转角处的 450mm 内、墙体厚度 ≤180mm 以及砌筑砂浆强度 ≤M2.5 的砖墙上，均不得设立。双排扣件式脚手架横向的水平杆不能使其靠墙一侧到墙面有大于 100mm 的距离。

与扣件式脚手架同时安装的还有连墙件，不能随意改变其安装时间和工艺。在脚手架操作层比相邻连墙件高两步后，要立即安设临时拉结以保证脚手架的稳定性，等到上一层连墙件安装结束后才能拆除。扣件式脚手架剪刀撑也需要和立杆、水平杆等同步安装，不允许滞后搭建；

脚手板需满铺并保持固定，和墙面的距离一般需 ≤150mm，其探头要固定于支撑杆上，固定的材料应为直径 3.2mm 的镀锌铁丝。斜道或者作业层的挡脚板和栏杆需在外立杆的里侧搭建，栏杆高度须 ≥1200mm，挡脚板须 ≥180mm，中栏杆要保持在中部设立。

扣件应安装牢固，其规格需与钢管外径一致，螺栓拧紧的力矩要大于 40N·m。在搭建完成各步脚手架之后，应根据规范进行检查，并随时对步距、立杆垂直度、纵横距离进行校正，以保证扣件式脚手架搭建的质量。

3. 建筑扣件式脚手架工程的拆除

建筑工程扣件式脚手架工程施工期间，其拆除也需要严格执行相关的施工规范和技术工艺。分析扣件式脚手架拆除的技术如下：

建筑扣件式脚手架拆除需提前制定专项施工方案，并按照方案进行拆除；拆除前应对连接扣件、支撑体系和连墙件等进行检查，确保其符合构造方面的要求；扣件式脚手架拆除前要组织施工人员开展技术交底，以确保施工人员掌握相关的技术要领和操作方法。同时，对拆除脚手架上的杂物与地面的障碍物要提前予以清除干净；扣件式脚手架拆除的工序是自上而下进行的，禁止上下同时拆除。脚手架和连墙件应同时逐层拆除，不允许先拆除部分层数的连墙件再来拆除扣件式脚手架。如果遇到拆除高差大于两步的，需要增设连墙件的加固设施；遇到扣件式脚手架下部拆到最后的一根立杆高度时，要提前搭建临时的抛撑加固，然后再拆去连墙件。如果脚手架分段和分立面进行拆除时，有不需拆除的脚手架两端，需依据规范设立横向斜撑和连墙件予以加固；脚手架架体拆除需要有专人负责指挥，在多人进行拆除操作中，应统一行动并予以明确分工，确保各人有充足的操作面；卸料中各构件配件应按照顺序逐一运送到地面，且按照规定进行检查，禁止随意抛洒到地面上，以免造成构配件的损坏或者对地面人员产生安全威胁。扣件式脚手架拆除的构配件要进行整修和保养，并按照品种分别入库，安排专人进行保管以备下次的继续使用。

三、脚手架工程施工安全管理

（一）脚手架工程施工安全管理重要性

1.提升工程的整体质量

加强脚手架工程施工的安全管理工作有利于保障施工单位脚手架质量符合标准，从而保障整个建筑工程的施工质量，推动建筑工程的顺利进行。同时，其也能保障工程施工在既定的工期内完成，为施工单位带来应有的经济效益。此外，加强脚手架工程施工的安全管理是保障施工人员人身安全的有力举措，还能树立施工单位良好的外在形象，有利于施工单位的长期发展。

2.避免工程施工中的安全事故

虽然我国的建筑工程领域获得显著发展，但脚手架工程施工还存在一定的安全隐患。为保障脚手架工程施工的顺利进行，需要建立健全工程施工安全管理制度，使脚手架工程的一切施工活动都能够在制度的规范下进行。另外，还应提升施工人员的专业素养，定期对脚手架等各项设备展开检查，防患于未然。建筑工程施工单位应当善于反思以及总结，对造成脚手架施工的各项安全事故有着一定的预见性，并积极需求相关的解决途径，从而促进脚手架工程的顺利进行。

（二）加强脚手架工程施工安全管理方法

1.落实安全管理体系要求

建筑工程领域涉及的内容较为广泛，涵盖人类生产生活的方方面面，想要推进建筑工程事业的长效发展，提升建筑工程质量是其中一项关键的内容。对于建筑工程的发展来说，施工安全管理是第一要务，也是一切建筑工程活动发展的基础。脚手架工程是建筑工程领域中不可或缺的一项内容，因此应完善安全管理体系，将安全意识不断融入进脚手架工程的方方面面中，使脚手架工程的发展能够在安全管理制度的规范下进行。另外，要应用科学的管理手段，使得脚手架工程的发展更为有效，从而在根本上保障脚手架工程的安全施工，进而保障整个建筑工程的质量。

2.制定安全管理措施

要想充分落实脚手架工程施工的安全管理工作，需要将建筑工程单位的各项生产安全流程充分应用于实际中，规范工程进展的各项环节，制定合理的安全管理方案。建筑工程单位应加大基础工程事业的资金投入力度，完善安全管理的各项基础性工作流程，重点制定并完善安全管理的具体方案。同时，还应积极购进安全防护基础设施，保障广大工程施工人员的人身安全，做好安全防护的基础性工作，提升工程施工人员的自我保护意识，为施工活动的安全进行做好准备。在实际的施工活动安全管理过程中，部分建筑工程施工单位的安全管理工作具有一定的滞后性，往往在事故发生之后才采取一定的措施进行防范，这也为脚手架工程施工安全的发展带来影响，值得施工单位的重视。

为此，在脚手架工程的施工过程中，需要对脚手架设备的安全系数进行检查，使其能够满足开展建筑工程施工活动的具体要求，重点排查脚手架搭建中存在的安全隐患，并排查影响现场施工环境安全的各项因素。此外，应测试现场施工人员的各项专业素养，以降低安全事故的发生概率，并在整个脚手架工程的施工期间密切关注各项安全管理工作的进展情况。对于在施工中可能发生的安全事故，要求施工人员能够及时采取相应的措施进行止损。平时应注重脚手架设备的日常维护问题，使安全事故发生的概率能够降到最低。

3.完善施工安全管理方案

在脚手架工程的施工进程中，应当深入贯彻执行脚手架施工安全管理的各项规定，并就施工活动中存在的一系列问题寻求积极的解决途径。要想推动脚手架工程施工活动的顺利进行，其中一项重要的举措即为不断完善施工安全管理方案，顺应施工安全管理的各项规定，提升工程施工人员的专业素养，保障其专业性。完善施工安全管理方案可以从以下方面入手进行解决：对于工程施工中的各项环节，都需要充分有效地落实安全生产工作，遵循安全管理的具体要求，提升管理方面的协调性。施工活动的顺利进行离不开安全生产指标的各项内容，应保障安全生产指标顺利完成，培养施工人员的脚手架安全意识，使得建筑工程施工单位能够上下一致，全面贯彻执行脚手架施工安全管理的相关内容。

4.贯彻安全管理制度

合理、完善的施工安全管理制度对于建筑工程的发展而言具有重要意义。建筑工程单位应实施内部管理，在完善脚手架施工安全管理的各项工作内容的同时，建筑工程单位内部各个部门之间要形成相互监督的关系，落实好脚手架施工的安全管理工作，推动整个建筑工程事业稳步向前发展。

5.提高脚手架工程施工的安全技术

脚手架工程施工中的安全技术尤为关键，是影响工程施工的重要因素。合理应用安全技术能够有效减少脚手架施工中的承载量，能带给建筑工程施工活动积极的影响。为避免触电的风险，施工人员在进行脚手架的搭建以及拆除工作时应与电源线路保持一定的距离。

还需要注意的是，尽量不调换拆卸以及安装脚手架的工作人员，使其能够熟悉脚手架的具体工作流程，避免安全事故的发生。工作人员在进行脚手架的安装以及拆卸时，需要规范工作流程，严格遵守各项规章制度，提升安全技术工作的熟练度，规范自身的行为，对废弃材料进行合理处置，保障施工质量能够符合标准。

脚手架施工活动的开展对于整个建筑工程而言具有十分重要的影响，因此也得到了建筑工程施工单位的广泛关注。提升脚手架施工的安全管理水平，是保障工程顺利进行的关键。施工过程中，应不断完善脚手架设备的安全管理工作，提升施工人员的安全意识，将安全管理工作落到实处，促进脚手架工程施工的发展。

第二节　砖砌体工程

砖砌体密实均匀，提高了砌体的承载能力，扩大砖砌体的应用范围。砖砌体施工对于新技术和新工艺而言相对传统，现代建筑工程施工中的应用以逐渐少见。

一、砌筑前准备

选砖：用于清水墙、柱表面的砖，应便叫争气，色泽均匀。砖浇水：砖应提前 1d ~ 2d 浇水湿润，烧结普通砖含水率宜为 10% ~ 15%。校核放线尺寸：砌筑基础前，应用钢尺校核放线尺寸，允许偏差应符合相应规定。选择砌筑方法：宜采用"三一"砌筑法，即一铲灰、一块砖、一揉压的砌筑方法。当采用铺浆法砌筑时，铺浆长度不得超过 750mm，施工期间气温超过 30° 时，铺浆长度不得超过 500mm。设置度数杆：在砖砌体转角处、交接处应设置皮数杆，皮数杆上标明砖皮数、灰缝厚度一级竖向构造的变化部位。皮数杆间距不应大于 15m。在相对两皮数杆上砖上边线处拉准线。清理：清除砌筑部位处所残存的砂浆、杂物等。

二、砖基础的砌筑

砖基础在垫层之上，一般砌筑在混凝土砖基础的下部为大放脚，上部为基础墙，大放脚的宽度为半砖长的整数倍。混凝土垫层厚度一般为 100mm，宽度每边比大放脚最下层宽 10mm。大放脚有等高式和间隔式。等高式大放脚是每砌两皮砖，两边歌手金 1/4 砖长（60mm）；间隔式大放脚是每砌两皮砖及一皮砖，轮流两边各收进 1/4 砖长（60mm）。特别要注意，等高式和间隔式大放脚（不包括基础下面的混凝土垫层）的共同特点是最下层都应为两皮砖筑。砖基础大放脚一般采用一顺一丁砌筑形式，即一皮顺序与一皮丁砖相同，上下皮垂直灰缝相互错开 1/4 砖长（60mm）。砖基础的转角处、交接处，为错缝需要应加砌配砖。砖基础的水平灰缝厚度和垂直灰缝宽度以为 10mm。水平灰缝的砂浆饱满度不得小于80%。砖基础的底标高不相同时，应从低处开始砌筑，并应由低处向高处搭砌，当设计无要求时，搭砌长度不应小于砖基础大放脚的高度。砖基础的转角处和交接处应同时砌筑，当不能同时砌筑时，应留置斜槎（踏步槎）。基础墙的防潮层，当设计无具体要求，宜用1∶2水泥砂浆加适量防水剂铺设，其厚度以为20mm。防潮层位置宜在室内地面标高以下一皮砖（-0.06m）出。砖基础砌筑完成后应该有一定的养护时间，再进行回填土方，回填时砖基础的两边应该同时对称回填，避免砖基础移位或倾覆。

三、砖墙砌筑

砖墙根据其厚度不同，可采用全顺（120mm）、两平一侧（18-mm或300mm）、全丁、一顺一丁、梅花丁或三顺一丁的砌筑形式。砖墙的水平恢复厚度和垂直灰缝宽度宜为10mm，但不应小于8mm，也不应大于12mm。

一砖厚承重墙每层墙的嘴上一皮砖、砖墙的阶台水平面上及挑出层，应采用整砖丁砌。砖墙的转角处、交接处，根据错缝需要应该加砌配砖。

砖墙的水平灰缝砂浆饱满度不得小于80%；垂直灰缝宜采用挤浆或加浆方法，不得出现透明缝、瞎缝和假缝。在墙上留置临时施工洞口，其侧边离交接处墙面不应小于500mm，洞口净宽度不应超过1m。临时施工洞口应做好补砌。

不得在下列墙体或部位设置脚手眼。

（1）半砖墙体。

（2）过梁上与过梁成60°角的三角形范围及过梁净跨度1/2的高度范围内。

（3）宽度小于1m的窗间墙。

（4）墙体门窗洞口两侧200mm和转角处450mm范围内。

（5）梁或梁垫下及其左右500mm范围内。

（6）设计不允许设置脚手眼的部位。

施工脚手眼补砌时，灰缝应填满砂浆，不得用于干砖填塞。设计要求的洞口、管道、沟槽应于砌筑时正确留出或预埋，未经设计同意，不得打凿墙体和在墙体上开凿水平沟槽。宽度超过300mm的洞口上部，应设置钢筋混凝土过梁。砖墙每日砌筑高度不超过1.8m，雨天不得超过1m。砖墙工作段的分段位置，宜设在变形缝、构造柱或门窗洞口处；相邻工作段的砌筑高度不得超过一个楼层高度，也不易大于4m。

四、钢筋砖过梁

钢筋砖过梁的底面为砂浆层，砂浆层厚度不宜小于30mm。砂浆层中应配置钢筋，钢筋直径不应小于5mm，其间距不宜大于120mm，钢筋两端深入墙体内的长度不宜小雨50mm，并会有向上的90°弯钩。钢筋砖过梁砌筑前，应先支设模板，模板中央应略有起拱。砌筑时，宜先铺15mm后的砂浆层，把钢筋放在砂浆层上，使其弯钩向上，然后再铺设 15mm 砂浆层，使钢筋位于 300mm 厚的砂浆层中间。之后，按墙体砌筑形式与墙体同时砌砖。钢筋砖过梁截面计算高度内（7 皮砖高）的砂浆强度不宜低于 M5。钢筋砖过梁的跨度不应超过 1.5m。钢筋砖过梁底部的模板，应在砂浆强度不低于设计强度 50% 时拆除。

五、烧结普通砖砌体的施工质量

烧结普通砖砌体的施工质量只有合格一个等级。烧结普通砖砌体质量合格应达到以下规定：

（1）主控项目应全部符合规定。

（2）一般项目应有 80% 及以上的抽检处符合规定，且偏差值最大在允许偏差值的 150% 以内。

达不到上述规定，则为施工质量不合格。

烧结普通砖砌体的主控项目：砖和砂浆的强度等级必须符合设计要求。抽检数量：每一生产厂家的砖到现场后，按烧结普通砖 15 万块为一验收批，抽检数量为一组。砂浆试块每一检验批且不超过 250m³ 砌体的各种类型及强度等级的砌筑砂浆分别抽检，每台搅拌应至少抽检一次。砖体水平灰缝的砂浆饱满度不得小于 80%。抽检数量：每检验批抽查不应小于 5 处。检验方法：用百格网检查掀起的砖地面与砂浆的粘结痕迹面积。每处检测 3 块砖的粘结痕迹面积（格数）除以 100，取其平均值来测定砌体水平灰缝的砂浆饱满度。砖砌体的转角处和交接处应同时砌筑，严禁无可靠措施的内外墙分开砌筑施工。对不能同时砌筑而又必须留置的砌筑临时间断处应砌成斜槎，斜槎水平投影长度按规定不应小于高度的 2/3。抽检数量：每检验批抽检 20% 的接槎，且不应少于 5 处。检验方法：观察检查。对于非抗震设防一级抗震设防烈度为 6 度、7 度地区的砌筑临时间断处，当不能留斜槎时，除转角处，可留成直槎，但直槎的形状必须做成阳槎。在留直槎处应加设拉结钢筋，拉结钢筋的数量为每 120mm 墙厚防止 1Φ6 拉结钢筋，间距沿墙高不得超过 500mm；埋入长度从留槎处算起每边均不应小于 500，对抗震设防烈度 6 度、7 度的地区的砖混合结构砌体，拉结钢筋长度从留槎处算起每边均不应小于 1000mm；末端应有 90° 弯钩，建议长度 60mm。抽检数量：每检验批抽 20% 接槎，且不应少于 5 处。检验方法：观察和尺量检查。合格标准：留槎正确，拉结钢筋设置数量、直径正确，竖向间距偏差不超过 100mm，留置长度基本符合规定。

六、施工质量控制

（一）砌体灰缝控制

砌体灰缝的砂浆应密实饱满。水平灰缝砂浆饱满度应 ≥80%；竖缝要刮浆适宜，并加浆灌缝，不得出现透明缝、瞎缝和假缝，严禁用水冲浆灌缝。灰缝应做到横平竖直，厚薄均匀。灰缝宽度控制在 10mm 左右，保证灰缝宽度不小于 8mm，也不大于 12mm。为了避免砌筑后发现错误进行砸墙，在砌筑过程中要经常进行自检，如发现有偏差，随时进行纠偏纠正。砌筑方法可进行改进。本工程用的是"煤矸石烧结多孔砖"，砌筑时孔洞应垂直于受力面（孔洞呈垂直），砌砖时把砖放平。该项目采用了刮浆法：先在竖缝上批一层砂浆，然后再砌筑；为了避免砂浆掉入孔洞内，铺水平砂浆时，孔洞先用套板盖住。为了使砌筑时砖的含水率达到要求，砖在砌筑前 1 ~ 2d 先提前浇水，进行湿润。并注意含水率过高（达到饱和状态）的砖也不能用来砌筑。

（二）砌体组砌控制措施

砖砌体的作用是作为非承重结构。砌筑前先进行试摆，用普通粘土砖来补砌不够整砖的位置。砖墙顶部砌筑是重点，施工时调整顶砌的高度，保证顶砌砖是斜顶，同时保证上下端要分别顶在梁底，打灰要严实。砌筑第一皮烧结砖时要进行试摆。排砖摆底按组砌方法先从转角或定位处开始向一侧排砖，内外墙应同时排砖，纵横方向交错搭接，上、下错缝；一般搭砌长度 ≥60mm，错缝 1/2 砖长。排砖时，用普通砖补砌不够半砖的位置。超过半砖的非整砖宜用无齿锯加工制作非整砖块，砖不得用砍凿方法进行打断。

砌砖前先做盘角，盘角不得少于 3 皮砖。及时吊、靠新盘的大角，并修整偏差的位置。挂线砌墙前应再次复查一次盘好后的大角，保证转墙符合平整度和垂直度的要求。为了使水平灰缝能够均匀一致，盘角时应认真与皮数杆的砖层和标高进行对照，控制灰缝大小。

挂线砌墙时，线要挂双面，如果墙太长，一根通线有几个人使用，那么中间就应设立几处支线点。为了使水平缝均匀一致，平直通顺，砌砖时要拉紧小线，防止线出现一层松、一层紧的现象，每层砖都要穿线看平。同时为了利于下道工序的施工，方便控制抹灰厚度，砖墙两面尽量做到平整。当基底标高不在同个平面时，砌砖应从低处开始砌，并由高处向低处搭砌。砌体的转角处和交接处应同时砌筑，当不能同时砌筑时，应按规定留槎、接槎。砌筑高度每天控制在 1.5m 以内，墙体顶部在墙体砌完 14d 后再用实心砖斜砌挤实补砌完成。

（三）构配件、埋设件处控制措施

砌筑多孔砖墙时，用含有木砖的混凝土块来固定门窗。根据洞口高度决定设置的数量，含木砖的混凝土块应提前预制好。一般在洞口上边或下边四皮砖的位置预埋两块含有木砖的混凝土块，中间均匀分布。当洞口高度 < 1.2m 时，每边放 2 块含木砖的混凝土块；高 1.2 ~ 2m 时，每边放 3 块含木砖的混凝土块；高 2 ~ 3m 时，每边放 4 块含木砖的混凝土块。根据实际情况分别处理水电预埋管线。为烧结多孔砖墙体，可以调整摆砖后烧结砖的孔洞用来套装从楼板穿上来的线管。烧结砖的孔洞也可以用来固定从天花板（梁）上穿下来的线管。当线管处于水平走向时，为了保证墙体不被破坏，烧结砖可以立砌；最后把安装好的管线用砂浆固定好。为了避免事后剔凿墙体，应按设计要求，先预留门窗安装的孔洞。同时为了避免拉结筋错放、漏放，应注意按设计要求留置墙体拉结筋的位置，并保证拉结

筋的规格、数量、间距符合要求。宽度超过 300mm 的洞口上部，应设置钢筋混凝土过梁。安装前先检查梁底标高、位置及型号，确认无误后再进行安装。门窗过梁支承处可用实心砖来砌筑，并保证其坐浆饱满。安装过梁时，两端支承长度应保持一样。

（四）构造柱处控制措施

设置有构造柱的墙体，先按照设计图用线弹出构造柱的位置，位置确定后先砌墙再浇筑构造柱。设置构造柱时，要进行留槎，墙体与构造柱连接处砌成先退后进的马牙槎，每一个马牙槎沿高度方向控制在 300mm 以内。按设计要求放置构造柱内的拉结筋，当设计没有具体要求时，在沿墙高 500mm 的位置设置 2 根 Φ6 水平拉结筋，每边深入墙内大于1m。要注意处理顺直构造柱插筋，每一根构造柱，钢筋竖向位移和马牙槎尺寸偏差应＜2处。

第三节　填充墙砌体工程

一、填充墙砌体施工技术发展的意义

填充墙砌体工程施工作为一项建筑工程施工过程当中不可少的一项施工技术应用，其在应用方面有着较多的硬性规定规范，在施工过程中墙体填充墙的建设是整个建筑产业建筑工程施工的依托基础，如果填充墙因为建设施工不过关，将会直接影响后续的施工过程，甚至带来不必要的安全隐患。因而现阶段，探索新的富有成效性科学研究意义的填充墙砌体技术对于提高建筑工程的整体质量安全，有着非常重要的意义。

二、填充墙砌体施工方法

（一）施工要求

第一点，二次结构砌砖必须在结构墙、柱上弹好 +500mm 标高水平线、加气混凝土墙立边线、门口位置线。

第二点，砌筑前 2d，应将加气混凝土砌块及与原结构相接处，用水将它润湿，来保证他们较为优秀的粘连在一起。除了这项应该洒水之外。蒸压加气混凝土砌块砌筑时，也应该大面积的洒水，从而使它连接得较为紧密。

第三点，遇有穿墙管线，应预先核实其位置、尺寸。以预留为主，减少事后剔凿，损害墙体。

第四点，砌筑砖墙上不得有小于砌块长度的 1/3 的砖。最下一层如灰缝厚大于 20mm 时，应用细石混凝土找平铺砌，应用不低于 M2.5 混合砂浆，采取满铺满挤法砌筑，上下皮错缝砌结，转角处相互咬砌搭接。砌块墙的丁字交接处，应使横墙砌块隔皮露头。

第五点，灰缝应横平竖直，砂浆饱满。蒸压加气混凝土砌块砌体水平灰缝厚度不得大于 15mm，竖向灰缝宜用内外临时夹板夹住后灌注。

第六点，砌到接近上层梁、板底部时，应用普通粘土砖斜砌挤紧，砖的倾斜度约 60° 左右，砂浆灰缝必须饱满密实。

第七点，墙体洞口上部应放置钢筋，伸过洞口每边长度不小于 500mm。

第八点，砌块墙与承重墙或柱交接处，应在承重墙或柱内预埋拉结筋，每 500mm 高设一道 2?6 钢筋，伸入砌块墙水平灰缝内不小于 700mm，当墙高大于 3m 时，应加设一水平混凝土带。

第九点，砌块与门口的联结，每砌筑两皮加气砼砖后砌筑一皮预制好埋有木砖或铁件的混凝土块、粘土砖，一般要求按洞口高度 2m 以内每边砌筑三块，洞口高度大于 2m 时，每边砌筑四块。填充墙与承重墙之间进行合理的比较，从而得知：填充墙能够承载的压力不大，

（二）准备过程

第一步，施工的单位及开发商要开启集体会议，共同讨论如何设计和计划，设计好几个简单的应急方案。来应对问题，然后就用一套严格的员工管理制度。实际操作中，每个人员工都必须遵守，一旦出现纰漏，或是出现什么无法预料的后果。追究责任，严惩不贷。第二步开发商应跟操作人员进行沟通，签订合同并当着律师的面进行公正。第四步，要把相关工作人员根据不同地点不同划分，合理分工，一部分人负责一部分方案。把责任细化，到每一个人身上。第五步，施工过程中的安全问题。最后来说一下注意事项，中国 5000 年上下历史的发展中，建筑行业中专业人员的施工安全特别重要，当然不仅仅指的是专业人员，还包括周围居民以及日后居住的居民的安全，所以我们要求我们的专业人员必须有以下几点操作。第一点，进入施工工地一定要佩戴安全帽，穿规定的专业设备，避免高空下掉落物体的砸伤。第二点，禁止工作专业人员在工作时间以外，在工厂里嬉戏打闹。互抛沙子，砖头。第三点，如非工作需要，不要在墙角电梯楼口行走，因为建筑并没有完成其安全性也肯定不能保障。第四点，针对周围居民，因在建筑周围拉上警示线。提醒周围居民此处正在施工，被他们的安全着想，不要到周边以及内部疯打闹，散步，玩耍。第五点，工作人员务必不要带孩子到工地玩耍。避免因突发事故所造成的伤害。第六步，我们在运用技术之前，应该优先考虑周围的地理环境，天气状况，做到未雨绸缪。在实际操作之前，人应先到建筑工地进行考察。观察周围的地质情况，环境问题，天气状况，以及近几年所发生的自然现象，然后有专业人员制定一系列计划。并且再施工前应召开相关会议，讨论一个最适合的方案，全票通过后，进行预算估计，要既保证利润，又保证质量。一旦出现地震，海啸，台风等不可估计的因素时，要有充分的应对方案。开始施工时，要保证模板的每一环节严谨，牢固。防止杜绝因为工作的失误而出现不可挽救的惨案。再施工时要安排有经验，资历老的专业人员，一旦施工过程中出现意外，切记不要自行处理，要咨

询相关教授，然后由教授上报高层，高层开会处理。第七步，在保证施工期的基础上。也要保证建筑的质量，不要盲目赶工，如果实在无法预计完成。应该与建筑商联系，承担一定的责任，毕竟，保持建筑的重量是极其重要的。应短期时间内不要拆除防护网，使人们意识到安全的重要性。总之，最好的方法是只要保证按时完成，又要保证质量最好，还有是开发商的利润最大化。

（三）砌体施工工艺技巧

第一点，砌筑前，提前将结合部位润湿、凿毛，以保证粘结牢固。

第二点，砌筑砂浆应采用中砂，严禁使用细砂和混合粉。砌筑砂浆应随拌随用，严禁在砌筑现场加水二次拌制。

第三点，.砌体施工时为了保证处在水平位置。一定要在它的两侧悬挂挂线。是他们一直处于竖直方向垂直，从而保证楼体的垂直。

第四点，墙体底部砖宜采用"三一"法砌筑丁砖，灰缝厚度为10mm，如墙体底部凹凸不平，可适当以C20细石混凝土找平。当采用铺浆法砌筑时铺浆长度不得超过750mm，气温超过30℃时不得超过500mm，冬季施工时铺浆长度不得超过500mm。

（四）填充墙砌体工程技巧

在冬天工作时，温度较为低，所以，我们要增加热度，把原材料用热水浸润，当达到正常温度时进行配备。在对混凝土进行配备时，水沙比例一定要配备好，不能出现结块等危险问题。进行暖棚设置时，应该靠近各个工点，在为砂浆短距离运输提供保障，避免倒运和积存的同时，也可以兼作砌体养生用。注意好周围的保暖措施，避免因为温度不合适而造成无法挽回的悲剧。

三、蒸压加气混凝土砌块填充墙控裂防渗技术

加气混凝土砌块作为一种新型材料在墙体建筑中得到了广泛的应用，具有较强的经济性和高效性，采用蒸压和填充墙技术能够有效降低裂缝、渗漏问题，使建筑物更加美观，也使其质量及使用寿命能够得到切实保障。

（一）砌筑工艺技术措施

为了在砌筑砂浆过程中，由于砌块吸水对强度产生的不良影响，在材料可以选择粘附力较强、相容性良好的微膨胀气硬F-I型石膏作为胶凝材料，并且将M5石膏石灰混入其中。

砌筑工作前，应将砌筑面的灰尘等利用喷雾器进行清除，并且保障表面的湿润，使表层30mm深处的含水率处于10%～15%的范围内。在砂浆稠度方面，通常为80～100mm，对于水平缝隙来说，利用平铺揉动挤压的方式，每砌一块便需要对应铺一次灰；对于竖向缝隙来说，利用护浆卡对缝隙进行砌筑，并用捣实砂浆法进行施工。在具

体砌筑的过程中，将砌体与框架柱之间的节点缝隙利用砂浆进行填实之后，每侧划入大约 30mm 深；5 皮砌块为一组，利用嵌缝抹子将内外缝隙中的原浆填实，使毛细孔被封闭。针对门窗等墙体，由于其砌块并非完整，可以使用无齿锯的方式，将其进行切割，不能直接利用拈土砖进行填补。当砌到距离框架梁底部大约 130mm 处时，应停止施工，并在 30d 之后利用 60 度角斜砌的方式，并且在梁底节点处划入大约 30mm 深。当砌块墙长与层高相比超过 2 倍时，在墙长的二分之一处设置构造柱，将砌块切割为阳槎，并且将构造柱与框架梁之间刚性的节点转表为柔性节点，防止出现开裂变形。部分墙体中需要进行电气管道的预埋，可以在砌体砂浆的强度符合规定标准之后，采用无齿锯切槽的方式进行施工，并保证深度与管道的直径相比大于 10mm，将配管在切槽中进行固定，利用 1：2 的石膏砂浆填实。对于经过墙体的通风管道来说，在砌筑的过程中需要预留出洞口；对于消防系统等管道，需要经过墙体时，需要利用成孔机进行打孔，并且设置钢套和防水网，避免出现渗漏等问题。

（二）内墙抹灰技术措施

1. 基层处理

在实施抹灰工作的前两天，需要对基层表面进行冲洗，使墙面上的浮灰、杂质等被冲刷干净，并且使墙面的深水度达到 8 ~ 10mm，含水率保持在 10% 左右，值得注意的是在抹灰时，基层表面不得存在水珠。

2. 内墙抹灰工艺

在加气混凝体砌块之前，在其表面涂抹处理剂，这样能够使抹灰层的粘结力极大的提升，而且还能够形成一道保护层，防止砌块吸收低灰中的水分，有利于确保砂浆中水泥水分的重组，并且提升砂浆的粘结力以及强度。在采用界面处理剂进行粉刷之前，需要利用水将其调节成糊状，使水灰的比例为 1：3。同时，保持墙面处于合理的湿润状态，对其涂抹界面剂，涂抹完毕后需要养护 3d，以此来提升其强度，养护过后便可以对其抹灰，主要采用 1：1：6 的石灰水泥混合砂浆分层的方式来实现。

（三）外墙抹灰技术措施

对墙面进行冲洗去污，利用 T920 纤维网对墙与柱墙、梁节点之间的缝隙进行处理，每边搭压的宽度都应超过 100mm，然后利用喷雾器对墙体进行加湿处理，当水珠被风干之后利用空气泵对界面进行喷涂，界面处理剂的调配为 1：1 的水泥砂浆，然后等待 24h，再利用 1：0.1：3 的水泥、粉煤灰以及中砂对其进行涂抹，分为两次进行打底和找平。当处于常温状态下，对低灰进行喷水时没有发生起皮状态，则可以实施养护，主要使用涂抹养护剂的方式来实现，养护时间通常为 7d。

在面层上主要采用 1：0.08：2.5 的水泥、粉煤灰、中砂的砂浆，抹灰的厚度应保持在 5mm 以内，将原浆压实之后涂抹光滑，养护的方式上与打底灰一致。如若面层的材料为粘贴板块时,可以利用 T920 建筑胶为结合层,并且按照相关规定标准进行施工,以此来有效避免和减少防渗抗裂问题的发生。

另外,对于外墙抹灰方面的施工,在基层处理与操作规定上与内墙大致相同,在墙与柱、梁之间的灰缝处,可以采用钢丝网,保障每边的搭接宽度都处于 100 ~ 120mm 范围内,并且将其固定。固定完毕之后采用 1 : 1.5 的水泥砂浆对钢丝网进行涂抹,使其表面平整光滑,经过 24h 养护之后,便可以对外墙进行大面积的施工,采用分层的方式进行涂抹和找平,需要注意的是砂浆总体厚度应保持在 10 ~ 15mm 范围以内。

第八章 防水工程施工

第一节 地下防水工程

一、地下防水工程渗漏及防治

（一）渗漏部位及原因

1. 防水混凝土结构渗漏的部位及原因

由于模板表面粗糙或清理不干净，模板浇水湿润不够，脱模剂涂刷不均匀，接缝不严，振捣混凝土不密实等原因，防止混凝土出现蜂窝、孔洞、麻面、引起地下水渗漏。

墙板和底板，以及墙板和墙板之间的施工缝留置不当，施工缝内杂物清理不干净，新旧混凝土之间形成夹层，地下水沿施工缝渗入。由于混凝土中砂石含泥量大，养护不及时等，产生干缩和温度裂缝，造成渗漏水。

混凝土内的预埋件表面没有认真清理，对周围混凝土振捣不密实，埋件与混凝土粘结不严密而产生缝隙，致使地下水渗入。由于穿墙管道未设置止水法兰盘，管道未作认真处理，使周围混凝土与管道粘结不严，造成渗漏水。

2. 卷材防水层渗漏部位及原因

由于保护墙和地下工程主体结构沉降不同，防水卷材粘在保护墙上后，卷材被撕裂而造成漏水。

卷材的压力和搭接接头宽度不够，搭接不严，有的甚至在搭接处张口而造成渗漏。结构转交处卷材铺贴不严实，后浇或后砌结构时，卷材被破坏而产生渗漏。

由于卷材韧性较差，结构不均匀沉降时卷材被破坏而产生渗漏。由于管道处的卷材与管道粘结不严，出现张口翘边现象，地下水沿此处进入室内，产生渗漏。

3.变形缝处渗漏原因

止水带固定方法不当，埋设位置不准确或在浇筑混凝土时被挤动。止水带两翼的混凝土包裹不严，特别是底板止水带下面的混凝土振捣不实。钢筋过密，浇筑混凝土时下料和振捣不当，造成止水带周围骨料集中、混凝土离析，产生蜂窝、麻面，这种情况在下部转角部位更为严重。混凝土分层浇筑前，止水带周围的木屑杂物等未清理干净，混凝土中形成薄弱的夹层，造成渗漏。

变形缝的施工为避免止水带局部出现卷边或接头粘接不牢，在施工中应采取以下几项措施：选购止水带时应按图纸要求选购长度能够满足底板加两侧墙板的长度尺寸最好采用热挤压粘结方法，以保证粘结效果；止水带安装过程中的支模和其他工序施工中，要注意不应有金属一类的硬物损伤止水带；浇注混凝土时，应先将底板处的止水带下侧混凝土振捣密实，并密切注意止水带有无上翘现象；为便于施工，变形缝中填塞的衬垫材料应改用聚苯乙烯泡沫塑料板或沥青浸泡过的木丝板。

（二）堵漏技术

对防水混凝土工程的修补堵漏，通常采用的方法是用促凝剂和水泥拌制而成的快凝水泥胶浆，进行快速堵漏或大面积修补。近年来，采用膨胀水泥（或掺膨胀剂）作为防水修补材料，其抗渗堵漏效果更好。对混凝土的微小裂缝，采用化学灌浆堵漏技术。

1.快硬性水泥胶浆堵漏法

堵漏材料。快凝水泥胶浆一般由促凝剂和水泥拌制而成。配制时按配合比先把定量的水加热至100℃，然后将硫酸铜和重铬酸钾倒入水中，继续加热并不断搅拌至完全溶解后，冷却至30~40℃。再将此溶液倒入称量好的水玻璃液体中，搅拌均匀，静置半小时后就可使用。

快凝水泥胶浆的配合比是水泥：促凝剂为1∶0.5~1∶0.6。由于这种胶浆凝固快（一般1min左右就凝固），使用时，注意随拌，随用。堵漏方法。地下防水工程的渗漏水情况比较复杂，堵漏的方法也较多。因此，在选用堵漏方法时，必须因地制宜，根据具体情况确定。常用的堵漏方法有堵塞法和抹面法。

2.化学灌浆堵漏法

氯凝是一种新型灌浆堵漏材料。它的主体成分是以多异氰酸脂与含羟基的化合物（聚酯、聚醚）制成的预聚体。使用前，在预聚体内掺入一定量的副剂（表面活性剂、乳化剂、增塑剂、溶剂与催化剂等），搅拌均匀即配置成氰凝浆液。氰凝浆液不遇水不发生化学反应，稳定性好；当浆液灌入漏水部位后，立即与水发生化学反应，生成不溶于水的凝胶体；同时释放二氧化碳气体，使浆液发泡膨胀，向四周渗透扩散直至反应结束。

丙凝浆液也是一种化学灌浆材料。它由双组分（甲溶液和乙溶液）组成。甲溶液是丙烯酰胺和N-N'-甲撑双丙烯酰铵及B-二甲胺基丙晴的混合溶液。乙溶液是过硫酸铵的水溶液。两者混合后很快形成不溶于水的高分子硬性凝胶，这种凝胶可以封密结构裂缝，从而达到堵漏的目的。灌浆堵漏施工，可分为对混凝土表面处理、布置灌浆孔、埋设灌浆嘴、封闭漏水部位、压水试验、灌浆、封孔等工序。灌浆孔的间距一般为1m左右，并要交错布置；灌浆嘴的埋设；灌浆结束，待浆液固化后，拔出灌浆嘴并用水泥砂浆封固灌浆孔。实践表明：化学灌浆堵漏是砼缺陷修复的一利，有效的施工方法，它具有简单、方便、快速、有效等诸多优点，不仅可以起到防渗堵漏的作用，而且还有一定的结构补强加固作用。

二、地下防水工程设计

（一）地下防水工程防水等级合理确定

确定工程的防水等级是进行防水设计的准则和依据。根据国家现行规范《地下工程防水技术规范》，防水等级分为四级，根据工程的重要性、使用功能、使用年限、水文地质、环境条件、结构形式、施工方法、材料性能以及使用中对防水的要求，按照不同防水等级进行防水设防.防水混凝土加一种或两种其他防水材料（如：防水卷材和防水涂料）是工程防水经常采用的防水形式。

（二）地下防水工程设计原则

地下工程防水的设计及施工应遵循"防、排、截、堵相结合，刚柔相济，因地制宜，综合治理"的原则。在实际设计与施工过程中，对于地下车库建筑工程，"疏、通"的防水原则更为突出。"疏"即为疏导，在有水的地方把水按照人为的设计方向进行疏导，该原则多用于种植屋面对地面渗透水的疏导。"通"即为通畅，在所有防水措施中应确保水流方向通畅，不能出现聚水、堵塞等现象。对于地下工程的不同部位，采用相应的设计原则进行防水设计，选择不同的构造措施意义重大。

（三）地下防水工程材料选择

根据《地下工程防水技术规范》设防要求，选用防水材料不少于两道防水。第一道为防水混凝土，第二道为其他防水材料。选择第二道防水材料时，一是选用国家相关部门经过检验合格的产品；二是选用能够满足工程实际需要的材料；三是尽可能使用新型材料，如新型防水材料和防水涂料。根据实际案例分析，防水卷材"聚乙烯丙纶复合防水材料"有断裂拉伸强度高、耐腐蚀性好、抗弯折性能、柔韧性较好等其他防水材料不具有的优点。该类材料易于弯曲、转角，不仅在管根、雨水口等防水薄弱环节易于施工，同时具有较高抗植物根系穿刺能力。

（四）地下防水工程部位设计

防水层是一个连续且封闭的整体，在设计及施工过程中，不能有空鼓、裂缝等导致渗水漏水的缺陷。在地下工程防水设计中，主要体现在工程基础部位防水、工程墙身部位防水、工程顶板部位防水以及工程构造节点防水［5］。工程基础部位防水是整个工程的重要部分，是工程的最下部位且为隐蔽工程。因受到外部水的压力较大，须以"防"为主，具体应用中应采用防水材料与混凝土防水板相结合的形式设防。同时，地下车库的施工往往是大开挖形式，基底面积较大，在施工过程中要求防水材料垫层的平整度和洁净度高，要求做好防水材料的铺设、搭接和保护。

工程墙身部位防水要以"防、排、堵"为主，一是采用防水材料与防水混凝土相结合的形式设防；二是在外墙低于基础标高外设置盲沟外排，引导地下水或地表渗水排至设计管网；三是在施工后期结构构件上的施工预留洞位置处，在粘贴防水层前必须进行封堵，以保证防水混凝土的完整性。工程顶板部位防水要以"疏、通、截"为主，以"防"为辅。顶板上的水主要是地表水通过土层渗透至板顶，对于超大面积车库板顶需要进行有组织引导排水。首先是截流地面道路上的水，防止其渗透到地下土层；第二是疏导地面绿化中渗透到地下土层的水，有序引导水流通过截水板、盲沟排放至排水口；第三是通过设备措施对内排水流的合理疏泄。

工程构造节点防水措施的分析。一是建议在设计中已经注意到容易出现防水材料裂缝现象的部位，采取相应的构造措施加强防水效果；二是建议在容易出现渗水现象的工程薄弱部位。预埋件、穿墙管、后浇带等，必须采取加强加固措施；三是做好变形缝、施工缝构造节点的细部处理。变形缝的渗漏问题一直是地下工程的通病之一，这就要求工程设计师充分了解结构构造，在处理变形缝防水措施上更加重视，由单一式的防水设计改为复合式防水设计。施工缝的防水设计，在传统设计中通常采用凹缝、凸缝、阶梯缝、钢板（橡胶）止水带，其设计原理就是延长了渗水线路，等于加大了混凝土的厚度，并且是单一式防水模式，不再提倡单独使用。建议在地下工程防水设计中变形缝、施工缝的设计尽量考虑不设或少设置，如确需必要，宜采用工艺较为先进的复合式防水模式。

（五）地下防水工程排水设计

地下防水工程排水在工程最末端结点处，但却属重中之重。尤其遇见地下水位较高的环境，地下工程长期水中侵蚀，同时预防外墙渗进的地下水二次加重的潜在，排水方案更需科学布设。建议结合防排结合的原则，一是通过永久性自动排水系统将渗入室内的水排至集水坑，再通过自动感应水泵设施排至室外管道；二是根据地下工程中的制冷机房、水泵房、水池等有水作业的场所限制和工作面，科学设置地面防水、排水沟，有序汇入集水坑及外排。

三、地下防水工程技术

（一）建筑地下防水施工技术的特点

建筑地下工程施工中需要采用多种防水材料来进行基桩桩头防水施工，所以建筑地下防水施工技术已经打破了常规图集标准的做法，技术人员需要结合地下工程实际情况来对其进行创新，避免套用其他地下防水施工技术而出现质量缺陷问题。建筑地下工程防水施工中一般采用水泥基渗透结晶型防水材料或聚硫嵌缝膏等，所以技术人员往往需要通过对地下工程地质水文条件的分析，来确定出防水工程施工中将要采用的材料，确保防水材料可以在最大限度上满足防水施工要求。由于建筑地下工程基桩桩头设计工作完成后往往会留下一些大量的浇带，尤其是控制点底板与外墙后用于防水处理的浇带，其一般都是通过采用多种防水材料来实现复合防水的目的，所以施工单位要对该类浇带进行严格的质量控制。某些建筑地下工程施工中往往需要采用超前止水法，这是因为该类施工场地下的地下水位相对较高，如果施工单位在底板结构后浇带中不采用超前止水法则会导致其质量受到严重限制，进而会对建筑产品最终的施工质量及综合性能产生极大影响。施工单位在建筑地下工程中针对基桩桩头和外墙的防水施工，一般都是以 4+4mm Ⅱ型聚酯胎 SBS 作为主要的防水卷材，这样可以帮助施工单位进一步提高地下工程防水施工质量。建筑地下工程中有关底板防水卷材、外墙防水卷材的施工中，都是采用满粘法来将其分别粘合到基础垫层与外墙基础垫层上，而针对导墙卷材和基层的防水施工中则要采用点粘法，这样可以进一步提高各类防水卷材在使用中的结构变形能力，对进一步提高建筑工程地下防水施工质量有着重要作用。

（二）建筑地下防水工程主要施工技术

1. 控制混凝土出料温度与入模温度

减小地下室外墙混凝土在连续浇筑过程中的温升幅度与成型后混凝土内外部温差对控制裂缝的产生起到至关重要的作用，因此，控制混凝土拌和料的出料温度与入模温度很重要。在混凝土拌和料中，石子热容最小，但所占比例最大，水的热容最大，但所占比例受到严格控制，因此对温度影响最大的拌和料是石子与水。

为有效降低出料温度，可采取降低石子温度与水温的措施，例如为砂石料搭设简易遮阳装置，加冰块降温，采用掺有冰块的水作为搅拌用水，混凝土浇筑时间尽量安排在低温季节或夜间施工等措施。

2. 防水卷材的施工技术

涂刷胶粘剂应严格按照操作要求。施工防水卷材的基层处理，不得出现空白，不得进行二次涂刷，保证均匀一致，严格控制好其厚度；此外，要及时检查防水工程中的管道和埋件，在进行表面涂刷时避免对已埋物件的损坏。

防水卷材在施工时要做好工作前的准备方案；在完工后要对施工完成后进行二次检查；做好防水层工作之后，要避免长时间的日光暴晒，应用遮蔽物将工程遮蔽；在特殊的位置，可以延长遮盖时间；此外，在防水卷材施工中，还要注意涂刷一次性到位，并及时检查。

3.混凝土防水法

混凝土自身的防水性能是通过调节材料的配合比以及施工技术两个方面进行的，只要施工材料的配合比合理，在施工的过程中，施工技术使用得当，混凝土就会具有较好的抗渗性以及耐久性。但是，混凝土的抗拉强度较低，在施工中，承受变形影响的能力较差，容易因为收缩裂缝而影响整体的效果，导致混凝土的内部出现空隙，从而形成渗水通道。为了能够更好地提升混凝土抗水性能，在施工中，必须加强对施工材料配合比、搅拌速度、施工技术、养护管理方面的重视。混凝土搅拌的过程中，需要尽量降低水灰比以及用水量，当水灰比控制在50%以下并且需要降低用水量的时候，不仅会降低混凝土自身的透水性，还会降低混凝土的收缩性能；在进行混凝土施工的时候，混凝土浇筑需要进行适当的夯实，有效地降低混凝土内部的空隙，提升混凝土密实度，有效地降低混凝土出现裂缝的概率，提升混凝土抗水性能；在施工的过程中，尽量降低施工缝的出现，如果需要设置施工缝，那么在施工缝的位置也应该进行防水处理。在工程建设的过程中，影响混凝土防水施工质量的原因有很多，比如，在很多环节施工的过程中，如果出现质量问题就可能会影响地下工程的防水。比如，地下工程防水层的设计、施工裂缝的处理、收口与铺面保护施工是否正确；施工所使用材料的选择与配置是否存在问题；防水建筑材料的搬运、储藏、管理是否存在失误；在施工的过程中是否按照施工顺序进行，施工技术的使用是否得当等等。地下防水工程施工质量不仅需要施工人员与厂商加强重视，也需要施工监理人员和建设单位在施工过程中对其进行严格监督。也需要施工监理人员和建设单位在施工过程中对其进行严格监督。

四、地下防水施工质量控制

（一）建筑工程地下防水施工质量控制的重要性

本书首先对建筑工程地下防水施工技术在具体应用中的特点进行了简要分析，通过各类防水施工技术我们可以看出地下工程防水施工是一项较为复杂的工程，但是在建筑产品施工中施工单位往往会忽略地下防水施工质量控制工作，这是因为建筑地下防水施工在整个工程中属于一个隐蔽工程项目，所以很难得到监理单位、质量监督机构的重视。施工单位在建筑工程实践阶段管理人员也疏于管理，导致地下防水施工技术应用中存在较大的弊端与不足，最终导致其在施工阶段出现诸多质量缺陷问题，但是施工单位如果要对其进行返工则会导致其成本上升，甚至会导致整个建筑工程项目在规定工期内无法顺利完工，所以大部分工程都严重匮乏对地下防水施工质量的控制。

本书在调查研究中发现大部分施工人员都不具备防水施工技术经验，甚至其在地下工程实践阶段对防水施工没有一个准确认识，导致部分建筑工程地下防水施工没有遵循相关技术标准与实施细则进行施工，最终导致这一部分建筑产品在使用阶段因防水施工质量缺陷而发生渗水问题。建筑工程地下室防水工程施工质量决定了建筑物的安全性、耐久性以及使用寿命，与地上建筑防水工程相比地下防水工程的质量要求更高一些，如果因为地下防水施工质量缺陷而导致其产生渗水现象，则会导致建筑物围护栏结构中的钢筋受到腐蚀，进而导致建筑产品在使用阶段其整体围护结构的综合性能不断下降，所以施工单位在建筑工程地下防水施工中要采取合理的技术措施对其质量进行控制。

（二）建筑工程地下防水施工的质量控制措施

本书结合建筑工程地下防水施工技术特点提出以下多种质量控制措施：

1.设计阶段的质量控制措施

建筑地下工程设计方案的合理性、可行性将会对决定其防水施工质量，所以在建筑工程设计阶段我们便要对地下防水工程质量进行控制，设计单位需要在业主方提供的地下室防水功能、防水抗渗等级以及抗渗构造（如在地下室底板设置后浇带，后浇带宽度一般为80cm宽和在底板与外墙交接处高于底板20cm处设3mm厚的止水钢板）的基础上，对建筑物地下室的整体结构进行设计，设计人员在设计阶段要充分考虑地下工程的防水与排水措施，如设置盲沟和集水坑等，以减少地下水对地下室的浮托作用，或者通过多道设防的方式来满足地下室整体结构对防水功能的需求，避免因设计缺陷而导致建筑地下防水施工出现薄弱环节，确保建筑工程建设目标的顺利实现。

2.施工阶段的质量控制措施

本书认为施工单位应通过以下几个方面对建筑工程地下防水施工质量进行控制：

（1）关于建筑工程地下防水施工材料的质量控制。防水混凝土、防水卷材等施工材料，是建筑地下防水工程施工阶段的主要材料，防水材料质量也在很大程度上决定了工程最终防水性能，所以施工单位要通过合理措施对材料质量进行控制。工程管理人员要通过对材料采购、进场验收、储存以及使用等多个环节控制，来确保进场的防水材料都能满足建筑地下防水工程施工要求。

（2）关于建筑工程结构施工的质量控制。防水混凝土结构施工决定了建筑地下工程整体防水性能，所以要求施工单位防水混凝土施工中要通过抗渗性实验等，来确定出防水混凝土混合料生产过程中的原材料配比，技术人员在防渗混凝土生产中要高度关注粗细骨料级配问题，确保其达到设计抗渗性标准后才能进行结构施工。混凝土结构在浇筑施工中施工人员要避免其产生裂缝等常见质量通病，所以施工单位一般可以通过采用降低混凝土入模温度、设置施工缝等多种施工技术，并且在混凝土浇筑施工中施工人员应对振捣施工质量进行控制，在分层浇筑施工中要通过二次振捣来进一步提高混凝土结构的密实度，避免防渗混凝土在浇筑施工中产生离析现象，在砼初凝前用抹浆机对地下室底板砼进行磋毛压平，可减少砼裂缝。施工单位在防水混凝土结构浇筑施工结束后要对保养工序进行控制，通过合理化混凝土养护时间（地下室底板抗渗砼养护时间一般不少于14天）与次数来进一步提高养护施工质量，或者根据混凝土实际情况来适当延长养护和拆模时间。

3.地下防水施工细部构造的质量控制措施

对于建筑地下工程来说其在本质上属于隐蔽工程，而一些较为特殊的施工部位往往容易产生渗水或漏水现象，所以本书认为施工单位要对该类部位进行质量控制，避免建筑地下防水工程质量无法满足建筑产品的使用要求。

（1）有关地下防水工程施工缝处理的质量控制。现代建筑行业技术标准要求防水混凝土底板结构不宜设置施工缝，通过连续浇筑成型来提高其整体防水性能，如果工程特点要求其必须设置施工缝则要将受力或变形较小处作为主要选择位置，在两侧混凝土浇筑施工结束后要采用防水膨胀混凝土对其进行浇筑。再者，地下室外墙的施工缝一般都是在高于底板 200mm 进行设置，而施工缝的形式也主要以水平施工缝为主，为了满足整个建筑地下室防水设计标准要求，施工缝在预设中要合理留置一些沉降缝、后浇带处等，技术人员要避免其在受剪力最大的位置预设施工缝，这对进一步提高建筑工程地下防水施工质量有着十分重要的现实意义，而对于后浇带的做法，则可采用高于地下室底板砼一级的砼进行浇筑，且必须为补偿性微膨胀砼，微膨胀剂的掺量一般为水泥用量的 12%。

（2）有关地下防水工程围护结构的质量控制。建筑地下室防水工程中围护结构的穿墙螺栓是一个薄弱点，如果施工单位没有对其进行特殊处理则会降低防水性能，所以施工人员应在螺栓根部砸出一个大约 20mm 的缺口，然后使用氧炔焰将螺栓露出的部分进行切割，并采用沥青涂抹后再用防水砂浆将整个缺口进行封闭抹平处理。

（3）有关地下防水工程穿墙管部位的质量控制。建筑地下防水工程施工中给电气、排水等系统预留的洞口或管道也是一个薄弱环节，所以在混凝土浇筑施工中要合理设置预留套管，套管外部与混凝土结构基础部位应采用止水环进行处理，套管内部与管道之间的施工过程中应采用膨胀止水带进行处理。

第二节　屋面与室内防水施工

一、卷材防水屋面施工

防水卷材是指通过沥青类或者高分子类防水材料浸渍在胎体上从而制作成以卷材形式的防水材料。其主要应用于屋面的防水铺设，施工要严格按照 GB5027-2002（屋面工程质量验收规范）进行，该规范对施工过程中的找平层、防水层和保护层都有相应的规定。所以防水卷材的质量和防水施工技术在实际应用中都应得到应有的重视。

（一）对防水卷材的要求

在建设防水屋面时，对于使用防水卷材是很重要的，其中选择质量优良的材料更加重要，除了考虑质量问题，我们还需要根据施工工艺和图纸进行合理搭配。目前市场上比较常见的防水材料有：高分子合成材料、沥青防水卷材等，这些材料性能不一，所以一定要根据房屋的实际情况进行选择，才可以保证屋面的防水性能达到高标准。为了对防水卷材做出良好的选择，下面将对防水卷材的性能做出分析：一是防水性，对于防水卷材来说，防水性能一定是重中之重。房屋做防水施工是为了抵御外界雨水或地下水的渗漏，这要求防水卷材在水的作用下保持不渗漏，并且经过水的浸润其性能不发生改变，通常用不透水性和吸水性作为防水性能的指标。二是密封性，防水的基础层一般都会有许多缝隙和小孔，经过长期的使用裂缝可能还会变大影响防水的性能，这需要防水卷材对这些缝隙和小孔起到封闭的作用，保证防水层和其找平层可以粘连在一起，进行密封处理。三是防水卷材需要有一定的柔韧性，要保证在铺设的时候不会轻易破裂，并可以保持自然状态，达到最好的防水效果。四是耐用性，铺设防水卷材的目的除了要防止外界水对屋面产生的影响，也是为了保证楼面的使用年限，一旦防水卷材的耐用性不够，就不能长期的抵御外界因素对楼面的影响，如果由于这种原因导致楼面受到损害就得不偿失了，所以耐用性也是考核防水卷材的重要指标。

（二）卷材防水的施工技术

卷材防水施工的顺序为找平层、防水层和保护层。其中找平层作为防水施工的基础层，而保护层作为防水施工的巩固层，这三者对防水施工产生的作用都非同小可，有任何一个层面的技术不达标就会严重影响防水的效果。

1.找平层

找平层意义重大，是铺设防水卷材的基层，能够为防水卷材提供一个强度大、粘接牢固，而且密实平整的构造基础，所以找平层必须平整结实，不能出现起砂和尖角的情况。为了保证卷材防水施工的铺贴质量，对找平层施工技术做出了以下的要求：强度要求，找平层是介于结构层和防水层中间的过度层面，它既要承受来自下层设计的影响，又要承受上层的施工影响，所以找平层必须具有高强度并且耐抗裂。建筑中一般用 $1:2.5 \sim 1:3$ 的水泥砂浆做成。施工中要严格地控制水和灰的比例，防止造成起砂裂纹等现象。平整度的要求，如果平整度不够，有凹凸情况出现，那么凹下去的部分将积聚雨水和灰尘等，凸起部分将受到更多外力冲击，这对卷材防水材料的耐用性有很大影响，所以要求找平层表面平整允许的偏差为5mm，空隙应平缓变化，每米内只允许有一处。坡度影响着水是否可以及时流出，如果出现存水的情况会导致卷材防水材料软化，加快其老化的速度。对于找平层表面的要求也很重要，因为它直接影响着防水层是否会黏合牢靠，是否达到密封水平。在这些因素的影响下，要求在找平层施工的时候可以尽量做到细致，避免由于工序不达标而造成的损失。

2.防水层

卷材的防水层主要有两种施工方法：外防外贴法和外防内贴法。外防外贴法是将防水层直接铺设在需要防水的屋面外侧，找平层基本干燥之后，就可以根据所选卷材的施工要求进行防水层的铺设。在铺设防水卷材之前，应该在转角处先粘贴一层卷材，保证防水的密封性，然后先铺平面后铺立面。外防外贴法的主要优点是由于防水材料直接贴在屋面的外表，所以很少受屋体结构变化的影响，而且在浇筑混凝土的时候不会对防水层造成损坏，使用寿命也相对较长。缺点是外防外贴法的工序比较多，工作时间长，需要消耗的人力资源较大。而且卷材的接头处不容易保护，影响防水层质量。

外防内贴法是指在浇筑混凝土，砌好永久保护墙之后，将卷材铺设在永久保护墙上。这种施工方式工序简便，工期短，而且节约外墙外侧的模板，可以连续铺贴，保证防水层质量。其缺点就是一旦屋体的结构发生变形，防水层也将受到很大的影响，可能产生破裂漏水的现象等。这两种防水层铺设方式各有利弊，需要在实际情况中进行综合分析再决定采用哪种方式施工。

3.保护层

施工后应该采用必要的保护措施对卷材防水屋面进行防护，底板垫层、侧墙和顶板部位卷材防水层，铺贴完成后应作保护层，防止后续施工将其损坏，也可以减少温度、紫外线、腐蚀性物质、有害气体对卷材的侵扰，有利于卷材防水屋面寿命的延长。如果保护层可以大力度的减少外界因素对防水层的伤害，那防水施工的寿命将会得到大幅度提升。合理的选择屋面卷材防水层的保护形式并进行保护层施工的结果是，可以将防水施工的寿命延长一倍至数倍。因此，在屋面卷材防水层上做保护层是合理的必要的。

卷材防水保护层规定：顶板的细石混凝土保护层与防水层之间可以设置隔离层；底板的细石混凝土保护层厚度应大于50mm；侧墙宜采用聚苯乙烯泡沫塑料保护层，或砌砖保护墙和铺抹30mm厚水泥砂浆。其中由于顶板保护层要注意器械的回填碾压，所以要求细石混凝土保护层的厚度应大于70mm。而且顶板的细石混凝土保护层应该与防水层之间还有隔离层，防止保护层的伸缩对防水层造成影响。在砌筑保护墙时，保护墙与侧墙中间会出现空隙，要在砌筑保护墙的同时填实空隙，避免因保护层施工不当对防水效果造成影响。

（三）卷材防水施工技术的完善方法

1.提高屋面防水施工的设计

设计防水层应考虑到基础、结构、屋面基层。结构的变形会导致防水层的开裂，当地基沉降在允许范围内是，屋面防水层的整体性受沉降变形与温差变形叠加的控制，总变形超过防水层的延伸极限就会造成开裂而漏水，因此，不同的地基、基础形式应采用不同的设防。对卷材防水施工设计的主要目的就是为了使其形成完整的防水层，不会因为基础或者结构等使防水效果减弱。在进行防水施工设计时，应该保证在一定年限内的使用效果，充分考虑材料的选择、报价以及对施工时可能产生的问题进行分析。

2. 严格控制施工过程中的质量

（1）检查卷材以及主要配件材料的出厂合格证、质量检验报告等，并进行现场抽查。在产品质量好的前提下，才有可能使施工发挥出更好的效果；（2）严格控制在找平层中所用材料的比例，避免出现开裂、起砂等现象，导致出现裂纹和空隙使防水层粘接不牢靠，密封性不够；（3）在卷材与建筑屋面找平层的粘接过程中，注意保证卷材与找平层的自然衔接，保证卷材的面积能够完全地覆盖建筑屋面，同时保证卷材在粘接的过程中能够保持自然的状态，严禁出现卷材完全拉直、僵硬的状态；（4）在卷材铺设以后，应该立即使用相关的机械设备对其全面的压实，使卷材与找平层融合的更完全；（5）铺设保护层时，应该保证保护层的材料质量，并按照工程设计图严格实施。由于保护层位于防水层的外面，所以在施工的期间要注意避免损伤防水层，以免影响防水的效果。

（四）卷材防水屋面施工质量控制

1. 严格控制进场防水卷材的质量

（1）防水卷材的检查

材料是基础，而由于材料不符合要求造成的屋面渗漏占屋面渗漏原因的 26%，所以必须对材料加强控制检查。

凡由承包单位负责采购的防水卷材，在采购订货前应向监理工程师申报，对于重要的卷材防水材料，应具有产品出厂合格证、检测报告、当地建筑主管部门备案或产品生产许可证以及防伪标志。防水卷材进入施工场地应提交样品，按规定抽样送法定检测机构复检合格后才能使用，同时不合乎国家产业政策发展方向的防水卷材也不允许使用。

（2）防水卷材的质量控制要点

对于新型卷材防水材料，由于其种类繁多，使用时的施工方法与相容性是否匹配，应根据建筑物的等级、性质和功能等条件选择：选择拉伸性能好的卷材，可避免由地基变形、年、日温差和震动等因素造成的防水卷材拉裂现象。对卷材选择时，控制其耐热度和柔性以适应工程所在地的最高、最低气温及屋面坡度和使用条件的要求。根据屋面防水卷材的暴露程度，对卷材的耐紫外线，热老化保持率及耐霉烂性进行控制，选择与之相适应的卷材。

2. 认真熟悉图纸，进行图纸会审

首先应了解设计的意图并熟悉卷材屋面防水的细部构造，为了使操作人员能够更好地明确施工的内容和质量要求，施工前应对操作人员进行关键部位、关键程序及施工方案等的技术交底。施工单位则应按照会审后的图纸中现场实际情况编制施工方案或技术措施方案。方案应包括：施工工艺，施工工段划分和程序、技术及安全措施，质量标准及成品保护等内容。

3.选择专业的防水施工队伍，确保卷材防水屋面的施工质量

建设部早在1991年就明确指出，凡有非防水专业队伍或非防水工的防水工程，当地质量监督部门应责令其停工。监理人员要对专业防水人员的上岗资格认真进行考核。选择专业防水队伍时，通过质量标准认证的施工企业，应严格遵守本企业制定的工作程序。如专业防水企业也通过质量体系认证，应对专业防水企业执行程序文件的能力进行考察。必要时，应组织人员对初步确定的防水施工队伍在施工程、办公地址、质量管理和服务承诺的实施进行实地考察，对其以往的工作业绩，营业资质和企业规模，操作人员持证上岗率考察，并检查其是否在有效的年限内进行注册登记或年度检查。完成以上条件后，要详细洽谈工程造价、工期、质量要求和服务承诺，并以合同形式固定下来。

4.基层的质量控制要点

基层处理是做好防水层的前提也是防水施工前的重要工序。首先，基层应有足够的强度；其次，找平层表面应平整，不能凹凸不平；再有，基层表面必须保持清洁、干燥，防水层的基层必须符合所选用防水材料对基层的各项要求。

5.应注意的事项

卷材防水施工前应注意以下事项：卷材防水屋面施工前，应密切关注天气情况，努力避开风、雨或气温过冷的天气。风力在5级或5级以上时不得施工，当气温低于0℃以上时，也不宜施工。防水卷材施工前要对其厚度进行现场抽样检测，厚度不足4mm的卷材不能采用热熔法施工。其他工种或施工工序要施工时，不应对卷材防水工程的施工构成妨碍。

（五）防水卷材铺设过程中的质量控制

（1）根据施工工艺的要求检查施工机具配备情况

施工时配齐机具是保证施工顺利进行及满足施工工艺要求的重要条件。卷材防水的施工机具除一些专用的工具外，主要还有清理机具和卷材铺贴工具，施工机具选择时还应注意与新型防水卷材的技术配套。

（2）卷材防水的施工工艺流程和施工方法的检查

不同的防水卷材有着不同的工艺流程，正确的施工程序是保证施工正常进行和保证工程质量的首要条件。防水卷材有沥青防水卷材、高聚物改性沥青防水卷材、合成高分子防水卷材，施工方法可分为两大类，一类是热熔法；另一类为冷施工法。前者包括传统的热玛瑞脂黏结法、热熔法、热风焊接法；后者包括冷黏结法、自粘法、机械固定法等。冷施工法可用于大多数合成高分子卷材的粘贴，有一定的优越性。如采用高聚物改性沥青防水卷材用热熔法施工时，工艺流程为：清理基层→涂刷基层处理剂→铺贴卷材附加层→铺贴卷材→热熔封边→蓄水试验→保护层。热熔法铺贴卷材应符合以下规定：①火焰加热器加热卷材应均匀，不得过分加热或烧穿卷材；当高聚物改性沥青卷材的厚度小于3mm时，不能用热熔法施工。②卷材表面热熔后应立即滚铺卷材，卷材下的空气要排尽，并辊压粘

结牢固，不得空鼓。③卷材接缝部位必须溢出热熔的改性沥青胶。④铺贴的卷材应平整顺直，搭接尺寸准确，不得扭曲、皱折。⑤采用条粘法手段作业时，每幅防水卷材的每边粘贴宽度不应小于150mm，宽度过小，不能保证卷材与基层的粘结牢固。

冷施工是采用胶粘剂进行卷材与基层、卷材与卷材的粘结，而不需要加热施工，所以胶粘剂一定要涂刷均匀，且要根据不同的性能选择不同的施工环境，另外还要将卷材下面的空气排空，铺贴时应注意平整顺直，搭接尺寸准确，不得扭曲、皱折，最后用密封材料将接缝口封严，宽度不应小于10mm。

所以，检查施工方法正确与否要根据不同的防水卷材来选择。

（六）卷材防水屋面施工过程中关键工序的质量控制

（1）基层处理剂的施工控制要点

为增强防水卷材与基层之间的黏结力，防水层施工前都应预先在找平层上涂刷与卷材材性相容的基层处理剂。找平层肩负着承上启下的作用，上面有防水层铺设，下面覆盖着保温层，施工过程中应注意以下要求：找平层作为防水层的基层，可使用水泥砂浆、细石混凝土或沥青砂浆。屋面防水通常以防为主，以排为辅，完善的设防还要求屋面有一定的坡度，通常由结构找坡和材料找坡。结构找坡时坡度不应小于3%，结构找坡时宜为2%。找平层应留设分割缝，以防找平层产生收缩裂缝。基层与突出屋面结构（如：女儿墙、山墙、烟囱等）的交接处和水落口、天沟、檐口等转角处，找平层应做成圆弧形，内部排水的水落口周围应做成略低的凹坑。

基层处理剂的涂刷必须薄而均匀，不能有堆积或渗漏现象，不允许在一处反复涂刷，喷涂大面积基层处理剂前，应用毛刷对屋面个节点、周边拐角等处现行涂刷基层处理剂，还要控制干燥时间，一般干燥后不粘手时才能铺贴卷材。

（2）细部节点附加增强层施工的质量控制

细部节点是屋面渗漏多发的部位，在易发生渗漏的薄弱部位如天沟、檐沟、排水口、转角、管根等部位均要增设附加增强层。天沟、檐构等部位处于雨水集中的地方，所以其与屋面交接处的附加层宜空铺，空铺宽度为200mm。若屋面采用沥青卷材时，细部节点的附加层应采用材质相同的防水卷材。如果屋面采用高聚物改性沥青防水卷材或合成高分子材料宜采用防水涂膜作增强层。

（3）防水卷材铺设时的质量控制

不同的卷材，不同的屋面，防水卷材在铺设施工时的要求也不相同。进行卷材铺设时主要控制以下几点：材铺设时要先高跨后低跨，同高度时先远跨后近跨，同一跨内从低位向高位逆水流方向铺贴。先做好节点，附加层和屋面排水比较集中部位的处理，然后由屋面最低标高处向上施工。屋面坡度小于3%时，各种卷材宜平行屋脊铺贴，当屋面坡度在3%～15%之间时，卷材既可平行于也可垂直于屋脊铺贴。屋面卷材防水采用多层设防时，铺贴卷材上、下层卷材不得相互垂直铺设。沥青防水卷材应垂直屋脊铺贴，高聚物改性沥青防水卷材和合成高分子防水卷材耐温性较好，既可垂直也可平行屋脊铺设。卷材防水坡度超过 25% 时，应采用满贴法或钉钉法（固定节点密封严密），防止卷材下滑。

铺设时还要检查铺设的方法是否符合设计要求，卷材铺贴是否平整顺直，不应有扭曲、皱折、鼓泡、损伤等现象。

（4）防水卷材搭接时的质量控制

所有的防水卷材都是由工厂定尺生产，建筑工地直接使用，所以防水卷材的搭接也是屋面防水施工控制中极为重要的一方面。搭接时要控制以下几点：两幅卷材搭接缝控制时要求相互错开 300mm 以上。上下层铺贴时，为避免长边缝的重叠要检查其是否错开 1/3 幅宽，接缝处要用密封材料封口且宽度不小于 10mm。平行屋脊的搭接要顺流水方向。要求搭接缝垂直于屋脊应按最大频率风向搭接。材叠层铺设时，在天沟和屋面的接缝应错开且应留在屋面或天沟侧面。另外，防水卷材之间的搭接宽度，是防水效果的保障，如果搭接宽度不能满足要求，极有可能形成漏源，同时过宽的搭接会造成浪费很不经济。

（5）末端收口的质量控制

末端收口的控制要点为：收口卷材固定牢靠，且卷材不能产生滑脱和开缝，收口线条要平顺。

（七）屋面细部构造施工的质量控制

在屋面防水施工过程中，细部防水构造是最容易出现问题的薄弱环节。屋面渗漏大部分都是由于天沟、檐沟、檐口、女儿墙、泛水、水落口、变形缝、管根等节点的防水处理不当引起的，所以必须对这些节点进行重点控制。

（1）泛水施工的质量控制

泛水施工的质量控制主要考虑女儿墙泛水的防水构造要求及泛水的收头的构造要求。

女儿墙泛水的防水构造要求为：铺贴泛水处的卷材应采取满粘法。砖墙上卷材收头可直接铺压在女儿墙压顶下，压顶应作防水处理，也可压入砖墙凹槽内固定密封，凹槽距屋面找平层不应小于 250mm，凹槽上部的墙体应做防水处理。混凝土墙上卷材收头应采用金属压条钉压，并用密封材料封严。

由于功能的要求，有些管道需要穿过屋面的卷材防水层与大气相通，管道与防水层之间的缝隙就成为屋面防水工程的一个薄弱环节，应当采取措施消除隐患，所以出屋顶管道穿过屋面卷材防水层是泛水收头的质量控制点为：管道根部直径 500mm 范围内，找平层应抹出高度不小于 30mm 的圆台。管道根部四周应增设卷材防水附加层，宽度和高度都不能小于 300mm。管道上的防水层收头处应用金属箍紧固，并用密封材料封严。管道周围与找平层之间应预留 20mm×20mm 的凹槽，使用密封材料嵌填密实。

在不要求上人的屋面，出于屋面检修考虑，需要设置垂直出入口，即在屋面上开了一个孔洞，对这个孔洞要采取有效措施，防止其形成屋面渗漏的根源，所以小水平出入口、垂直出入口泛水收头的质量控制要点为：屋面垂直出入口防水层收头应压在混凝土压顶圈下。对于要求上人的屋面，水平出入口防水层应压在混凝土踏步之下，防水层的泛水应设置防护墙。

（2）屋面水落口的施工质量控制

屋面的水落口可以吸纳屋面坡度围绕范围内的雨水，然后通过水落管将雨水排到室外地面，水落口的这种作用希望施工当中一定注意以下几点：水落口杯牢固的固定在屋面承重结构上，水落口杯上的标高应设置在沟底的最低处。防水层贴入水落口杯内不应小于50mm。水落口杯与基层接触处应留宽20mm，深20mm凹槽，并嵌填密封材料。水落口周围直径500mm范围内的坡度不应小于5%，并采用防水涂料或密封材料涂封，其厚度不应小于2mm。

（3）防水卷材在天沟、檐沟处施工的质量控制

由于天沟、檐沟是屋面排水的重要部位，施工时应特别仔细，要求：沟内附加层在天沟、檐沟与屋面交接处宜空铺，空铺的宽度不应小于200mm。卷材防水层应由沟底翻上至沟外檐顶部，卷材收头应用水泥钉固定，并用密封材料封严。高低跨内排水天沟与立墙交接处应当采取能够适应变形的密封处理。无组织排水檐口800mm范围内卷材应采取满粘法，卷材收头应固定密封。卷材收头应压入凹槽，采用金属压条钉压，并用密封材料封口。檐口下端应抹出鹰嘴和滴水槽。

（4）防水卷材在变形缝处的质量控制

在变形缝处卷材的质量控制为：变形缝的泛水高度不应小于250mm。防水层应铺贴到变形缝两侧砌体的上部。变形缝内应填充聚苯乙烯泡沫塑料，上部填放衬垫材料，并用卷材封盖。变形缝顶部应加扣混凝土或金属盖板，混凝土盖板的接缝应用密封材料嵌填。在施工过程中，监理人员要掌握这些细部节点的防水控制要点，才能及时对卷材防水屋面的施工质量进行检查和控制，保证其达到相应的质量标准，以减少屋面渗漏现象的发生，从而才能为用户提供更好的生活环境。同时屋面防水细部节点的附加层及每层防水层施工完毕后，必须经过有关部门检查合格后方可进入下道工序的施工。

（八）卷材防水屋面施工后续工序的质量控制

（1）进行屋面蓄水检验

屋面防水层施工完成后应检查屋面有无积水，排水系统是否畅通。质量检查合格后，应做蓄水检验，如果屋面坡度大或由于其他原因无法做蓄水检验时应对屋面大面做淋水检验。对于屋面水落口，穿过屋面板的管道周边，突出屋面结构与屋面交接处等细部节点必须做局部蓄水检验，蓄水检验必须有记录，并经有关单位责任人签证。

（2）保护层施工

卷材防水层常用浅色涂料和刚性材料作保护层。采用浅色涂料做保护层时，涂刷前，卷材防水层表面应清扫干净；涂刷应均匀到位不漏涂，涂层与卷材之间的粘结要牢靠。当采用刚性保护层时，根据不同的材料要求，刚性防水层表面应平整，分格缝的设置要符合

要求，保护层应有足够的强度。要注意控制刚性保护层与女儿墙之间应预留宽度为30mm的空隙并嵌填密封材料，防止鼓胀。刚性保护层与防水层之间设置的隔离层应平整，以保证起到完全隔离的作用。

（3）其他要求

1）屋面防水层上放置其他设备时的要求

目前在很多建筑物的屋面上需要设置各种设备，来满足建筑物功能的需要，如太阳能、广告标牌等都要设置在屋面上，这些设备安装在防水层上时很容易引起破坏，要注意两个问题：①直接在防水层上放置设备时，设备下部的在通常防水层做法之后，应在增做附加增强防水层。②很多情况下，设备与基座相连，然后做防水层，防水层应包裹设备基座的整个上部，设备地脚螺栓的周围应逐个做好密封处理。

2）卷材防水屋面维护要求

要重视卷材防水屋面的维护保养，防水屋面施工完成后，必须要有对成品的保护措施，杜绝因下道工序破坏而造成的渗漏。使用中也要经常进行保养、检查，以延长卷材防水屋面的使用寿命，同时要完善防水工程的保修期制度，防水工程竣工后，5年以内出现渗漏，施工单位必须负责返修，费用由责任方负责。

二、涂膜防水施工

涂膜防水方法，是针对屋面防水基层的现状及其适用部位，通过把加固材料和缓冲材料铺设在屋面的防水层内，可以提高屋面涂膜防水性能，提高屋面防水层的强度及其耐久性。涂膜防水的方法，具有防水效果好、施工简单及方便的优点，是对于建筑物表面形状复杂的结构进行防水施工的最好办法，因此，涂膜防水被广泛应用。涂膜防水既适用于建筑物的屋面、墙面的施工，也适应于地下防水施工及其他防水工程。

（一）涂膜防水的流程

建筑物屋面涂膜防水的施工流程：屋面基层处理→配置涂料→确定喷刷防水涂料的遍数→喷刷防水涂料→验收→保护层施工。

（二）建筑物屋面的基层处理

屋面基层是防水层赖以存在的基础，涂膜防水对屋面基层的要求比卷材防水层更为严格，具体表现在对基层平整度、坡度、表面质量及含水率等要求方面。

1.基层平整度的要求

要保证屋面涂膜防水层质量，关键是处理好基层的平整度。基层表面一般表现为凸凹不平或局部隆起，在进行涂膜防水层前没有处理好，容易出现：涂膜厚薄不均匀或基层凸起的现象，会导致涂膜厚度减薄，从而影响防水层的耐久性；基层的凹陷部位，则导致涂膜厚度增加，容易出现皱纹。所以，涂膜防水规范标明：选用2m长直尺来检查基层的平整度，缝隙要小于 0.5cm。

2. 基层坡度的要求

屋面基层的坡度不能太小或出现倒坡，否则会出现屋面排水不畅，甚至长期积水的现象，导致涂膜防水层长期浸泡在积水中，涂膜特别是水乳型的如果长期浸泡，可能会出现"再乳化"现象，从而降低了涂膜防水层的性能。

3. 基层表面质量要求

如果屋面基层表面出现酥松、强度过低或裂缝过大现象，涂膜与基层往往粘结不牢，致使涂膜与基层容易剥离，屋面就会出现雨水渗漏。因此，规范中规定屋面基层需压实平整，避免基层表面有酥松、起砂或起皮等现象。

4. 基层含水率要求

对于不同类型的涂膜防水层来说，其基层含水率不同，影响的程度也不同，一般来说，基层要求干燥。溶剂型防水涂料对基层含水率的要求大大高于水乳型防水涂料，因为溶剂型涂料必须在干燥的基层上进行防水施工，否则会产生涂膜鼓泡的质量问题。

（三）涂膜防水层的施工技术

1. 施工前涂刷基层处理剂

在屋面基层表面涂刷施工前，必须清扫干净基层表面的尘土杂物，并要铲平、扫净、抹灰或压实表面的残留杂物，确保基层表面保持干燥、平整及牢固，避免留有空鼓、开裂或起砂等缺陷。在基层涂膜防水层施工前，首先进行基层处理剂的涂刷，涂刷处理剂的目的：将基层表面的毛细孔堵塞，不让基层的潮湿水蒸气向上渗透到防水层，避免防水层起鼓；涂刷处理剂，可以使基层与防水层间的粘结力大大增加；清扫干净基层表面的尘土杂物，有利于处理剂的粘结，可选用防水涂料稀释后的处理剂涂刷基层；应用力薄涂涂刷基层处理剂，确保处理剂能更好地渗入基层毛细孔中。

2. 涂料配合比与搅拌

涂刷施工时，若防水涂料是由多种成份混合而成，应按一定标准比例的配合比准确计量，并进行充分、均匀的搅拌；个别的防水涂料，鉴于其稠度和凝固时间的需要，需添加稀释剂、促凝剂或缓凝剂。各种的防水涂料加入后必须充分搅拌，才能确保防水涂料达到要求的技术性能。特别对于内部含有较多纤维状或粉粒状填充料的水乳型涂料，如果搅拌不均匀，会导致涂布难度加大，涂层中会残留下未拌匀的颗粒杂质，影响防水涂料的防水性能。

3. 涂刷的厚度要求

涂膜防水屋面最主要的技术要求是确保涂膜防水层的厚度，原因：防水层太薄，屋面的整体防水性能会大大降低，使用寿命会缩短；发防水层太厚，又会造成一定的涂料浪费。

以往为确保涂膜防水层的质量，一般要求涂刷一定的遍数，也有按照每平方米涂料用量来进行涂刷，但这种做法会增加用料成本，为减低成本往往减少防水涂料中的固含量，即使涂刷达到规定的遍数或用量要求，但最后成膜的厚度并不达到规范要求，因此，新规范中规定：防水层质量的技术指标要用涂膜厚度来进行评定。

在进行涂刷过程中，防水涂料不管厚质或薄质，都需分开多次涂刷，不得一次涂成。若一次涂成，厚质涂料其涂膜一旦收缩或水分蒸发，容易出现开裂；而薄质涂料则较难达到规定的涂刷厚度。

4.胎体增强材料铺设要求

胎体增强材料的铺设，可选择在涂料第二遍涂刷时进行，或第三遍涂刷前进行。胎体增强材料的铺贴方向，根据建筑物屋面的不同坡度具有不同的规定：1）若建筑物屋面坡度＜15%，铺设方向应平行于屋脊；若屋面坡度＞15%，铺设方向应垂直于屋脊。胎体搭接时，其长边宽度要 ≥5cm，短边宽度要 ≥7cm。如果选用二层胎体增强材料进行铺设，铺设时上下层不得互相垂直，且应错开胎体的搭接缝，搭接缝的间距 ≥ 幅度的1/3。

5.涂刷方向与接茬

屋面涂膜防水层质量保证的关键是防水涂层涂刷致密。涂膜防水层的涂刷时方向要求相互垂直，以达到上下遍涂层互相覆盖严密，这样可以防止产生直通的针眼气孔，大大增强涂膜防水层的均匀性及整体技术性能。涂膜防水涂层之间的接茬，在每遍涂布时，退茬和接茬均应在 5cm ~ 10cm，可以减少接茬处因涂层薄弱而发生渗漏现象。

6.防水层的收头处与泛水处

涂膜防水层的收头处应使用密封材料加以封严，或者用防水涂料进行多遍涂刷。防水层收头处的胎体增强材料，应进行整齐裁剪以及牢固粘结处理，涂封前避免出现翘边、皱折或露白等现象。防水层泛水处的涂膜，直接涂布至女儿墙的压顶下最为适宜，并在压顶上部加设防水处理，防止泛水处或压顶的抹灰层产生开裂而出现雨水渗漏。

7.屋面涂布原则

进行屋面涂布时，应遵循规范原则：先高后低、先远后近。若大面积屋面处于相同高度，施工段应合理划分并尽可能安排在屋面变形缝处，先后次序参照施工和运输方便合理安排，先涂布较远的屋面施工段，后涂布较近屋面施工段；先涂布屋面排水较集中的水落口、天沟或檐沟，再向上涂布到屋面的屋脊或天窗。

（四）涂膜防水层的养护与保护层

整个建筑物屋面的防水涂膜施工完成后，便进入自然养护的时段。养护阶段涂膜防水层的厚度还不能承受较大的穿刺力或受压力，为确保防水涂膜的完整性及防水效果，避免人为因素破坏，在涂膜防水层实干前，禁止在防水层上进行任何施工作业，并禁止在涂膜防水屋面上直接堆放物品。涂膜防水层上还应加设保护层，它有利于避免阳光直接照射防水层，致使防水涂膜过早老化；加设刚性保护层，可以保护涂膜防水层免受外力或外物造成穿刺或损伤，更有利于涂膜防水层的实用性和耐用性。

保护层选用的材料可以有多种：选用浅颜色的保护涂料等柔性材料；选用砂、云母或者蛭石等细材；选用水泥砂浆等刚性材料；选用大介砖等刚性块材。在保护层施工中，需要注意如下两个方面：其一，当选用刚性材料时，为防止刚性材料伸缩而产生形变从而导致防水层开裂，因此需要在两种材料之间增加隔离层。其二，刚性材料与女儿墙之间需预留缝隙，并在缝隙中填入油膏等材料，防止刚性保护层受热膨胀拉裂女儿墙。

三、刚性防水屋面施工

（一）刚性防水屋面施工需要的建材以及要求

刚性防水屋面之所以会存在着质量问题，这与施工建材质量低劣密不可分，为此，对于施工人员来说，在进行刚性防水屋面施工时，一定要做好施工建材的检查工作。刚性防水屋面所需要的建材以及要求如下：

水泥，大量的实践研究发现，硅酸盐水泥最适合应用在刚性防水屋面施工中，但是施工人员必须保证水泥强度达到或高于32.5，如果没有特别的要求使用常见的硅酸盐水泥即可。砂：一般情况下选用含泥量 ≤3% 的中砂或是粗砂。石子：一般情况下选用含泥量 ≤1% 的碎石或是砾石，且要将石子的粒级控制在 5 至 15mm 之间。外加剂：进行刚性防水屋面的施工时，要加入外加剂以优化混凝土的性能，提高其和易性。一般会加入膨胀剂、减水剂以及防水剂等。此外，还要选择间距在 100 至 200mm 之间的双向钢筋网片。密封材料：进行刚性防水屋面分格缝密封的建材一般为玛碲脂，对于玛碲脂的选择只要保证其质量符合相关规范的要求即可。水：进行刚性防水屋面混凝土配制的水的 ph 值应 ≥4。

（二）刚性防水屋面施工技术

1. 施工概述

刚性防水屋面的防水层施工是一项复杂的工程，因而对施工人员的技术也有着较高要求。在进行防水层混凝土浇筑之前，首先要在屋面防水层及其基层之间设置隔离层，以此降低建筑结构变形对防水层造成的有害影响，加强防水层的使用效用。在设置隔离层时，通常会选用纸筋灰或是麻刀灰、低强度等级砂浆以及干铺卷材进行隔离层的设置。在设置好隔离层后还要在隔离层上进行分格缝的设计和定位，利用分格木条进行分格缝的设置；做好这些设置之后就可以开始进行混凝土的浇筑施工了。另外，在进行分格缝的混凝土浇筑施工过程中要特别注意，混凝土浇筑施工要一次完成，浇筑时还要注意不能留下施工缝，以免造成渗漏。对于刚性防水屋面防水层的施工，首先要确保将双向钢筋网片设置于屋面防水层的中间部位，其次要做好进行防水层浇筑施工的混凝土的振捣密实工作，当其表面出现泛浆现象之后立即将其抹平，待收水后进行压光施工。

2.防水混凝土浇筑施工

进行防水混凝土浇筑施工前，首先要用水将基层打湿，然后再进行分割摊铺；将基层略湿润，随即分格摊铺；防水混凝土浇筑施工时首先要用机械对混凝土进行振捣密实，然后再采用十字交叉的方式用铁滚筒对其表面进行往返滚压，直到混凝土表面泛浆后再用木拍子对其进行拍实抹平施工；在混凝土呈现初凝状态之前还要对其进行提浆收光及压光施工，要注意在压光施工的过程中不能撒干水泥或是添加水泥浆，以避免造成混凝土过度收缩出现龟裂的情况。防水混凝土浇筑施工完成后还要做好养护工作，必要情况下还可以延长养护时间，以加强防水层的防水性。

（三）刚性防水屋面施工质量控制对策

刚性防水屋面是一种比较常见的防水屋面，但是施工期间，由于未能做好质量控制工作，导致屋面的防水性比较差，对此，施工单位务必要安排专门的人员进行质量控制管理。对于刚性防水屋面来说，施工质量控制的要点就是对防水混凝土。

1.注重混凝土建材质量检测

刚性防水屋面最重要的材料就是混凝土，因此混凝土质量直接关系到刚性防水屋面的质量，为此，施工人员必须对混凝土进行严格质量检测，并且对混凝土的配比以及性能进行试验，之后试验合格之后，才能够进行施工。混凝土建材质量检测内容如下：首先，对混凝土原材料的各个合格证件进行检测，尤其是要对出厂合格证件以及相关部门的质量检测报告进行细致的检查；其次，对于混凝土的配比要进行不断地研究试验，以此保证配比达到最佳，确保混凝土的防水性能、密实性等达到最佳状态；最后，质量检测人员要对防水混凝土抽样检查，将检查结果记录到检测报告中，以此指导施工人员的应用。

2.注重防水混凝土抗压强度及其抗渗强度的检测

刚性防水屋面施工质量与防水混凝土的性能息息相关，尤其是抗压、抗渗性能，为此，质量控制人员必须着重对着防水混凝土这两方面性能进行检测，以此保证防水混凝土能够达到刚性防水屋面施工要求。抗压、抗渗检测过程中，一定要保证科学合理，只有如此，检测结果才能够合理可靠。质量检测人员一定要对混凝土的配制有着全面的了解，并且对工程需求有所掌握，这样才能够明确防水混凝土的这项性能是否达标。

3.注重防水混凝土相关设置和构件的检测

防水混凝土施工过程中，会有很多的相关设置，比如变形缝、埋设件等，质量控制人员不仅要对防水混凝土本身进行质量控制，还应该对这些相关设置以及构件进行质量控制。因为这些相关设置以及构件的质量也会影响到防水混凝土质量，所以质量控制人员不能忽视。质量控制人员进行必要的检测之后，要确保刚性防水屋面施工过程中不会出现肉眼可见的质量隐患，之后再核查验收报告，以此保证验收报告真实有效，没有造假。质量控制期间，控制人员必须相关设置原因以及各个构件的作用全面了解，以此保证控制质量。正常情况下，变形缝应该进行密闭性的控制，混凝土整体的结构厚度必要达到或超过 3cm，缝隙宽度应该在 2 ~ 3cm 之间。检测过程中，质量控制人员尤其要关注施工缝，如果存在施工缝部位，必须与变形缝密切连接。

4. 注重防水混凝土结构表层的检测

防水混凝土的抗渗性能要达到刚性防水屋面施工要求，其结构表面一定要平整密实，不允许出现坑洞、蜂窝、露筋问题。一般情况下，质量控制人员可以直接通过肉眼进行观察，也可以采取尺量的方式。

第九章　装饰工程施工

第一节　抹灰工程

一、抹灰工程施工工艺

（一）运用混凝土来构建基础层面

基础层面的处理和运用：假使在实际运用过程中，混凝土的基础面较为光滑，需要对其展开毛化处理。为其涂上一层 801 种类的水泥，801 类型的水泥是胶素水泥的一种，具备较好的实际应用性。其次，为水泥中增加合理水量，保证 801 胶和水的比例为一比四的量。假使没有对其进行 801 胶的涂刷。也可以为其进行 SJ-1 界面溶液的涂刷，使基础层面的粗糙度不易，在用水类进行润湿，保证我具备较好的湿度。在进行吊垂直和套方作业时，可以在窗口边缘来进行角、和墙面的垂直追也，把套方进行抹灰饼进行充筋，进而在墙上把管控线进行抹灰。在进行抹灰作业时，保证其进行 1：2 的水泥和砂浆的抹灰度，对于抹灰的厚度控制在 5.5～6.9mm 之间，保证不同充筋可以均匀抹平，利用找直、木抹子来进行戳平作业。

对于砂浆的抹平作业，首先要对底部环节进行抹平，在第二天在进行二次的砂浆抹平作业。在进行整体的抹平作业时，对于墙体的抹平作业来说，首先要为墙体涂上一层水，保证墙体的湿润度，进而在为其涂刷厚度为 4.9mm 的砂浆。在其进行完毕润湿作业后，先为墙体涂刷已成团水泥膏，保证墙体和底灰进行粘合，把其进行横竖的抹平，利用铁末子，把墙体进行磨光和压实。等到墙体水已经全部渗透后，保证墙面的水泥膏全部渗透后，在对其进行再次涂刷，保证墙体表面的灰度较为一致，保证其具备较好的整合度，避免墙体的表皮脱落，避免墙体断裂现象的发生。对于墙体的养护来说，其可以利用喷水，来对水泥抹灰墙面进行保护。

（二）砖墙面的运用

对于砖体墙面的运用，首先对其进行基础的处理，包括对墙面上的一会砂浆的清除，在保证墙体的砂浆被清洗干净后，利用水来进行墙体的洗刷，把墙体细缝中的沙尘进行清除，把整体墙面进行润湿。在其进行完润湿作业后，对其进行吊垂直和抹灰饼作业。进而继续进行充筋和砂浆的涂抹作业。在进行充筋和砂浆的涂抹作业时，可以利用常温的水泥，把其和砂浆结合。来进行涂抹作业。砂浆和水泥的整合度为1∶0.6∶3.1。如果施工的环境较为寒凉，温度较低时，其砂浆和水泥的整合变率要奥在1∶2.9之间。在进行砂浆不和水泥混合作业薄厚，利用分层方法，来对充筋进行涂刷，保证涂刷的抹平度。把大杠进行横刷和竖刷，在涂刷完毕后，对其进行刮平作业。利用木抹子来进行戳毛，在砂浆和水泥整合干结后，对其进行水的涂刷，来增加对墙体的养护。假使在施工时是雨季时期，则在抹灰环节，要注意对雨水的防护，避免雨水为抹灰带来不利影响，避免水泥和砂浆，受到雨水的冲刷。

（三）加气混凝土墙运用

对于加气混凝土墙的运用，其主要运用工艺程序为，首先要进行基础层面的处理，在处理完毕后进行水的涂刷，保证墙体的湿润度，进而进行贴灰饼和标筋冲刷，对于踢脚板进行涂刷，对门窗进行涂刷等等。对于加气混凝土墙的基础层面的处理，首先要对墙体进行检查，保证其可以具抹灰要求，增加对缝隙和梁柱的关注度，假使具备较多的墙体缝隙，具备较多松动的梁柱，以利用胶灰浆进行涂刷，把缝隙和松动的环节进行稳固。

其次，要把墙面中较为凸出的舌头会进行清除，把墙面的较为凸出的环节，进行平复和修正，保证其具备局较好的平整度，对于墙体的坑凹部分，对于缺角和设备线路和管道的漏洞要利用胶灰，进行修正和平复，保证漏洞具备较好的紧实度。

最后，利用拖线板来对墙体进行全面检查，对垂直度和平整度进行检查，在保证各个环节都满足涂刷要求后，在展开后续的作业。对于其洒水环节来说，其首先要把墙面的杂物进行清洗，在清洗干净后，把墙体进行多次润湿，保证其具备较好的湿润度。因为混凝土在实际运作过程中，对于谁的吸收开始较快，慢慢减缓速度，进而在进行浇水时，要增加浇水的次数，为后续的抹灰环节打下良好基础。假使在较高气候和较干气候条件下，在进行抹灰前期，温度还是较干，则可以再次进性水体的喷洒。

二、装饰抹灰施工

（一）建筑装饰抹灰工程施工技术

1.工程基础以及灰饼的处理技术。根据西北的建筑情况，特别是甘肃建筑风格，对于工程基础处理，可以根据建筑物的内墙现状，通过方尺进行规方。当建筑物的房间较大时，可以在房间的地面上先画出十字中心线，在参考墙体以及墙面平整度的基础上，测算施工需要的墙角线。例如，垂直线应该画在距离墙阴角 10cm 左右的地方，根据地面墙角线的位置翻引墙上线，以此来计算建筑灰饼的厚度。

在建筑施工时，灰饼的制作需要精确计算，例如，墙面与地面距离 1.5m 处以及墙面与墙面两边墙阴角最多 20cm 处分别制作灰饼，灰饼的规格为 5×5cm。根据建筑需要，建筑用料为水泥砂浆，那么砂浆的配比率应该控制在 1：3 上下，如果建筑用料需要的是水泥石灰砂浆，那么水泥、石灰、砂浆的比例应该控制在 1：3：9 上下。之后在墙面的上部、下部各做一个灰饼，这两个灰饼与顶棚的距离应该限制在 15～20cm 之内，这里应该特别注意的是，灰饼两头的墙缝需要钉钉，而且钉子与钉子之间的 1～1.5m 处需要添加一个灰饼。

2. 抹标筋与护角的施工技术。在施工过程中，上下冲筋与阴阳角的水平冲筋位置有严格要求，二者必须处于一维垂直面上，实施抹灰之前，精确规划护角位置，要将护角设计在建筑物内墙的墙面上，或者门窗以及梁柱的阳角上。护角的建筑材料应选用 1：2 水泥砂浆，其中护角的宽度要在 5cm 上下浮动，护角的高度在 2cm 上下浮动。另外，护角的施工工具为阴、阳抹子以及阳角尺。

3. 窗台与踢脚板的抹灰技术。窗台在实施抹灰时应该注意分层抹灰，例如，使用的水泥砂浆比例应该调配为 1：3，这是打底阶段，第一层抹灰与第二层抹灰之间应该留出一天的养护时间，第三天在窗台表面涂抹一层薄薄的纯水泥，水泥砂浆面的罩灰比例应该控制在 1：2.5 左右，最后对窗台进行原浆压光。对于踢脚板，要特别注意涂抹质量，其中需要注意的是踢脚板的垂直、厚度伤口，要保证伤口切齐，最后才能实施抹光。

4. 抹灰工程中的底灰、中灰、面灰的施工技术。抹灰工程中，底灰施工需要注意的是，其涂抹时间要在标筋具表现出一定强度之后，这期间要在墙面定时洒水，保持墙体湿润，标筋具与标筋具之间涂抹底灰，底灰需要被压实且要进行搓毛，底灰高度应该略低于标筋。中灰的涂抹时间应在底灰干透之后，中灰完工之后，其高度应该在标筋之上。

标筋需要借助于木杠将其抹平，完成搓毛、压实工序后，表面达到平滑、严实的程度。面灰的涂抹时间应在中灰干结之后，或者在中灰五成干之后。面灰的抹灰方式比较多，例如，纸筋、石灰砂浆罩面或者石膏罩面等等。

5. 抹灰工程的清理工作。抹灰工程进行到现在，整体的施工工作已经接近尾声，最后需要的就是抹灰清理。注意清理门窗、窗体上面的灰浆，清理落在地面上的灰浆，以此来保持建筑物的区域卫生。

（二）建筑装饰抹灰工程中存在的质量问题及防治

1. 建筑物中的门、窗框以及墙体交汇处出现裂缝。门窗与墙体结合处最容易出现裂缝。一旦有裂缝产生会引发表层材料剥落，甚至造成严重的安全隐患问题。浇筑材料中的水分含量不合理是引发裂缝的主要原因，浇筑期间温度控制也存在不合理现象，混凝土浆料的吸水能力是有限的，如果水分控制不合理，对表层抹灰的影响也很大，会影响到材料与墙体的粘合，随着施工任务不断的深入开展，门框与窗框的抹灰问题也会逐渐突显出来。针对这一现象，在施工任务开展前要对材料含水量进行控制，并对抹灰位置进行清理，表面存在粉尘垃圾也会影响材料的牢固程度。当出现底灰完全干透的情况时，就应该对其进行浇水浸润，再实施中灰。第二，当门、窗框以及墙体有凹凸不平处，要一层一层进行填抹，利用工具打磨毛糙处，直至光滑。第三，在施工时要特别注意，钢板网与基层交接处要钉牢，而且每个边的搭接程度要超过100mm。

2. 建筑物中的墙面抹灰层出现脱落、空鼓。抹灰施工结束后，随着表层材料的干燥会出现明显的空鼓，伴随着墙皮掉落的问题发生。这种现象在抹灰工程中比较常见，通过技术手段能够避免发生。在抹灰前要对墙面的平整度进行检验，观察是否存在粉尘垃圾，原墙面过于光滑也会影响到抹灰施工质量，因此会采取打磨的方法对墙面进行处理，直至达到施工标准。针对墙体表面存在的不平整现象，可以使用浆料填平，并对抹灰材料的粘稠度进行检验，通过添加石灰膏的形式来增大粘稠度，具有很好的效果，砂浆的比例改变后也能起到调解粘稠度的作用，如果不能确定可以通过前期试验来判断。最终得到的混合材料在粘稠度上能够达到施工标准，墙面剥落空鼓问题也得到了解决。

3. 建筑层面出现崩裂、起泡、抹纹。此类抹灰问题主要与空气干燥相关，浆料中的水分没能渗透进墙体中，而是在高温干燥的环境下蒸发，因此引发了抹纹崩裂问题。解决方法也主要是针对浆料含水量的控制，在抹灰过程中减慢速度，可以反复进行，确保材料与墙体能够粘合，这样可以避免出现崩溃现象。其次是对温度的控制，将温度控制在恒定状态下，以免受到高温因素的影响。最后是对材料纯度的控制，如果材料中含有大量的杂质，会造成抹灰层不平整，干燥后在存在杂质的位置也会出现起泡现象，通过上述几方面技术手段，可以预防质量问题发生。

4. 建筑物外墙的抹灰接槎不均且有抹纹。因施工过程中材料薄厚程度不均匀造成的问题也有很多种，影响墙面的美观度。第一，建筑施工时应该注意将接槎处尽可能留在水落管或者阴阳角处，也可以将接槎留在分格条处，避免出现颜色不均、凹陷或者突出的问题。第二，抹纹的防治方法比较复杂，在施工时应该将室外墙面制成毛面，并且在水泥砂浆外层制成毛面。处理毛面时应该注意轻重，不能在毛抹子上施加太重的力量，也不能力道太轻，达不到清理毛面的目的。例如，施工人员可以以顺时针的方向搓抹，然后再垂直搓抹，方向要保持一致，避免出现毛纹或者肌理不均的问题。

三、抹灰工程质量控制

（一）质量监管部门正确行使职权

建筑抹灰工程施工质量控制有着重要的作用，在抹灰工程进行之前监理工程师、政府建设主管的质量监督部门应该验收合格。在验收合格之后还要在抹灰前督促承包商单位做好检查很修正工作，检查门窗位置是否正确，过梁、梁垫以及圈架等部位时候平整。总之，监督管理者要督促承包商检查各部分是否正确，在确保无误之后，这样才能进行抹灰工程施工。同时，施工材料的采购也是质量监督管理的重要部分。工作人员要在材料进场时进行验收，并且查看材料的验收报告，检查材料的色泽、质量合格证。在得到建立部门的认可下，允许材料进入施工现场。

（二）墙体与门窗交接处施工质量控制

在抹灰工程施工中一般常见的通病就是墙体与门窗处抹灰层空鼓、裂缝脱落等，针对这部分的施工问题，工作人员在抹灰施工前可以先洒水。如果是砖墙应该浇两次水，这主要是由于砖墙的吸收性很强；而混凝土墙只需要浇水一次即可。在施工时，如果发现底灰干透了，可以在抹灰前浇水湿润。在抹灰中，施工人员要注意墙面上明显凸出的部分，一定要确保抹灰层的平整度。而且墙面也不能太过光滑，一般太光滑的部分应该凿毛。最后，尤其要注重不同基层交汇处应钉钢板网，每边搭接长度一般在100mm以上。如果在门窗处发现漏洞，可以用木桩夯实。在整个墙面平整的情况下，施工质量会得到一定的控制。

（三）墙面抹灰层质量控制

墙面抹灰层的主要问题也是空鼓和裂缝，这种现象产生的主要原因就是抹灰时施工顺利和养护方法不对，导致墙面空鼓和裂缝。这种问题主要控制方法就是在施工前也需要洒水。同样针对不同的墙体建设材质，采用不同的浇水方式。砖墙仍然是施水两次，混凝土墙施水一次。在施工前，如果发现底灰干涸，可以浇水湿润。其次，工作人员要检查使用材料的保水性，一般施工所用的砂浆保水性能差。因此，浇水工作一定要及时。抹灰时一定要按照一定的顺序，一般要分层施工抹灰。分层抹灰时，第一次抹灰可以比较初略，但是第二次抹灰必须要平整。最后，工作人员要科学合理的配合抹灰工程施工材料。切忌不能将水泥砂浆、混合砂浆以及石灰膏等混合在一起，这样会导致抹灰施工问题。

（四）面层质量控制

面层抹灰施工中常见的问题就是面层起泡、开花，或者是有抹纹等，这些问题是施工时工作人员没有确保抹灰层的平整度，导致抹灰面层出现这种问题。针对这种质量控制的问题主要是通过压光，在砂浆收水后，即将要凝结时，可以对其进行压光。如果底灰太干还是需要浇水湿润，先在面层上刷一层薄薄的纯水泥浆，再进行罩面。罩面前如果发现面层太干，而不易压光时，应该浇水后再压光。

（五）外墙抹灰质量控制

一般外墙抹灰常见的问题是抹灰接搓位置没有处理好，并且外墙抹灰色泽也不够均匀，抹灰纹理比较明显，这种问题也是比较常见的问题。在施工时，工作人员要在施工时把接搓位置留在分格条处或阴阳角、水落管等处。并且在操作时，一定要注意平整，尽量避免高低不平、色泽不等的现象。为了有效防止抹灰中的抹纹，工作人员在室外水泥砂浆墙面应做成毛面。用木抹子搓毛面时，要均匀用力，轻重一致。先用圆圈形搓抹，然后上下抽拉。抽拉的方向应该保持向一个方向，这样就能很好地避免抹灰墙面出现抹纹。建筑抹灰工程施工技术和质量控制是一项比较细致性的工作，要求工作人员要认真细心的开展工作，确保抹灰层施工的质量。

第二节　墙面饰面工程施工

一、饰面工程施工

（一）抹灰饰面

在进行装饰饰面装修的时候，可能会采用抹灰的方式来进行饰面的装修。抹灰通常分为一般抹灰和装饰抹灰。进行饰面装修的时候，一般抹灰是基础，它可以对前面起到找平的作用。装饰抹灰相比较于一般抹灰要求是非常的高的。在进行装饰抹灰的时候，通常有两种施工的工艺。一种是拉毛抹灰，拉毛抹灰是指在墙面上涂上薄的砂浆，然后用刷子对其进行垂直的拍拉，以便墙面可以形成均匀的毛面。在砂浆搅拌的时候，可以在水泥中掺入一些石灰膏，这样可以避免墙面出现小裂痕。另外一种是假面砖的饰面，假面砖主要是使用彩色的砂浆在墙面抹成分块的形式，使得墙面看起来更像面块。在进行施工的时候，要将彩色的砂浆先浇水进行湿润，然后将其用铁的梳子进行垂直的拍拉，这样可以使得拍拉出来的墙面效果更加的好。在进行装饰性抹灰的时候要有很强的整体性，因为一旦施工中出现什么问题再进行处理或者是返工都是非常困难的，所以在进行施工的时候一定要按照工序一步一步施工，确保施工可以一次就完成。

（二）涂料饰面

涂料饰面是装饰饰面工程中最简单的装修方式，它只需将各种涂料涂在墙面的表层即可，这样就可以对墙面起到保护和美观的作用。在进行室内装修的时候，会有很多的涂料可以使用，其中主要有以下几类；一种是低档水溶性涂料，这种涂料将聚乙烯醇溶解在水中，然后在里面再添加一些颜料以及助剂即可，这种涂料的价格较便宜，而且无毒，是非常容易操作的。但是这种涂料还是具有一定的缺点的，主要是它的耐久性不是很好，房屋使用年限的增加会使得这种涂料的颜色逐渐消退，所以改变这种涂料的性能是非常必要的。一种是乳胶漆，这是一种需要用水来进行搅拌的涂料，它在使用的时候可以形成一种膜物质，这种物质是不溶于水的，在墙面涂过乳胶漆以后，墙面会具有很高的耐水性，并且墙面在用水擦洗后不留痕迹的，乳胶漆是具有很好的遮盖能力的，目前这种涂料是在室内装修中使用最多的涂料，并且色泽非常的柔和，在进行施工的时候也是非常容易操作的，并且墙面的颜色的持久性也非常的长。一种是多彩涂料，在使用这种涂料的时候，一般都是以喷涂为主，多彩涂料在施工的时候可以形成多种颜色的花纹，非常适合于年轻群体的使用。

在进行涂料饰面的施工时，在选择涂料方面，乳胶漆的使用比例是最高的，在乳胶漆的施工过程中，一般都是选择用辊刷或者是涂刷的方式来进行。在施工以前，一定要确保墙面是平整的，这样可以避免乳胶漆在涂刷以后出现脱落的情况。在施工的过程中很多的施工人员还是会选择沿袭下来的方式来进行施工，但是这种施工的方式是非常不好的，极易导致乳胶漆出现气泡的情况，为了使乳胶漆的施工质量更好，施工人员要不断地提高施工的工艺。对于乳胶漆来说，它的性能越好，它的成膜性也就越好。在进行施工以前一定要将乳胶漆搅拌均匀，不均匀的搅拌会导致涂料分散不均，经过时间的作用，它是会严重影响施工的效果的。另外，乳胶漆施工时可否加水及加水量的多少，一定要严格按照厂家的规定。注意在施工时可以采用刷涂、辊涂和喷涂工艺，以上无论哪种方法都能达到预期的效果，但是需要调好乳胶漆的黏度，黏度以在施工时容易涂刷，且刷后无明显刷痕为宜。黏度太大刷痕明显，黏度偏低，则易造成流渣、遮盖力差等弊病。施工完毕，工具应及时用水清洗，否则乳胶漆干燥后，由于漆膜的耐水性，将很难清洗干净。

（三）贴面类饰面

贴面类是指利用各种天然石材或人造板、块，通过绑、挂或直接粘贴于基层表面的饰面做法。这类装修具有耐久性好、施工方便、装饰性强、质量高、易于清洗等优点。常用的贴面材料有陶瓷面砖、马赛克、剁斧石、铝塑板、花岗岩板、大理石板等。贴面类装饰基本工艺流程是比较复杂的，以陶瓷面砖为例，要经过以下过程：基层清扫处理—抹底子灰—选砖—浸泡—排砖—弹线—粘贴标准点—粘贴瓷砖—勾缝—擦缝—清理。在施工方法方面要先对基层进行处理，应全部清理墙面上的各类污物，基层必须清理干净，不得有浮土、浮灰，并提前一天浇水湿润。混凝土墙面应凿除凸起部分，将基层凿毛，清净浮灰。正式粘贴前必须粘贴标准点，用以控制粘贴表面的平整度，操作时应随时用靠尺检查平整度，不平、不直的，要取下重粘。

（四）裱糊类饰面

裱糊类是将各种装饰性墙纸、墙布等卷材裱糊在墙面上的一种饰面做法，其中以壁纸最为常用。壁纸种类繁多。分类方法各种各样，按所用材料可分为塑料壁纸、织物壁纸、天然材料面壁纸和纸面基壁纸四种。塑料壁纸价格便宜，是目前发展最快，应用最广泛的一种壁纸。施工方法：一般平整干净的墙面都可以裱糊壁纸，厂商往往指明要用哪些种胶。被贴的墙面先要满刷一遍清油，厚薄均匀即可，这样能够防止基层吸水太快，引起粘合剂脱水过快而影响墙纸粘着效果。待清油干后，吊挂铝垂线，在墙面上弹划水平、垂直线作为粘贴壁纸的基准。然后按墙别裁好壁纸，墙面上下应预留裁割尺寸，每端一般留 5 厘米。壁纸涂胶前应先刷一遍清水、使其充分吸湿伸张。涂胶时墙和壁纸都要刷胶，壁纸上墙，先对垂直，后对花纹拼缝，用副板压抹平整。粘贴完毕，如出现空鼓包或气泡时，可用针剂放气，然后用注射针挤进粘合剂后用刮板压实。

（五）板材饰面

铺钉类是指利用天然板条或各种人造薄板借助于钉、胶粘等固定方式进行饰面的做法。其中，板材饰面质地结实，手感温暖，纹理富于变化、是居室墙面装饰的理想材料。由木材资源日趋紧张，使用实木板已不多见，目前多用各种人造板材、塑料贴面板及微薄木贴面板等。板材墙面装修可分用两种形式。一种为墙面钉木龙骨，龙骨采用断面尺寸适当的木条，若表面板材竖向铺贴，龙骨则横向设置，表面板材横向，龙骨则为竖向。龙骨如能直接用钢钉钉在墙上当然更好，如果钉不上，就要在墙面按龙骨间距打洞，用水泥砂浆固定木砖再把龙骨钉在木砖上。另一种就是用粘合剂直接批贴饰面板材。

二、玻璃幕墙施工

（一）玻璃幕墙施工的特点及其分类

1. 玻璃幕墙施工的特点分析

现阶段的玻璃幕墙施工早已不是以往简单地进行外围装饰结构，而是对建筑结构的节能环保性能有着决定性的作用，并且由于玻璃幕墙的能源消耗占据着整体建筑工程能源消耗的 50% 左右，因而其在公共建筑节能设计中有着极大的影响。尤其需要注意的一点就是目前大多数建筑工程的玻璃幕墙都是由若干斜面玻璃幕墙交汇组成，呈现出外墙装饰较多且较复杂、施工面交叉立体的特点，再加上其对施工工艺的标准要求较高，具有较大程度的专业性和综合性，因而其与其他幕墙施工相比较来说，存在更大的施工难度。

2. 关于玻璃幕墙的分类

当前，建筑施工中的玻璃幕墙主要划分为以下几类：全玻璃幕墙。通常该种类型的玻璃幕墙大多都是由玻璃肋和玻璃面板组合而成；单元式玻璃幕墙。主要构成元素分别是点支承装置、支承结构及玻璃面板等，并且该种类型的玻璃幕墙主要适用在一定间距的楼层安装水平吊装轨道，继而在轨道上进行电动葫芦的安装，在通过吊装板块将其吊起，大大减轻劳动强度；框支承玻璃幕墙。通常该种类型的玻璃幕墙主要就是指玻璃面板的周边由金属性的框架支承组合而成，其又包括隐框玻璃幕墙、明框玻璃幕墙及半隐框玻璃幕墙等。

（二）建筑工程玻璃幕墙施工技术要点分析

1. 施工安装技术要点

在建筑工程实际安装工作中，预埋件的尺寸设置要采用负公差的形式。从而有效的保证其制作方面的精准性，使其更好的放入模板当中。此外对于预埋件的放置要严格遵守相关的标准规范，确保其放置位置的准确性。并且采用电焊的形式，对其主体钢筋及埋筋进行分别电焊，进而保证在混凝土的浇筑过程中，预埋件的稳定性。此外，还需要将预埋件锚板下方的混凝土进行振捣操作，保证预埋件的位置的准确性、牢固性。对于预埋件的参数的设置为，标高的最小值应为 10mm、预埋件的标高位置与设计位置误差要控制在 20mm 以内。

2. 连接件安装要点

在连接件的安装工作当中，玻璃幕墙的安装质量，受到连接件的安装质量影响相对较大。因此，连接件的安装施工质量，对于工程施工具有重要的影响。在实际的施工建设当中，连接件与埋件之间的连接主要通过螺栓与埋板的而完成的。连接中如果埋板出现问题，技术人员需要按照相关的技术标准，对埋板进行合理化的处理，然后在进行与连接件进行连接。如果连接当中不存在埋板，则可以直接进行后埋处理等相关工作的开展，从而确保连接件的安装可靠性。

3. 主龙骨安装技术要点

在主龙骨安装之前，安装技术人员要根据控制网的控制线、标高、坡度、以及图纸的设计位置进行综合方面的考虑，并且根据其相关的安装技术要求，合理的测放主龙骨的位置，保证标高控制线要钢架梁顶标牌上。此外，技术人员要根据标高控制线，适当的调整由于结构造成的偏差。待钢结构复合完成后，则可以对主龙骨进行施工放线，在放线的过程当中，尽量使用全站仪配合棱镜进行放线管理。

4. 次龙骨安装技术要点分析

横梁安装之前，技术人员需要将柔性垫片，黏贴在横梁与竖龙骨之间。并且采用不锈钢螺栓对横料角码进行技术连接。在横梁的安装工作中，尽量控制螺丝的平整度、以及拧紧度。并且要对横梁安装做好相关的避雷连接。此外，施工项目单位要按照相关的标准规范，对其安装项目进行及时的质量监控。依据相关的技术标准，对次龙骨的安装进行及时的验收，从而保证次龙骨安装的质量过关。

5. 玻璃安装技术要点分析

首先，在玻璃安装之前，相关的技术安装人员，需要针对安装的要求，对玻璃等材料进行严格的检查，确认其符合安装标准时，则可以进行玻璃安装。其次，在实际的安装过程当中，玻璃的安装要坚持由上及下的原则，且利用拉线对相邻的玻璃面的平整度、以及垂直度等进行有效的控制。此外，至于缝宽问题，需要利用木板模块对其进行控制。如果缝宽出现严重的误差，那么技术人员要将误差均匀到每条胶缝当中，进而保证玻璃安装的质量。

（三）关于玻璃幕墙的检查验收工作

若想有效落实玻璃幕墙的检查验收工作，就要做好以下两方面内容：

1.玻璃幕墙建筑施工中的隐蔽检查验收。通常在建筑工程结束之后，玻璃幕墙的许多环节都已关闭，在这种情况下一旦出现质量问题将带来严重的后果，因而施工人员在具体施工时要对以下部位展开隐蔽检查验收工作：预埋件、不同构件的连接处、伸缩缝、防火保温材料的安装及防腐蚀措施等。

2.玻璃幕墙的竣工检查验收。一般在玻璃幕墙施工完成之后，应先由施工单位自身进行详细的检查工作，然后再交由上级部门进行复验，最后再安排监理单位、具体施工及设计方三方展开检查验收，在保证其符合合格标准之后方可向监督结构申报。同时检查验收所需要的材料主要包括：施工图纸、设计说明、材料合格证书、检测报告、加工安装记录、性能测试标准及建筑单位对玻璃幕墙工程的确认文件等。

（四）玻璃幕墙施工质量控制

1.玻璃幕墙施工质量控制的内容

对于玻璃幕墙施工质量来说，做好控制工作直接影响着整个玻璃幕墙的安装效果。因此，在实际中工作中要先做好玻璃幕墙的设计工作，选择优质的材料来进行施工，同时还要制作出尺寸适宜的玻璃幕墙，这样才能保证玻璃幕墙的安装效果。只有做好这方面的工作，保证玻璃幕墙的施工质量可以满足施工的要求。

（1）做好设计上的质量控制

玻璃幕墙的质量控制有着一定难度，因此在设计中要选择具备相关组织的专业单位来进行。玻璃幕墙的设计质量控制工作需要通过设计与施工企业之间的共同努力来完成。相关建设企业要结合实际情况来提出设计的要求，也就是要保证所制定的玻璃幕墙可以承受最大风压并且具备相应的抗震性能。设计单位要结合相关的结构与要求来确定出施工企业，设计方案不仅要保证玻璃幕墙的美观性，同时也要尽可能地保证玻璃幕墙中的刚度以及强度等可以满足设计的要求。

（2）做好材料的质量控制工作

通过分析可以看出，制作材料直接影响着玻璃幕墙的安全性，玻璃幕墙中所采用的材料包含了骨架、板材以及粘接材料等，所以要尽可能地保证这些材料的质量。通过选择高精级以上的铝合金型材与安全比例等来提高玻璃幕墙的质量，避免采用过期产品。在进行玻璃幕墙安装的过程中，还要保证所采用的配件要满足质量上的需求，避免出现由于配件质量问题而造成安全事故的发生。

（3）做好加工制作的质量控制工作

玻璃幕墙具有加工难度大的特点，因此，在进行玻璃幕墙板块加工的过程中要选择质量有保证的企业，同时还要确保这一企业中所加工的玻璃幕墙可以满足设计的要求。也就是说，玻璃幕墙的设计尺寸要满足要求，这样才能保证玻璃幕墙的安装质量可以满足实际的要求，避免加工制作因素的负面影响，导致玻璃板块质量不能满足实际的要求，从而遗留下了安全隐患。

（4）做好安装施工质量控制工作

想要控制好玻璃幕墙的质量，最为关键的环节就是做好玻璃幕墙的安装工作。在实际中工作中，相关人员要做好玻璃幕墙的安装施工工作。在进行安装以前还要制定出严格的施工方案，固定好支座，同时还要检查好焊缝等，以此来保证结构的水平度。其次，是要做好安装工序的抽检工作，如果工程中存在着抽检不合格的现象，要及时地停止下一阶段的施工工作，这样才能真正控制好玻璃幕墙的施工质量。

2.玻璃幕墙施工质量控制与安装技术

为了提高玻璃幕墙的施工质量，要完善好玻璃幕墙的安装技术，同时还要建立出完善的保证体系，以此来保证安装的效果可以满足实际的需求。

（1）建立出完善的质量保证体系

对于完善的质量保证体系来说，直接影响着玻璃幕墙的质量控制效果。玻璃幕墙的质量的实际的施工流程和方法息息相关，在实际施工中不可避免地会出现遗漏的地方。因此，在实际施工过程中要求监理部门要做好监理工作，及时发现存在问题的地方，采取有效的措施来解决实际问题。对于一些高层的玻璃幕墙来说，企业要聘请专业的监理机构来开展工程监理工作。在工程完工后，质量检测的机构就可以进行有效的质量验收评定。只有在验收合格以后才能交付使用，如果发现存在问题，要及时采取措施来进行相应的处理。

（2）做好施工工序的监控工作

在进行玻璃幕墙安装的过程中，要明确相应的玻璃板材安装工序。对于这些环节来说，直接影响着玻璃幕墙的施工效果。对于这几个工序来说，存在着较大的关联性，一旦一个工序出现问题就会直接对其他工序也产生影响。因此，在实际中工作中要严格采取有效的措施来控制好施工工序，同时还要针对工序中存在的问题制定出科学的解决方案，这样才能避免影响到下一阶段的工序。

（3）保证工程的安全性能

玻璃幕墙要具备一定的安全性能，其安全性能主要体现在了防火与防雷等方面上。所以施工方要做好幕墙的隔热与保温设计工作，尽可能地采用不燃材料，同时还要做好防潮防湿工作，这样才能提高幕墙的使用效果。为了保证玻璃幕墙的安全性，要避免防火材料与玻璃直接接触。在玻璃幕墙的防火等级方面，需要在满足消防部门规定的基础上来进行合理的施工，在隔墙处与幕墙之间还要采取有效的防火措施，在缝隙中则要采用防火密封胶等来做好密封处理工作。这样才能避免受到高温的影响造成火灾事件的发生。此外，还要做好玻璃幕墙的雨水防渗漏处理工作，提高其防雷以及抗震等方面的性能。

第三节　楼地面工程施工

楼地面工程是建筑工程项目中的重要组成部分，其与人们生活和工作接触最为频繁，因此在施工中提高施工质量有着重要作用与意义。就目前的工程项目分析总结，在施工中施工质量的优劣直接关系着建筑物整体功能的发挥和施工者的安全，所以就需要我们在工作中及时、科学、完整的做好整体工程施工质量控制，建立良好的工程基础和管理控制措施。在目前的施工管理控制工作中，既要按照设计图纸进行全面、科学的施工，也要在工作中结合相关的施工规范、文献资料为指导标准，进行全面深入的总结与管理控制。但是由于在目前工程项目中施工方法和施工技术水平还存在着一定问题，使得在工作中常常会出现一些质量通病，这些通病有些虽然问题较小，但是严重地影响着工程施工质量与效益。

一、楼地面工程概述

楼地面工程是人们工作和生活中接触最为频繁的一个分部工程，因此在施工的过程中提高其楼地面施工工艺成为避免施工质量问题的有效手段。楼地面是反应工程档次和质量水平的核心环节，更是地面承载力、耐磨性、耐腐蚀性、抗渗能力、隔音性能、弹性和光洁程度等诸多效果的集体体现。

二、楼地地面施工技术

（一）水泥砂浆地面

水泥砂浆地面施工技术是楼面工程中最为常见的施工技术之一，在施工的过程中其水泥砂浆层厚度约为 15 ~ 22mm，一般都是采用 32.5 号水泥与粗砂配制而成，其中配合比约为 1：2.25，由于在砂浆配合的时候是干硬性质的配合过程，一般都是通过手捏成出浆作为主要的衡量标准。在这种方法下，其主要的施工工艺为：CL7.5 轻集料混凝土垫层→基层处理→找标高→贴饼和标筋→刷水泥结合层→铺设砂浆面层→搓平→养护→第一遍压光→第二遍压光→第三遍压光→养护→检查验收。

砂浆终凝之后一般在一天之后铺上草袋、锯末等，再浇水养护。水泥砂浆面层在施工中除了用铁抹子压光以外，其养护是保证面层不起砂的关键，应当引起足够的重视。当施工大面积水泥砂浆面层的时候，应当按照要求留设分格缝，防止砂浆面层发生不规则裂缝，一旦发生其各种裂缝，要及时地进行处理和修补。

（二）细石混凝土地面

细石混凝土地面在楼地面施工中也是较为常见的，其不但可以克服水泥地面中存在的干缩裂缝等较大的缺点和缺陷，同时在控制的过程中对于干缩值进行着严格深入的控制，但是其厚度较大，一般约为 30 ~ 40mm。其中混凝土在选择的过程中强度等级不能够低于 C20。浇筑的时候坍落度不能够大于 30mm，水泥采用一般低于 32.5 号的普通硅酸盐水泥或者硅酸盐水泥，砂子在选用的时候一般选用中砂或者粗砂，碎石或者卵石的颗粒径应当不大于 15mm，且不大于面层厚度的 2/3。

（三）木地板施工

木地面按其施工方法分为两种：

一种是钉固地面；另一种是胶黏地面。按木条拼接形式分有正方形地面、芦席纹地面、人字纹地面、直条地面等。

三、施工前后质量控制

楼地面工程的施工质量如果控制不好，轻则出现微小裂纹.重则出现起砂、空鼓、裂缝等质量事故，虽不影响结构安全，但却往往造成顶棚泅水、脱落和楼地面渗漏水等弊病。建筑楼地面工程开工前做好图纸会审、施工方案、技术交底、施工机具准备到位等技术准备工作。所用中粗砂含泥量不大于 3%。施工人员经培训。掌握操作要领，把住关键工作。做好配合工种及施工顺序安排，工序穿插合理。现场施工基本结束后，还应做好后期质量控制。对已完工程进行彻底清理干净。不准将无关的化学物质无意倾洒在楼地面上，不准随意用重物振捣。随时观察，若发现缺水现象还应间断性养护。极力做好楼地面工程维护保养工作，建立健全楼地面工程施工质量巡检制度。

四、楼地面施工现场的质量控棚

（一）地面起砂的质量控制

第一，要严格控制水灰比。用于地面面层的水泥砂浆的稠度不应大于 3.5cm，用混凝土和豆石混凝土铺设地面时的坍落度不应大于 3cm。施工前垫层要充分湿润，涂刷水泥浆要均匀，冲筋间距不宜太大，最好控制在 1.2m 左右，随铺灰随用短杠刮平。混凝土面层宜用平板振捣器振实，豆石混凝土宜用滚子滚压，或用木抹子拍打，使表面泛浆，以保证面层的强度和密实度。

第二，要掌握好面层的压光时间。水泥地面的压光一般不应少于三遍。第一遍应在面层铺设后随即进行。先用木抹子均匀搓打一遍，使面层材料均匀、紧密，抹压平整，以表面不出现水层为宜。第二遍压光应在水泥初凝后、终凝前完成（一般应以上人时有轻微脚印但又不明显下陷为宜），将表面压实、压平整，第三遍压光主要是消除抹痕和闭塞细毛孔，进一步将表面压实、压光滑（时间应掌握在上人不出现脚印或有不明显的脚印为宜），但切忌在水泥终凝后压光。

（二）地面起鼓的质量控制

首先，要严格处理底层（垫层或基层）。认真清理表面的浮灰、浆膜以及其他污物，并冲洗干净。如底层表面过于光滑，则应凿毛；门口处砖层过高时应予剔凿；控制基层平整度，用 2m 直尺检查，其凹凸度不应大于 10mm，以保证面层厚度均匀一致，防止厚薄差距过大，造成凝结硬化时收缩不均而产生裂缝、空鼓；面层施工前 1 ~ 2d，应对基层认真进行浇水湿润，使基层具有清洁、湿润、粗糙的表面。其次，要注意结合层施工质量。素水泥浆结合层在调浆后应均匀涂刷，不宜采用先撒干水泥面后浇水的扫浆方法。

（三）地面裂缝的控制

水泥地面裂缝有多种，主要有通胀的纵向及横向裂缝，连底裂缝和表面裂缝，不规则水裂、干缩等塑性裂缝。原因有多重。第一，材料性能不好及养护不善：如水泥安定性不好，收缩大；砂子粒度过细，拌合物泌水，引起收缩裂缝；面层做完后未及时浇水养护，是产生干缩裂缝最普遍的原因。第二，水泥拌合物稠度（坍落度）过大或搅拌不均匀，拌和物水灰比过大或搅拌不均匀，造成粗骨料沉淀、砂浆离析，混凝土内水分蒸发形成孔隙，削弱了混凝土的粘聚力，从而降低了其抵抗内在（如水泥收缩、温度应力）和外来损害的能力。第三，垫层的强度不够：地面垫层质量往往被忽视，经常出现配合比不准、振捣不实甚至不振捣（指用铁锹拍和脚踩）、接槎不严等粗制滥造的现象，大大降低了垫层的强度和作用；有时首层地面素土（或灰土）标高不够，垫以砂石未经认真夯实，或标高超出后减少了垫层厚度，都会削弱垫层承载能力从而引起面层发生裂缝。

第四节　吊顶、隔墙工程施工

一、吊顶工程施工

（一）吊顶工程的构造

1. 基本概念

吊顶又称顶棚、天花板，是建筑装饰工程的一个重要子分部工程。吊顶具有保温、隔热、隔声和吸声的作用，也是隐蔽电气、暖气、通风空调、通信和防火、报警管线设备等的隐蔽层，其形式有直接式和悬吊式两种。

直接式顶棚按施工工艺的不同，分为直接抹灰顶棚、直接涂饰顶棚、直接粘贴式顶棚等。悬吊式顶棚按施工工艺的不同，分为暗龙骨吊顶棚和明龙骨吊顶棚。

2. 基槽构造

吊顶工程的构造由支承、基层和面层三部分组成。

（1）支承部分：由吊杆和主龙骨组成。吊杆又称吊筋，是主龙骨与结构层（楼板或屋架）连接的构件，一般预埋在结构层内，也可以采用后置埋件，建筑装饰装修多采用后置埋件；主龙骨又称承载龙骨或大龙骨，主龙骨与吊杆相连接。

（2）基层：由次龙骨组成，是固定顶棚面层的主要构件，并将承受面层的重量传递给支承部分。

（3）面层：是顶棚的装饰层，使顶棚达到既有吸声、隔热、保温、防火等功能，又具有美化环境的效果。

（二）吊顶工程的分类

按照施工工艺的不同，分为暗龙骨吊顶和明龙骨吊顶。

1. 暗龙骨吊顶

又称隐蔽式吊顶。是指龙骨不外露，饰面板表面呈整体的形式。这种吊顶一般应考虑上人。

2. 明龙骨吊顶

又称活动式吊顶。一般是和铝合金龙骨或轻钢龙骨配套使用，是将轻质装饰板明摆浮搁在龙骨上，便于更换。龙骨可以外露也可以半露。这种吊顶一般不考虑上人。

按照采用的饰面材料不同，分为石膏板、金属板、矿棉板、木板、塑料板或格栅吊顶等。按照采用的龙骨材料的不同，分为木龙骨、轻钢龙骨，铝合金龙骨吊顶等。

（三）材料技术要求

1. 龙骨及吊杆

（1）木龙骨及吊杆：木龙骨应使用无扭曲的红、白松木，不得使用黄花松，其含水率应不大于18%，木龙骨的规格应符合设计要求；如设计无明确规定时，主龙骨规格采用50mm×70mm 或 50mm×100mm，次龙骨规格采用 50mm×50mm 或 40mm×60mm，吊杆规格为 50mm×50mm 或 40mm×40mm。木龙骨、木吊杆须经防腐，防火和防蛀处理。

（2）金属龙骨及吊杆：主要是轻钢龙骨和铝合金龙骨。其截面尺寸取决于荷载大小，应按设计要求选用龙骨的主件和配件，龙骨的截面形式较多，主要有 U 型、T 型、C 型、L 型等。主龙骨与基层结构的连接多通过吊杆连接，吊杆与主龙骨用特制的吊杆件或套件连接，吊顶工程中的预埋件、钢筋吊杆和型钢吊杆应进行防锈处理。

2.面层材料

（1）木龙骨吊顶的面层一般采用人造木板（如胶合板、纤维板、木丝板、刨花板等）面层或板条（金属网）抹灰层。

（2）金属龙骨吊顶的面层一般采用装饰吸声板（如纸面石膏板、钙塑泡沫板、纤维板、矿棉板等）和金属装饰板（如不锈钢板、防锈铝板、电化铝板、镀锌钢板等）。

（3）饰面材料的材质、品种、规格、图案和颜色应符合设计要求；当饰面材料为玻璃板时，应使用安全玻璃或采用可靠的安全措施。木饰面板必须进行防火处理。

（4）饰面板安装前应按规格、颜色等进行分类选配。

（四）施工工艺要求

1.交接检验

（1）安装龙骨前，应按设计要求对房屋净高，洞口标高和吊顶内管道设备及其支架的标高进行交接检验。

（2）安装饰面前，应完成吊顶内管道和设备的调试及验收。

2.测量放线

弹顶棚标高水平线，应根据吊顶的设计标高在四周墙上弹线。弹线应清晰，位置应准确。即从墙面的500mm基准线上返找出吊顶的下皮标高，沿房间四周的墙面弹出水平线，再按主龙骨要求的安装间距弹出龙骨的中心线，找出吊点的位置中心（装配式楼板吊点中心应避开板缝），并充分考虑吊点所承受载荷的大小和楼板自身的强度。吊点的间距一般应不超过1m，距龙骨的端部距离应不超过300mm，以防悬臂端挠度变形。画龙骨分档线：沿已弹好的顶棚标高水平线，画好龙骨的分档位置线。

3.龙骨安装

龙骨的安装应符合下列要求：

（1）主龙骨吊点间距、起拱高度应符合设计要求；当设计无要求时，吊点间距应小于1.2m，应按房间短向跨度的1‰～3‰起拱。主龙骨安装后应及时校正其位置、标高。

（2）吊杆应通直，吊杆距主龙骨端部距离不得大于300mm；当大于300mm时，应增加吊杆；当吊杆长度1.5m时，应增设反支撑；当吊杆与设备相遇时，应调整并增设吊杆。

（3）次龙骨应紧贴主龙骨安装。固定板材的次龙骨间距不得大于600mm，在潮湿地区和场所间距宜为300～400mm。用沉头自攻螺钉安装饰面板时，接缝处次龙骨宽度不得小于40mm。

（4）暗龙骨系列横撑龙骨应用连接件将其两端连接在通长次龙骨上。明龙骨系列的横撑龙骨与通长龙骨搭接处的间隙不得大于1mm。

（5）边龙骨应按设计要求弹线固定在四周墙上。

（6）全面校正主次龙骨的位置及平整度，连接件应错位安装。

4.灯具、设备安装处置

一般轻型灯具可固定在次龙骨或附加的横撑龙骨上；大于3kg的重型灯具、电扇及其他重型设备严禁安装在吊顶工程的龙骨上。

5.饰面板安装

（1）饰面板安装方法

龙骨调平调正后安装饰面板。饰面板的安装方法有：钉固法、搁置法、粘贴法、嵌入法、卡固法等。

钉固法：是将饰面板用圆钉、自攻螺钉、射钉、螺钉等连接件固定在龙骨上。其中，圆钉钉固法主要用于胶合板、纤维板的安装，钉距一般为200mm；自攻螺钉钉固法主要用于塑料板、石膏板、矿棉板安装，在安装前饰面板四周按螺钉间距先钻孔，钉距一般为200mm。搁置法：是将饰面板直接放在T型龙骨组成的格栅框内，即完成吊顶安装。有些轻质饰面板考虑利用时会被掀起（包括空调风口附近），应有防散落措施，宜用木条、卡子等固定。粘贴法：分为直接粘贴法和复合粘贴法。直接粘贴法是将饰面板用胶粘剂直接粘贴在龙骨上。每块饰面板安装前应进行预装，然后在预装部位龙骨框底面刷胶；同时，在饰面板四周刷胶，刷胶宽度为10～15mm，经5～10min后，将饰面板压粘在预装部位。每间顶棚先由中间行开始，然后向两侧分行逐块粘贴。胶粘剂近设计要求选用，设计无要求时，应经试验选用。复合粘贴法是将饰面板粘贴在石膏板等基层板上，其基本构造为：龙骨＋石膏板等基层饰面板＋面层饰面板。嵌入法：是将饰面板事先加工成企口暗缝，安装时将T形龙骨两肋插入企口缝内。卡固法：是将饰面板与龙骨采用配套卡具卡接固定，多用于金属饰面板安装。

（2）暗龙骨饰面板（包括纸面石膏板、纤维水

泥加压板，胶合板、金属方块板、塑料条形板、石膏板钙塑板、矿棉板和格栅等）的安装应符合下列要求：以轻钢龙骨，铝合金龙骨为骨架，采用钉固法安装时应使用沉头自攻螺钉固定。以木龙骨为骨架，固定方式分为钉固法、粘结法两种方法。采用复合粘贴法安装时，胶粘剂未完全固化前板材不得强烈振动。d 金属饰面板采用吊挂连接件固定时，应按产品说明书的规定放置。

（3）明龙骨饰面板的安装应符合下列规定：

饰面板安装应确保企口的相互咬接及图案花纹的吻合。饰面板与龙骨嵌装时，应防止相互挤压过紧或脱挂。采用搁置法安装时应留有板材安装缝，每边缝隙不宜大于1mm。玻璃吊顶龙骨上留置的玻璃搭接宽度应符合设计要求，并应采用软连接。装饰吸吊板的安装如采用搁置法安，应有定位措施。

二、隔墙工程施工

（一）砌体填充墙

某工程外墙、内隔墙采用 M5.0 混合砂浆砌加气砼砌块，砌块容重不大于 6.5KN/m³，加气砼砌块必须试验合格后方能用于工程，在使用前提前一天浇水湿润，表面晾干，砌筑砂浆由试验室下达配合比通知单，并严格按配合比通知单调配后计量拌制砂浆。

主体完成后放出墙身内边线和控制线，基层浇水湿润，主体施工时在柱中预埋铁件（或后期植筋），在砌砖前凿出并焊接拉结筋，拉结筋间距 500mm，压入砖墙内不少于 1000mm，砖墙最上行用斜砖砌实，对长度大于 4m 的墙中间留构造柱，高度大于 4m 的设腰梁。填充墙砌筑至框架梁底时，停止施工，待砌体沉实后再顶砌（至少 7 天）。加气砌块的门窗洞口，采用砖补砌镶边，预埋木砖。

1. 加气砼砌块砌筑

（1）墙体放线：砌体施工前，应将基础面或楼层结构面按标高找平，下面砌三层粘土砖，依据砌筑图放出第一皮砖的轴线，砌体边线和洞口线。

（2）砌块排列：按砌块排列图在墙体范围内分块定尺、划线、排列砌块的方法和要求如下：

砌块砌筑前根据施工图，结合砌块的品种、规格、绘制砌体砌块的排列图，经审核无误，排列砌块。

砌块排列应从第一皮砖排列，排列时尽可能主规格的砌块，砌体中主规格砌块应占总量的 75% ~ 80%。

砌块排列上、下皮应错缝搭砌，搭砌长度一般为砌块的 1/2 不得小于高的 1/3，也不应小于 150mm，如果搭接、错缝长度满足不了规定的搭接要求，应采取压砌钢筋网片的措施，用 φ6.5@150l=600mm。外墙转角与纵横墙交接处，应将砌块分皮交槎，交错搭砌，如果不能咬槎时，应采取其他构造措施，砌体垂直缝与门窗洞口边线应避开通缝，且不得采用砖镶砌。

砌体水平灰缝一般为 10mm，垂直灰缝宽度为 10mm，大于 30mm 的垂直缝，应用 C20 砼灌实。

砌块排列尽量不镶砖或少镶砖，必须镶砖时，应用整砖平砌且尽量分散。镶砌的强度不应小于砌块强度等级。

2. 配制砂浆：按设计要求的强度等级配制砂浆，配合比由试验室确定，采用重量比，砂含泥量不大于 3%，水泥必须有合格证，并试验合格，石灰膏稠度适宜，必须熟化大于 7 天。计量精度为水泥 ±2%、砂、石灰膏控制在 ±5%，采用机械搅拌，搅拌时间不少于 1.5min。

3. 铺砂浆：将搅拌好的砂浆，通过吊斗，灰车运到浇筑点，在砌块就位前用大铲、灰勺进行分块铺灰，铺灰长度不得超过 1.5m。

4. 砌块就位与校正：砌块砌筑前一天，应进行浇水湿润，冲去浮尘，清除砌块表面的杂物后方可吊运就位。砌筑就位应先远后近，先下后上，先外后里，每层开始时，应从转角处或定位砌块开始。

5. 砌筑镶砖：用普通粘土砖镶砌最后一皮砖，必须选用无横裂的整砖，顶砖镶砌，不得使用半砖。

6. 竖缝灌砂浆：每砌一皮砌块，就位校正后用砂浆灌垂直缝，随后进行灰缝的勒缝，深度一般为 3 ~ 5mm。

（二）轻质隔墙板施工

凡不同基底材料相接处，加钉钢筋网，网宽 300mm，防止裂缝。清理隔墙板与顶棚、地面、墙面的结合部，凸出墙面的砂浆混凝土块等必须剔除并扫净，结合部尽力找平。

1. 放线分档：在地面、墙面及顶棚根据设计位置，弹好隔墙边线及门窗洞口线，并按板宽分档。

2. 配板、修补：板的长度应按楼层结构净高尺寸减 20mm，计算并测量门窗洞口上部及窗台下部的隔墙尺寸，按此尺寸配制有预埋件的门窗框板，当板的宽度与隔墙的长度不相适应时，应将部分隔墙板预先拼接加宽或锯成合适的宽度，放置在有阴角处，有缺陷的板预先应修补。

3. 用 U 形钢板卡固定条板的顶端，在两块条板顶端拼缝之间用射钉将 u 形钢板卡固定在梁和板上，随穿板随固定 U 形钢板卡。

4. 配制胶粘剂：胶粘剂要随配随用，配制的胶粘剂应在 30min 内用完。

5. 安装隔墙板：隔墙板安装顺序应从与墙的结合处开始，依次顺序安装，板侧清刷浮灰，在墙面、顶面及侧面（相拼合面）满刮胶粘剂。

（1）按弹线位置安装就位，用木楔顶在板底，再用手平推隔板，使板缝冒浆，一个人用撬棍在板底向上顶，另一人打木楔。

（2）使隔板挤紧顶实。然后用开刀将挤出的胶粘剂刮平，按以上操作顺序依次安装隔墙板，在安装隔墙板时一定要注意条板对准预先在顶板和地板上弹好的定位线。在安装过程中随时用靠尺测量墙面的平整度、垂直度。

（3）粘结完毕的墙体应立即 C20 硬性砼将板下堵严，当砼达到 10Mpa 以后撤去板下木楔，并用同强度的干硬性砂浆灌实。

6. 板缝处理：隔墙板安装后 10d，检查所有缝隙是否粘接良好，有无缝隙，如出现裂缝应查明原因后进行修补，已粘结良好的所有板缝、阴角缝，先清理浮灰，刮胶粘剂，贴50mm 宽玻璃网格带，转墙隔墙在阴角处粘贴 200mm 宽，每边各 100mm 宽玻纤布一层，压实粘牢，表面再用胶粘剂刮牢。

7. 隔墙板现场施工要点

（1）先将条板侧抬至梁、板底面弹有安装线的位置，将粘结面用备好的水泥砂浆全部涂抹，两侧做八字角；安装顺序；无门洞口，从外向内安装，有门洞口，由门洞口向两边扩展，门洞口边宜用整板，竖板时一人在一边推挤，一人在下面用宽口手撬棒撬起，边顶边撬，使之挤紧缝隙，以挤出胶浆为宜。在推挤时，应注意条板是否偏离已弹好的安装边线，并及时用垂线和铝合金靠尺校正，将板面找平，找直。

（2）高度超过3.3m的初级安装

轻质板最长规格为3.2m，90mm板抗折力可超过2000N以上，根据90mm板的抗折力和抗冲性能，在不超过4m的净空内按一般胶结方法安装可以确保安全。板接缝处粘结：将超出3.2m高的小板量好尺寸用切割机切好，实行长短错开竖放拼装，安装办法仍按前述施工方法进行，净空超过4m的隔墙板安装需进行专门的结构设计。

（3）门窗结点

预留门窗洞口墙板根据实际要求任意加工（包括加工企口）门框两侧采用整板，若门洞一侧靠混凝土柱，则应在门洞顶角用射钉将角钢射入混凝土柱，位置要准确无误以支承洞顶的条板。（转弯、门窗丁字结点建议用钢板网连接，是避免门、窗在外力作用下条板接缝开裂的有效措施）。门、窗口过梁板不超过1200mm，超过1200mm应进行专门的结构设计，门框、窗框与墙板之间用专用构件连接，门框与墙板间隙用粘结剂腻子塞实、刮平，条板安装后一周内不得打孔凿眼，以免粘结剂固化时间不足而使板受震动开裂。

第五节 涂料、刷浆、裱糊工程施工

一、涂料的组成和分类

（一）使用寿命

涂料的使用寿命根据不同的产品而定的，液态理石质感产品采用改性有机硅树脂乳液为基料，运用特殊包覆技术，将各色色漆包覆成胶状水性彩色颗粒，均匀稳定地悬浮在特定的水性分散体中，各种着色粒子色相保持不变，着色颜料不会在水中析出。那么这种外墙涂料的使用寿命大概为15年。

液态理石质感产品运用独特的包裹技术，使产品完全实现水性化，VOC含量极低，大大提高了外墙漆的使用寿命；高仿真性，涂层表面凹凸柔顺，色彩相互渗透，在色彩上能模仿天然花岗岩石；环保节能，可替代资源日趋稀少的宝贵石材，配合外墙外保温进行专业的仿花岗岩装饰，完全符合国家以建筑涂料的节能环保要求；装饰效果优异，色彩深浅随意，花纹大小随意。通过色彩设计与自然石风格结合创造出豪华、凝重的装饰效果，还可通过不同的格缝设计，扩大设计空间及提高表现力，充分体现个性化；高弹抗裂，具有很好的延展性，能有效地改善因基层开裂造成的墙面裂缝问题，从这个方面也不难看出，清欣专业外墙漆液态理石质感产品提高了外墙漆的使用寿命；涂层耐磨损，耐洗刷，耐高温，耐酸雨，附着力强，延展性佳，防水，防霉，自洁性好；施工性优，一次成型，施工期短；性价比高，可适应任何不规则墙面，可装饰任何弯曲，细边等部分，能充分体现建筑物的线条和层次感。降低墙体承重，造价只有天然花岗石造价的 30 ~ 40%。

（二）组成

涂料一般由四种基本成分：成膜物质（树脂、乳液）、颜料（包括体质颜料）、溶剂和添加剂（助剂）。

1. 成膜物质是涂膜的主要成分，包括油脂、油脂加工产品、纤维素衍生物、天然树脂、合成树脂和合成乳液。成膜物质还包括部分不挥发的活性稀释剂，它是使涂料牢固附着于被涂物面上形成连续薄膜的主要物质，是构成涂料的基础，决定着涂料的基本特性。

2. 助剂如消泡剂，流平剂等，还有一些特殊的功能助剂，如底材润湿剂等。这些助剂一般不能成膜并且添加量少，但对基料形成涂膜的过程与耐久性起着相当重要的作用。

3. 颜料一般分两种，一种为着色颜料，常见的钛白粉，铬黄等，还有种为体质颜料，也就是常说的填料，如碳酸钙，滑石粉。

4. 溶剂包括烃类。溶剂（矿物油精、煤油、汽油、苯、甲苯、二甲苯等）、醇类、醚类、酮类和酯类物质。溶剂和水的主要作用在于使成膜基料分散而形成黏稠液体。它有助于施工和改善涂膜的某些性能。

根据涂料中使用的主要成膜物质可将涂料分为油性涂料、纤维涂料、合成涂料和无机涂料；按涂料或漆膜性状可分溶液、乳胶、溶胶、粉末、有光、消光和多彩美术涂料等。

（三）种类

涂料的分类方法很多，通常有以下几种分类方法：

1. 按产品的形态来分，可分为：液态涂料、粉末型涂料、高固体分涂料。

2. 按涂料使用分散介质：溶剂型涂料；水性涂料（乳液型涂料、水溶性涂料）。

3. 按用途可分为建筑涂料、罐头涂料、汽车涂料、飞机涂料、家电涂料、木器涂料、桥梁涂料、塑料涂料、纸张涂料、船舶涂料、风力发电涂料、核电涂料、管道涂料、钢结构涂料、橡胶涂料、航空涂料等。

4. 按其性能来分，可分为：防腐蚀涂料、防锈涂料、绝缘涂料、耐高温涂料、耐老化涂料、耐酸碱涂料、耐化学介质涂料。

5. 按是否有颜色，可分为：清漆、色漆。

6. 按其施工工序来分，可分为：封闭漆、腻子、底漆、二道底漆、面漆、罩光漆。

7. 按施工方法可分为刷涂涂料、喷涂涂料、辊涂涂料、浸涂涂料、电泳涂料等。

8. 按功能可分为不粘涂料、铁氟龙涂料、装饰涂料、防腐涂料、导电涂料、防锈涂料、耐高温涂料、示温涂料、隔热涂料、防火涂料、防水涂料等。

9. 家用油漆可分为内墙涂料、外墙涂料、木器漆、金属用漆、地坪漆。

10. 按漆膜性能分（防腐漆、绝缘漆、导电漆、耐热漆……）

11. 按成膜物质分（天然树脂类漆、酚醛类漆、醇酸类漆、氨基类漆、硝基类漆、环氧类漆、氯化橡胶类漆、丙烯酸类漆、聚氨酯类漆、有机硅树脂类漆、氟碳树脂类漆、聚硅氧烷类漆、乙烯树脂类漆……）

12. 按基料的种类分类：可分为有机涂料、无机涂料、有机—无机复合涂料。有机涂料由于其使用的溶剂不同，又分为有机溶剂型涂料和有机水性（包括水乳型和水溶型）涂料两类。生活中常见的涂料一般都是有机涂料。无机涂料指的是用无机高分子材料为基料所生产的涂料，包括水溶性硅酸盐系、硅溶胶系、有机硅及无机聚合物系。有机—无机复合涂料有两种复合形式，一种是涂料在生产时采用有机材料和无机材料共同作为基料，形成复合涂料；另一种是有机涂料和无机涂料在装饰施工时相互结合。

13. 按装饰效果分类：可分为：（1）表面平整光滑的平面涂料（俗称平涂），这是最为常见的一种施工方式；（2）表面呈砂粒状装饰效果的砂壁状涂料，如真石漆；（3）形成凹凸花纹立体装饰效果的复层涂料，如浮雕。

14. 按在建筑物上的使用部位分类：分为内墙涂料、外墙涂料、地面涂料、门窗涂料和顶棚涂料。

15. 按使用功能分类：可分为普通涂料和特种功能性建筑涂料（如防火涂料、防水涂料、防霉涂料、道路标线涂料等）。

16. 按照使用颜色效果分类：如金属漆，本色漆（或者叫作：实色漆），透明清漆等。

（四）特点

1. 性能

（1）遮盖力：遮盖力通常用能使规定的黑白格掩盖所需的涂料重量来表示，重量越大遮盖力越小。

（2）涂膜附着力：表示涂膜与基层的粘合力。

（3）粘度：粘度的大小影响施工性能，不同的施工方法要求涂料有不同的粘度。

（4）细度：细度大小直接影响涂膜表面的平整性和光泽。

2. 特点

（1）耐污染性

（2）耐久性：包括耐冻融、耐洗刷性、耐老化性

（3）耐碱性：涂料的装饰对象主要是一些碱性材料，因此碱性是涂料的重要特性。

（4）最低成膜温度：每种涂料都具有一个最低成膜温度，不同的涂料最低成膜温度不同。

（五）成膜机理

1. 物理成膜机理

依靠涂料中溶剂的蒸发或热熔的方式而得到干硬涂膜的干燥过程称为物理机理固化。这是一般可塑性涂料的成膜形式。为了得到平整光滑的漆膜，必须选择好溶剂。如果溶剂挥发太快，浓度很快升高，表面的涂料会因粘度过高失去流动性，结果漆膜不平整；另外溶剂不同会影响漆膜中聚合物分子的形态，导致漆膜的微观形态出现很大差异。

2. 化学成膜机理

化学成膜是指先将可溶的（或可熔的）低相对分子质量的聚合物涂覆在基材表面以后，在加温或其他条件下，分子间发生反应而使相对分子质量进一步增加或发生交联而成坚韧的薄膜的过程，这种成膜方式是热固性涂料的成膜方式。如：干性油和醇酸树脂通过和氧气的作用成膜，氨基树脂与含羟基的醇酸树脂、聚酯和丙烯酸树脂通过醚交换反应成膜，环氧树脂与多元胺交联成膜等都是利用化学反应方式成膜的。

（六）危害

第一种乙二醇醚及其酯类溶剂涂料，这类直接对人体有杀伤作用，人只要长期接触，重的都会让血液，淋巴受损，更严重的对生殖系统也有巨大危害。

第二种是带氨基漆的涂料，如果认用这种涂料刷门，刷窗，路人行过都能闻到，有时熏的人头会晕，眼睛不开，危害显而易见。

第三种一些防腐蚀涂料，有时会要求带一些额外功能，比如船舶使用的涂料，因要求杀海藻的，从而不得不加入一些有毒物质。比如加入重金属物质，能长期毒害一些靠近的工作者。

第四种带溶剂甲苯的涂料，这种不会让人短期发觉的，而是接触久性的，慢慢积累毒素。从而身体出现不适，有一种哑巴吃黄连的感觉，等我们积累多了，发现问题时，那可就晚了。

（七）注意事项

1. 墙面贴布：为了防止墙面出现裂缝，非承重墙上一定要贴布。
2. 墙衬：墙衬是 821 腻子的替代产品，是墙面基层必须使用的材料。
3. 底漆：底漆有防潮，防霉的作用，一定要先刷底漆，后刷面漆。
4. 颜色：按照建材市场的色卡选择涂料颜色的时候，最好选择比色卡浅的颜色，实际涂刷的效果才是你想要的效果。
5. 喷涂：喷涂的效果，比工人手刷效果好，但是比较费材料。

二、涂料工程施工

（一）基层处理

混凝土和抹灰基层表面必须坚实。无酥板、脱层、起砂、粉化等现象，否则应铲除。基层表面要求平整，如有孔洞、裂缝，须用同种涂料配置的腻子批嵌，除去表面的油污、灰尘、泥土等，清洗干净。对于施涂溶剂型涂料的基层，其含水率应控制在 8% 以内，对于施涂乳液型涂料的基层，其含水率应该控制在 10% 以内。

对于木材基层表面，以先将木材表面上的灰土、污垢清除干净，并把木材表面的缝隙、毛刺等用腻子填补磨光，木材基层的含水率不得大于 2%。

（二）涂料施工

涂料施工主要操作方法有刷涂、滚涂、喷涂、刮涂、弹涂、抹涂等。

1. 刷涂

刷涂是人工用刷子蘸上涂料直接涂刷于被饰涂面。要求不流、不挂、不皱、不漏、不露刷痕。刷涂一般不少于两道，应在前一道涂料表面干后再涂刷下一道。两道施涂间隔时间由涂料品种和涂刷厚度确定，一般为 2 ~ 4h。

2. 滚涂

滚涂是利用涂料辊子蘸上少量涂料，在基层表面上下垂直来回滚动施涂。阴角及上下口一般需先用排笔、鬃刷刷涂。

3. 喷涂

喷涂是一种利用压缩空气将涂料制成雾状（或粒状）喷出，涂于被饰涂面的机械施工方法。其操作流程为：

（1）将涂料调至施工所需黏度，将其装入贮料罐或压力供料桶中。（2）打开空压机，调节空气压力，使其达到施工压力，一般为 0.4 ~ 0.8MPa。（3）喷涂时，手握喷枪要稳，涂料出口应与被涂面保持垂直，喷枪移动时保持喷涂面保持平行。喷涂距离 500mm 左右为宜，喷枪运行速度应保持一致。（4）喷枪移动的范围不宜过大，一般直接喷涂 700 ~ 800mm 后折回，再喷涂下一行，也可选择横向或竖向往返喷涂。（5）涂层一般两遍完成，横向喷涂一遍，竖向再涂一遍，两遍之间间隔时间由涂料品种及喷涂厚度而定，要求涂膜应厚薄均匀、颜色一致，平整光滑，不出现露底、皱纹、流挂、钉孔、气泡和失光现象。

4. 刮涂

刮涂是利用刮板，将涂料厚浆均匀地批刮于涂面上，形成厚度为 1 ~ 2mm 的厚涂层。这种施工方法多用于地面等较厚层涂料的施涂。

刮涂施工的方法为：

（1）腻子一次刮涂厚度一般不应超过 0.5mm，孔眼较大的面层应将腻子填嵌压实，并高出物面，待干透后再进行打磨。待批刮腻子或者厚浆涂料全部干燥后，再涂刷面层涂料。（2）刮涂时应用里按刀，使刮刀与饰面成50°～60°角刮涂。刮涂时只能来回刮1～2次，不能往返多次刮涂。（3）遇有圆、棱形物面可用橡皮刮刀进行刮涂。刮涂地面施工时，为了增加涂料的装饰效果，可用划刀或记号笔刻出席纹、仿木纹等各种图案。

5.弹涂

现在几层刷涂1～2道底涂层，待其干燥后通过机械的方法将色浆均匀地溅在墙面上，形成1～3mm左右的圆状色点。弹涂时，弹涂器的喷口应垂直正对被饰面，距离为300-500mm，按一定速度自上而下，由左至右弹涂。选用压花型弹涂时，应适时将彩点压平。

6.抹涂

现在几层刷涂或滚涂1～2道底涂料，待其干燥后，使用不锈钢抹灰工具将饰面涂料抹到底层涂料上。一般抹1～2遍，间隔1h后再用不锈钢抹子压平。涂抹厚度内墙为1.5～2mm，外墙为2～3mm。

在工厂制作组装的钢木制品和金属构件，其涂料宜在生产制作阶段施工，最后一遍安装后在现场施涂。现场制作的构件，组装前应先施涂一遍底子油（干油性其防锈的涂料），安装后再施涂。

（三）喷塑涂料施工

1.喷塑涂料的涂层结构

按喷塑涂料层次的作用不同，其涂层构造分为封底涂料、主层涂料、罩面涂料。按使用材料分为底油、骨架和面油。喷塑涂料质感丰富、立体感强，具有乳雕饰面的效果。

（1）底油。地优势涂布在基层上的涂层。它的作用是渗透到基层内部，增强基层的强度，同时又对基层表面进行封闭，并消除基层表面有损于涂层附着的因素，增加骨料涂料与基层之间的结合力。底油作为封底涂料，可以防止硬化后的水泥砂浆抹灰层可溶性盐渗出而破坏面层。（2）骨架。骨架时喷塑涂料特有的一层成型层，是喷塑涂料的主要构成部分。使用特制大口径喷枪或喷斗，喷涂在底油之上，再经过滚压，即形成质感丰富，新颖美观的立体花纹图案。（3）面油。面油是喷塑涂料的表面层。面油内加入各种耐晒彩色颜料，使喷塑土层具有理想的色彩和光感。面油分为水性和油性两种，水性面油无光泽，油性面油有光泽，但目前大都采用水性面油。

2.喷塑涂料施工

底油的涂刷用漆刷进行，要求涂刷均匀不漏刷。

喷点施工的主要工具是喷枪，喷嘴有大、中、小三种，分别可喷出大点、中点和小点。施工时可按饰面要求选择不同的喷嘴。喷点操作的移动速度要均匀，其行走路线可根据施工需要由上向下或左右移动。喷枪在正常情况下其喷嘴距墙 50 ～ 60cm 为宜；喷头与墙面成 60° ～ 90° 夹角，空压机压力为 0.5MPa。如果喷涂顶棚，可采用顶棚喷涂专用喷嘴。

如果需要将喷点压平，则喷点后 5 ～ 10min 便可用胶辊蘸松节水，在喷涂的圆点上均匀地轻轻滚压，将圆点压扁，是指成为具有立体感的压花图案。喷涂面油应在喷点施工 12min 后进行，第一道滚涂水性面油，第二道可用油性面油，也可用水性面油。如果基层有分格条，面油涂饰后即行揭去，对分格缝可按设计要求的色彩重新描绘。

（四）其他涂料及涂饰

1. 多彩喷涂

多彩喷涂具有色彩丰富、技术性能好、施工方便、维修简单、防火性能好、使用寿命长等特点，因此运用广泛。

多彩喷涂的工艺可按底涂、中涂、面涂或底涂、面涂的顺序进行。

底涂：底层涂料的主要作用是封闭基层，提高涂膜的耐久性和装饰效果。地层涂料为溶剂型涂料，可用刷涂、滚涂或喷涂的方法进行操作。中涂：中层为水性涂料，涂刷 1 ～ 2 遍，可用刷涂、滚涂及喷涂施工。面涂（多彩）喷涂：中层涂料干燥约 4 ～ 8h 后开始施工。操作时可采用专用的内压式喷枪，喷涂压力 0.15 ～ 0.25MPa，喷嘴距墙 300 ～ 400mm，一般一遍完成，如涂层不均匀，应在 4h 内进行局部补喷。

2. 聚氨酯仿瓷涂料层

这种涂料是以聚氨酯 - 丙烯酸树脂溶液为基料，加入优质大白粉、助剂等配置而成的双组分固化型涂料。涂膜外观是瓷质状，其耐沾污性、耐水性及耐候性等性能均较优异。可以涂刷在木质、水泥砂浆及混凝土饰面上，具有优良的装饰效果。

三、裱糊工程施工

（一）施工准备

1. 材料要求

石膏、大白、滑石粉、聚醋酸乙烯乳液、羧甲基纤维素、胶粘剂、壁纸。

2. 主要机具

裁纸工作台、钢板尺（1m 长）、壁纸刀、水桶、油工刮板、拌腻子槽、小辊、开刀、毛刷、小白线、铁制水平尺、托线板、线坠等。

3. 作业条件

（1）混凝土和墙面抹灰已完成，且经过干燥，含水率不高于 8%；木材制品不得大于 12%。

（2）水电及设备、顶墙上预留顶埋件已完。

（3）门窗油漆已完成。

（4）有水磨石地面的房间，出光、打蜡已完，并将面层磨石保护好。

（5）如房间较高应提前准备好脚手架，房间不高，应提前钉设木凳。

（6）对施工人员进行技术交底时，应强调技术措施和质量要求。大面积施工前应先做样板间，经质检部门鉴定合格后，方可组织班组施工。

（二）操作工艺

1. 工艺流程

基层处理→吊直、套方、找规矩、弹线→计算用料、裁纸→粘贴壁纸→壁纸修整。

2. 裱糊顶棚壁纸

（1）基层处理

清理混凝土顶面，满刮腻子：首先将混凝土顶上的灰渣、浆点、污物等清刮干净，并用笤帚将粉尘扫净，满刮腻子一道。腻子干后磨砂纸，满刮第二遍腻子，待腻子干后用砂纸磨平、磨光。

（2）吊直、套方、找规矩、弹线

首先应将顶子的对称中心线通过吊直、套方、找规矩的办法弹出中心线，以便从中间向两边对称控制。

（3）计算用料、裁纸

根据设计要求决定壁纸的粘贴方向，然后计算用料、裁纸。应按所量尺寸每边留出2～3cm余量。

（4）刷胶、糊纸

在纸的背面和顶棚的粘贴部位刷胶，应注意按壁纸宽度刷胶，不宜过宽，铺贴时应从中间开始向两边铺粘。第一张一定要按已弹好的线找直粘牢，应注意纸的两边各甩出1～2cm不压死，以满足与第二张铺粘时的拼花压槎对缝的要求。然后依上法铺粘第二张，两张纸搭接1～2cm，用钢板尺比齐，两人将尺按紧，一人用劈纸刀裁切，随即将搭槎处两张纸条撕去，用刮板带胶将缝隙压实刮牢。随后将顶子两端阴角处用钢板尺比齐、拉直，用刮板及辊子压实，最后用湿温毛巾将接缝处辊压出的胶痕擦净，依次进行。

（5）修整

壁纸粘贴完后，应检查是否有空鼓不实之处，接槎是否平顺，有无翘边现象，胶痕是否擦净，有地小包，表面是否平整，多余的胶是否清擦干净等，直至符合要求为止。

3. 裱糊墙面壁纸

（1）基层处理

如混凝土墙面可根据原基层质量的好坏，在清扫干净的墙面上满刮1～2道石膏腻子，干后用砂纸磨平、磨光。

（2）吊垂直、套方、找规矩、弹线

首先应半房间四角的阴阳角通过吊垂直、套方、找规矩，并确定从哪个阴角开始按照壁纸的尺寸进行分块弹线控制（习惯做法是进门左阴角处开始铺贴第一张）。

（3）计算用料、裁纸

按已量好的墙体高度约放大 2～3cm，按此尺寸计算用料、裁纸，一般应在案子上裁割，将裁好的纸用湿温毛巾擦后，折好待用。

（4）刷胶、糊纸

第一张粘好留 1～2cm（应拐过阴角约2cm），然后粘铺第二张，依同法压平、压实，与第一张搭槎 1～2cm，要自上而下对缝，拼花要端正，用刮板刮平，用钢板尺在第一、第二张搭槎处切割开，将纸边撕去，边槎处带胶压实，并及时将挤出的胶液用湿温毛巾擦净。

（5）花纸拼接

纸的拼缝处花形要对接拼搭好。铺贴前应注意花形及纸的颜色力求一致。墙与顶壁纸的搭接应根据设计要求而定，一般有挂镜线的房间应以挂镜线为界，无挂镜线的房间则以弹线为准。

（6）壁纸修整

糊纸后应认真检查，对墙纸的翘边翘角、气泡、皱折及胶痕未擦净等，应及时处理和修整，使之完善。

（三）成品保护

1. 墙纸裱糊完的房间应及时清理干净，不准做料房或休息室，避免污染和损坏。

2. 在整个裱糊的施工过程中，严禁非操作人员随意触摸墙纸。

3. 电气和其他设备等在进行安装时，应注意保护墙纸，防止污染和损坏。

4. 铺贴壁纸时，必须严格按照规程施工，施工操作时要做到干净利落，边缝要切割整齐，胶痕必须及时清擦干净。

5. 严禁在已裱糊好壁纸的顶、墙上剔眼打洞。若纯属设计变更，也应采取相应的措施，施工时要小心保护，施工后要及时认真修复，以保证壁纸的完整。

第六节　门窗工程施工

一、木门安装

（一）施工工艺：弹线→临时固定→填嵌保温材料→安装门扇及五金配件。

（二）施工要点：根据设计要求到木门制作厂家定做定型夹板门，远至施工现场进行安装，安装前必须考虑抹灰层厚度，根据每层弹出的 +500mm 线，用木楔将框临时固定在洞内，校正位置、垂直度无误，穿框与墙体间密封保温材料，做最后固定，并按设计要求安装门扇、小五金及密封条。

（三）质量要求：门框必须安装牢固，框与墙体间填嵌材料、门扇安小五金等均符号设计要求，框的正侧垂直度、框对角线长度门扇和框缝隙宽度、门扇与地面间隙均应符合规范要求。

二、防火门的安装

1. 防火门安装工艺

（1）防火门框运至现场后，要用 C20 细石混凝土灌入门框内腔，注意：切勿使门框弯曲或变形。

（2）在安装防火门之前，首先将防火门的安装位置线放出。检查结构洞口是否有偏差，若有偏差，则要对结构洞口进行处理，一般偏差在 10mm 以内时，可以剔凿一下，当结构偏差过多，则要向项目技术部有关人员反映，不得随便剔凿。

（3）将防火门框就位，用木楔对门框进行固定，根据定位线及标高控制线对门框进行校正，控制门框的安装尺寸误差在允许范围之内。然后用射钉枪将门框连接板与结构混凝土连接牢固。卸下木楔后，用 C20 细石混凝土将门框与结构之间的缝隙填满、塞严。

（4）将合页装在门扇上，然后垫平，扶正门扇，拧紧门框合页螺钉，将门扇就位。

最后将防火门的各种五金配件安上，注意：顺序器安装后要进行调节，使门扇关闭顺序得到控制。

（5）检查、验收：防火门在安装时要随时检查，将安装误差严格控制在允许偏差范围内。安装完一层后，由项目质检部门会同监理进行验收，验收合格后，方可进行上一层的安装。

（6）防火门安装需注意的质量问题

防火门的规格、型号、开启方向，安装位置等必须符合设计要求，防火门表面应洁净，无划痕、碰伤等。

防火门的配件要安装齐全，安装后要进行调试。

防火门框灌灰时要注意，不得使门框变形。

防火门固定必须牢固，门框下角部埋入建筑面不得小于 20mm。

2. 玻璃平开门

工艺流程：弹线找规矩→门洞口处理→平开门加工→平开门框运输、定位→平开门框安装→→门口四周塞缝→平开门扇安装→五金配件安装→清理、验收。

（1）弹线找规矩：在最高层找出门口边线，用大线坠将门口边线下引，并在每层门口处划线下引，对个别不直的口洞边剔凿处理。高层建筑可用经纬仪找垂线。门口的水平

位置应以楼层 +50cm 水平线为准，往上反，弹线找直。

（2）墙厚方向的安装位置：根据外墙大样图确定平开门在墙厚方向的安装位置。

（3）就位和临时固定：根据已放好的安装位置线，并将其吊正找直。无问题后方可用木楔临时固定。

（4）与墙体固定：用射钉枪将铁片与墙体固定，铁片间距应小于 600mm。同时保证每边不少于两道固定片。

（5）门框塞缝：平开门固定后，应及时塞缝。塞缝用防水砂浆，塞缝前要把基层清洗干净，刷一道素水泥浆，再用 1：2.5 防水砂浆塞缝，要求塞满、塞严实，隔天浇水养护，三天后取走固定木楔，同样方法把木楔洞补实。

（6）平开门扇安装：门框扇的连接是用铝角码的固定方法，具体做法与门框相同。

（7）安装五金配件：待浆活修理完，交活油刷完后方可安装门窗的五金配件，安装工艺详见产品说明书，要求安装牢固，使用灵活。

三、塑钢窗

（一）制作工艺：

1. 工艺流程

材料进场→现场检验→型材下料→安装衬钢→焊接型材→清理焊缝→安装辅件→检验。

2. 保证塑钢窗制作的质量标准

型材入库的标准：长度允许偏差 +1.0mm，断面尺寸允许偏差 +0.5mm，主壁厚允许偏差 +0.2mm，外观应色泽均匀、光滑无裂纹和凹凸不平

型材下料的标准：长度允许偏差 +0.5mm，切口角度允许偏差 45。+15′，端头不应有加工变形，并应去处毛刺；

型材焊接的标准：平面度允许偏差 ≤0.5mm，对角线允许偏差 ≤0.5mm，焊接过程中型材表面不得有划擦伤。

辅件安装的标准：安装应牢固、位置正确、开关灵活。

3. 安装工艺

装固定片→定安装点→框进洞口→调整定位→与墙体固定→填充性材料→洞口抹灰→清理砂浆→施打密封胶→安装窗扇→装五金配件→清理表面排水孔→撕下保护膜。

（二）保证窗的安装质量

1. 有关内容

安装外框，调整定位与墙体固定，施打发泡后框四周用水泥砂浆填嵌，清理窗框架，安装玻璃及内扇，窗框与墙体之间进行密封打胶，清理验收。

2. 项目的有关规定

窗框安装固定前由专业的术人员对提供的产品尺寸复核,同时对预留墙洞口进行复核,用防水砂浆刮糙处理好后进行安装。

窗安装采用镀锌铁片连接固定,固定点间距:转角处 150 ~ 200mm,框边处小于或等于 500mm,在安装过程中对每一樘已安装好的窗有专职质检员进行检验,保证窗的水平度及垂直度符合验收要求;严禁用长脚膨胀螺栓穿透型材固定窗框。

窗框边及底面应贴上保护膜,如发现保护膜脱落时,应补贴保护膜。

窗洞口清理干净及干燥后,施打发泡剂,发泡剂应连续施打,一次成型,填充饱满,溢出门窗框外的发泡剂应在结膜前塞入缝隙内,防止发泡剂外膜破损。

窗框扇表面若沾止水泥砂浆时,应在其硬化前用湿布擦拭干净,不得用硬质材料铲刮表面;

窗外侧应留 5mm 宽的打胶槽口,打密封胶前必须先清理门窗框周围的灰尘,防止出现粘结不牢固的情况,胶水采用中性硅酮密封胶,打密封胶时胶线一定保证呈直线型并且胶缝宽度均匀符合设计要求,保证不发生渗漏现象。

密封条装配后应均匀、牢固、接口应粘接严密、无脱槽现象。

五金配件应安装牢固、位置正确、开关灵活。

窗安装完毕必须进行调试,保证开启灵活。

及时做好有关施工技术隐蔽等资料。

3. 金属窗

(1)施工工艺:弹线找规矩→墙厚方安装位置→防腐处理→就位和临时固定→处理窗框与墙体的缝隙。

(2)施工方法:先在建筑物的最高层找准窗口位置校正下面窗口边线,对个别不垂直地方进行剔凿处理,门窗口的水平位置线以楼层 +500mm 的水平线为基准,确定窗的下皮标高,每层标高必须一致,然后安装金属窗窗,窗框四周及连接铁件内必须做防腐处理,将框安装后做临时固定,用岩棉或玻璃棉毡分层填嵌墙体与窗之间的缝隙,外表面留 5 ~ 8cm 深槽口嵌封油膏.

(3)质量要求:金属窗安装牢固,窗扇关闭严密,间隙均匀,开启灵活,缝隙填嵌满密实,表面平整光滑,无裂缝,窗框两对角线偏差、窗扇与框搭接宽度差、框正侧垂直度、窗框的水平度、横杆标高等均应符合规范要求。

4. 钢木门安装

套装钢木门的正确安装与维护,是确保其具有优良使用效果的关键环节,因此,套装钢木门在安装过程中,要由专业人员准确操作,把握好安装中的各个工序。

四、安装前的准备

1. 门扇、门框应在室内用垫板垫平叠放，门框与门扇分开叠放；

2. 严禁与酸碱物一起存放，室内应清洁、干燥、通风；

3. 存放在设有靠架的室内并与热源隔开，以免受热变形；

4. 检查现场情况，整理并清洁好工作区域，检查门洞或门框的预留尺寸是否符合设计要求；

5. 确认安装尺寸，清点所有产品及配件。

五、应注意的质量问题

1. 门窗洞口预留尺寸不准：安装门框、窗框后四周的缝子过大或过小，主要原因是砌筑时门窗洞口尺寸留设不准，留的余量大小不均，或砌筑时拉线找规矩差，偏位较多。一般情况下安装门窗框上皮应低于门窗过梁 10 ~ 15mm，窗框下皮应比窗台上皮高 5mm。

2. 门框安装不牢：主要原因是砌筑时预留的木砖数量少或木砖砌的不牢；砌半砖墙或轻质墙末设置带木砖的混凝土块，而是直接使用木砖，灰干后木砖收缩活动；预制混凝土墙或预制混凝土隔板，应在预制时将其木砖与钢筋骨架固定在一起，使木砖牢固地固定在预制混凝土内。木砖的设置一定要满足数量和间距的要求。

3. 合页不平，螺丝松动，螺帽斜露，缺少螺丝：合页槽深浅不一，安装时螺丝钉入太长，或倾斜拧入。要求安装时螺丝应钉入 1/3、拧入 2/3，拧时不能倾斜；安装时如遇木节，应在木节处钻眼，重新塞入木塞后再拧螺丝，同时应注意每个孔眼都拧好螺丝，不可遗漏。

4. 门缺五金，五金安装位置不对，影响使用，双扇门无地插销或无插销孔。双扇门插销安装在盖扇上，厨房插销安装在室内。以上各点均属于五金安装错误，应予纠正。

5. 门扇翘曲：即门窗扇"皮楞"。对翘曲超过了 3mm 的，应经过处置后再使用。也可通过五金位置的调整解决扇的翘曲。

6. 门扇开关不灵、自行开关：主要原因是门扇安装的两个合页轴不在一条直线上；安合页的一边门框立挺不垂直；合页进框较多，扇和产生碰撞，造成开关不灵活，要求掩扇前先检查门框立挺是否垂直，如有问题应及时调整，使装扇的上下两个合页轴在一垂直线上，选用五金合适，螺丝安装要平直。

7. 扇下坠：主要原因合页松动；安装玻璃后，加大扇的自重；合页选用过小。要求选用合适的合页，并将固定合页的螺丝全部拧上，并使其牢固。

第十章　建筑工程造价管理

第一节　建筑工程造价概述

一、我国造价管理的发展

1.造价管理机构和定额体系的建立阶段

1950年到1966年，我国引进了苏联国家的建设经验，初步建立了适合我国工程建设领域的概预算制度。这一阶段，我国的建设事业蓬勃发展，经济效益显著提高。

2.造价管理机构的重新设立的阶段

20世纪70年代末，我国恢复了工程造价管理机构，进一步组织制定了工程建设概预算相关定额与费用标准。建设部于一九八八年增设了标准定额司，各省（直辖市、自治区）相继设立了固定的管理站，接着制定和颁布一系列的文件在很大程度上了推动概预算管理和定额管理发展。1990年成立了我国工程造价管理行业协会--中国建设工程造价管理协会。在此期间，提出了全过程、全方位工程造价控制和动态管理的思路。自此，工程造价管理由一个单一的预算管理逐步向全过程工程造价管理转变。

3.制度完善和发展的阶段

20世纪90年代初，在工程计价方面，首次提出了"量价分离"的新思想，改变了国家对定额管理的传统方式，逐步实现以市场机制为主导，政府职能部门协调监督，与国际接轨的工程造价管理方法的转变。初步建立了具有中国特色的工程造价管理体制。

4.全过程造价管理得以实施的阶段

于2003年，建设部发布了计价的标准——《建设工程工程量清单计价规范》，成功地由定额模式向工程量清单模式的改变，至此，工程计价依据的法律地位才得以确定。这标志着一个崭新阶段的开始。在2008年，建设部在2003年的《建设工程工程量清单计价规范》基础之上，发布了《建设工程工程量清单计价规范》（GB50500-2008）。

二、我国造价管理的现状

经济体制的改革和发展为工程量清单计价规范的稳步实施奠定了基础，加上以市场价格为主的价格体制的实行，最终实现了量与价的分离。同时，现行的造价管理制度的问题在我国的发展过程中相继的暴露出来。主要表现为以下几个方面：

1. 投资决策阶段的造价控制不成功

投资决策阶段与其他各个阶段相比而言是对工程造价影响最大的，高达80％至90％。由此可见，控制工程造价最为关键的阶段是决策阶段，由于它对项目的实施起着指导作用，同时也是控制投资的始点。由于我国长期不够重视项目投资决策的广度和深度，仅仅依靠专家与决策者们对已完成类似项目的工程造价加以借鉴加以估算，但是又因为缺乏确定工程造价的可靠依据，再加上诸多因素的影响，使得我国存在着投资越来越多，致使工期逐渐变长，造价也逐渐变高，使得"三超"现象较为普遍。

2. 设计阶段的造价控制不成功

在各个阶段中，本阶段对造价的影响大约达到了75％～95％。由此可见，本阶段对造价控制同样也是至关重要的。在初步设计的阶段，往往在投资的规模和投资估算超过批准的可行性研究，超过批准的投资预算；而在施工图设计的阶段，由于对工程项目的技术及经济参数的分析没有达到一定的深度，再加上其设计人员仅仅重视工程质量，而不重视工程造价存在的现象，使得工程项目的造价大幅的超过计划，形成不良项目。

3. 招投标活动不规范

（1）潜在投标人不足导致了竞争不充分，甚至发生投标人围标较高投标价的情况；

（2）拦标价设置不合理；

（3）工程量清单以及投标预算的编制时间没有严格按照《招标投标法》规定的20天实施；

（4）评标委员会没有严格按照规定加以组建。

4. 施工阶段的合同纠纷较多

工程造价纠纷并没有由于工程量清单计价的实行而减少，反而还有增多的趋向，主要集中在下面的几方面：一是没有清楚将合同价款及其调整方法在施工合同加以约定；二是阴阳合同依然屡见不鲜；三是99版《建设工程施工合同》示范文本稍显滞后，部分内容和当前的计价制度要求并不吻合，已不能满足需要。

三、国外造价管理的发展以及现状

1. 发展历史

从发展进程的角度来看，项目成本管理在发达国家已经历了六个阶段：

第一阶段，16 世纪初英国的工程项目管理专业分工的细化，项目管理需要，以促进工料测量师的专业诞生。19 世纪，以英国为首的一些资本主义国家在工程中开始推行项目的招投标制度，这标志着专业的项目预算将正式诞生。英国皇家特许测量师学会成立于1868 年，工料测量师是其最大的分支之一。它的成立，标志着正式的现代工程管理专业正式诞生，而英国皇家特许测量师协会成立的机构也被看作是项目造价管理历史上的第一次飞跃。

第二阶段，基于资本主义经济的快速发展，从 20 世纪 30 年代到 20 世纪 40 年代，尝试着将许多经济学的原则应用到工程造价管理领域。工程造价的管理工作从简单的工程造价确定与控制的初始阶段，开始逐渐向重视分析工程项目的经济和财务、重视评估投资效益等方向发展，因此，一个"投资计划与控制制度"在英国等发达国家就应运而生，完成了工程造价管理史上的第二次飞跃。

第三阶段，从 20 世纪 50 年代到 60 年代，工程造价管理从仅对方法与理论的研究到对专业人才的培养、管理和实践推广等各方面都有很大发展的时期。分别于 1951 年，1956 年，1959 年澳大利业工料测量师协会，美国造价工程师协会，加拿大工料测量协会正式宣布成立。与此同时，其他一些国家发展的工程造价管理协会已经建立。这些工程造价管理协会的成立对工程造价管理的发展起着重要的积极作用。

第四阶段，从 20 世纪 70 年代初至 80 年代，工程造价管理在方法、理论与实践等各个方面都得到了迅速发展。各国的造价工程师协会开始其注册造价工程师资格认证工作，同时还确定了资格认证所必须完成的专业课教育、实践经验和培训的基本要求。这在很大程度上推动了工程造价管理学科的快速发展。

第五阶段，从 20 世纪 80 年代后期直到 20 世纪 90 年代初期，各国的造价管理进入了理论和实践的合成和整合阶段。首先是英国的工程造价管理学者提出了"全生命周期成本管理"。随后，以美国工程造价管理学界为主，提出了"全面造价管理"。这标志着工程造价管理和研究进入了一个新的阶段。

第六阶段，从 20 世纪 90 年代末到现在，由于信息产业和高科技的迅速发展，更快地促进了项目的造价管理信息化的发展。西方发达国家已将计算机网络技术运用到工程造价管理中了，通过网上的招标投标，逐步实现了工程造价管理网络化和虚拟化。可见，工程造价管理的信息化已经成为工程造价管理活动的一个重要支撑。

2. 研究现状

在发达国家中，基建项目完全由政府投资是极少的，它的实现形式通常是通过代理人来完成的，然后还要经过审批、监管、再审核的复杂而严格的程序。这个时候，政府职能其实已经演变为一种程序模式的精简型组织机构。而工程造价管理正是遵循了这种程序模式管理，它就是一种市场化的严格监督管理的管理模式。另外，在发达国家中，建筑市场的充分市场化，是以完全的、高度的、自由的市场经济竞争保护与市场自律为背景的。对于私人投资的建设项目，政府机构仅通过法律法规的范畴加以限制和控制，它们的运作主要是依靠市场调节与自律，得益于其总承包体系成熟的发展现状，对项目的整个过程均有系统的造价分析与监控，这对业主的总体运作成本的降低作用是非常显著的。规划设计阶段尤为重要，它可以对成本造价影响程度可达 70% 以上，因此优良的设计质量、合理的设计方案，能有效降低项目的成本，工程造价的高低对项目运作的成功与否至关重要。同时，在发达国家中大中型建筑企业所拥有的建设项目成本数据库十分丰富，有的经历了几十年，有的经历了上百年。数据库的积累与总结，为每个企业在市场竞争中争得了一席之地。企业在自身企业定额的指导下，适应市场规律，在报价过程中均能做到自由、合理、竞争相结合的报价。由于企业对自身状况都十分清楚，就避免了不合理低价、无利可图项目的发生。

第二节　工程施工与造价管理相互关系

工程造价的管理是划定工程施工的约束条件，它是施工活动实行科学规划的重要依据和手段。而工程施工是为了完成某一具体的工程设计项目，具体的施工手段是知道工程投标与签订的重要依据。

一、工程施工与造价管理相关联概念及含义

工程施工并不是一个一成不变的为完成某个建筑设计的活动，而是一个需要灵动调节各个方面因素的企业实施手段。因为物价的变化是不以人的意志为转移的，气候的变化是人力一般不能解决的，工程施工是根据工程设计文件的要求，对工程进行扩建改造的活动，施工阶段是受多方面的因素影响的，影响工程施工本身的客观条件主要是地质条件，物件、工程量以及天气气候的影响。工程施工是工程建筑企业归集核算工程成本的专用科目，工程建设单位及工程造价管理师，对于整个施工过程中，在土地市场和设备技术，技术劳动市场和工程承包的等交易的活动中的各个层面的资金额预算和分配，即总投资的费用的管理，是工程变更多少起着直接的决定性因素。

二、工程施工与造价管理的相互关系

我国建筑工程行业的起步是较晚的，我国的建筑工程从无到有，从有到强，不管从质量上，更是从规模上都达到了一个空前的高度。尽管我们的管理经验缺失，施工方面相关的科学技术还不够发达，我国的现有建筑行业领域的市场背景下处于一个飞速发展壮大的局面，但随着我国市场经济的转型，政府加大调整力度，使建筑行业所隐匿的问题也逐渐地暴露了出来，因此，如何降低工程造价的开支，使工程施工的进度和质量进一步提高，迫切需要解决的重要问题是正确处理好工程施工与造价管理之间的相互关系和作用。

工程施工是工程运作中最为重要的环节，它为了完成一个具体的设计，在技术、外界环境、设备等有很多不确定因素，牵动着整个工程最后的收益，所以工程造价预算的一个衡量标准是工程施工，工程造价预算分配调整的重要依据，更重要依赖于要想对建设项目施工阶段进行及时有效地控制，就必须对工程实施的整个过程中进行施工组织编制，各种不确定的因素一定会对工程实施过程产生一定的影响，这种影响会直接或间接的反映到造价管理层面，这就需要工程造价管理者做出各种及时相应变化；这就要求工程造价管理层面能作为一个根本的管理的组织，能对资金的分配、补给等各个方面做出合理的规划，以解决施工阶段在工程建设中暴露的各种实际问题。工程施工必须在造价管理工程师预算制定的方案内进行工程施工，而工程造价管理是整个工程策划及协调控制的标准，工程造价管理对工程施工既是一个指挥，又是一个管理的作用。例如某个度假村的工程项目，该项目建筑面积约为 20000m^2，工程造价投资预算约为 1.1 亿元人民币，工程施工包括地基与基础、智能化、消防、给排水、建筑电器、电梯工程、通风空调、金属门窗、房屋及防水、二次装修等等。由于工程已经具体化，所以工程造价的预算相对变化就小，但是，在具体施工的过程中由于地基与基础受到了地质的影响，所以，工程预算就必须追加，施工进度就会受到一定的影响，就可以看出工程施工与造价管理的相互关系也是因实际的变化而变化的。

三、我国工程实施与造价管理之间的问题及对策研究

近年来，我国的建筑只是不断地发展和完善，尤其是建筑业发展速度加快，在国民经济中比重也日益上升，这就是保证建筑业稳定并且快速向前发展的"法宝"，要想解决工程施工与造价管理中存在问题，我们就首先必须对其产生的问题的本质进行挖掘，从根本上进行改革，最终达到治标治本的目的。

（一）工程施工与造价管理体制的现状

2001 年我国进入WTO组织后，我国的建筑产业在工程管理和造价管理上暴露出了很多不足之处，使我国的建筑产业在全国范围内的竞争力降低了。我国的重工业是后兴

起的行业，相对于许多国外的同行业，我国的建筑业就显得不那么的成熟。与国际接轨后，相遇和挑战同时并存，在一定的程度上确实是促进了我国建筑行业的改革。使建筑行业从计划经济体制下的地域限制向市场经济体制下开放式的招标模式华丽转身的时间大大缩短了。随着1999年8月30日《中华人民共和国招标投标法》和2002年6月29日《中华人民政府采购法》两部法律的颁布，更为改革后的工程造价管理体制提供了更好的法律保障。特别是政府采购在全球范围内是一种普遍存在的方式，相比之下，招标投标却是史无前例的。

工程造价管理实质上对工程的施工产生了隐在的牵制作用，它直接影响着工程施工的全过程。从宏观上看，我认为工程造价管理在初始阶段就为进行的施工工程划分了不同的各个等级，因为最初预算工作，对建设工程的水平的确定、工艺的选择、建设地点的选择、设备的选用等各个方面起了决定性的作用。有关资料显示，在项目的建设各个阶段中，投资决策阶段对工程造价的影响最大，高达 80% ~ 90%，即初步决策阶段投资估算的误差达 30%，而最终决策阶段投资的估算误差率达 10%。逐步深化、改革和突破造价管理工程计价依据和计价方法，抓住时代机遇，深化改革，进一步加强优化，促进当前社会主义市场经济的发展，并对于全球经济一体化进程的实际需求较好的适应，逐渐形成良好的、操作性强的工程造价管理的先进模式。

（二）工程施工与造价管理问题的解决对策

要不断地加强和改革、完善工程管理的制度。在市场经济的条件下，建筑业的正常和快速的发展取决于建筑业的体制的不断完善，在完成成功的转型的同时，必须加快适应国际化的步伐。加强完善招标竞标的新体制，保证工程施工的顺利进行，本着公平竞争的原则，争取最大化的保障；加强对施工人员进行相关知识的培训，减少在施工过程中因为个人的自私，为获得的个人利益而使整个工程受到严重的损失。只有将工程施工与造价管理的问题进一步解决后，使建筑行业有一个更好的发展空间。

由于施工过程中难免会发生一些变故，就会导致工程造价与预算会产生一定难度一定偏差。通过本书的分析和研究，使我们对工程施工和造价管理之间的关系有了进一步的认识，更加明确了二者之间的联系；总之，价格始终是离不开市场经济体制下的价格规律。因此，我们必须清晰地认识到市场上的许多不确定因素，将工程中的所遇到的风险降到最低点，在市场经济中正确的把握价值规律，我们才能获得最大化的利益。这将是现阶段和未来时段，建筑行业进行工程施工和造价管理的必然趋势。

第三节 工程全过程造价控制

一、全过程造价控制的原则

（一）坚持设计是重点的原则

工程设计阶段是整个工程的起始阶段同时也是最重要的阶段之一，在这个阶段设计工程师会规划出工程造价、施工方向等工作。虽然工程造价控制是贯穿于整个项目工程的，但是企业在完成融资项目资金后，不能对资金的控制进行很好的把握，如此便没有体现出工程造价管理的优势。所以想要对资金更好的控制，就需要在最初的时候执行造价管理的工作。施工阶段及之后工程阶段，工程造价就只能依附于施工图等工具来体现自身的优势，通过特殊工具来进行造价控制调整工作。因此，想要更好地在整个工程中实现工程造价控制，就要在设计阶段，坚持设计是重点的原则，从图纸设计阶段开始给工程造价控制打好基础。并且要在全面掌握工程状态的情况下设计造价控制工作。及时有效的制定科学合理的控制方案，这样才能保证在后期的实施中有较小的变动，不然一旦出现与实际不符合的情况，就会给修改工作带来巨大的困难，并且会造成企业的损失，因此，必须要坚持设计重点原则，为之后的工作奠定稳定的基础。

（二）各环节造价控制需要坚持的原则

之所以称作全过程造价管理，就是因为造价管理在实施工程的各个环节都需要发挥出自身的优势，帮助企业节约成本为目的，促进工程更好的实施下去。造价控制需要在前期的工程设计环节、招投标环节、价格研讨环节、施工阶段、竣工结算等每一个环节进行有效的造价控制处理，并且有效的解决每一个阶段在工程造价方面出现的问题，同时提供可靠造价控制建议。造价控制是必须要在整个项目工程中实施的，所以必须要用有效的实施方法。虽然目前造价控制工作在整个项目工程中起到了不可替代的作用，但是在具体实施的过程中还是存在一系列的问题。如当下的造价控制工作都是比较被动的，只有在出现问题的时候或者需要的时候才能够发挥作用，而没有主动的对工程中可能出现的问题进行预判和预测，不能提前避免不必要的问题发生。想要造价控制工作更好地为企业服务，就需要在各个环节实施工作的时候，将被动的工作状态变成主动预算防范问题的主动状态，并及时的发现问题、及时地解决问题，只有这样才能够促进工程在各个环节更好的进行下去。

二、建设项目全过程造价管理的必要性

（一）建设项目全过程造价管理各个阶段的主要内容和作用

由于建设项目自身的一些特点，要想对它实现有效的造价控制，必须要分步进行。首先，建设项目的过程可分为多个阶段，每个阶段都有不同的角色。按照施工过程中将其划分为决策阶段，设计阶段，招投标阶段，实施阶段和竣工验收阶段的划分。在决策阶段，首先都需要遵循自身发展的需要和市场需求，导致在一个模糊的项目计划，经过市场调研，项目规划和可行性研究，项目的目标变得清晰，完成建设规模，时间和金额投资要素。在设计阶段，规划项目图纸的方式来确定，并最终竞标的方式来选择合适的承包商，以完成整个项目的实体工程。必须严格按照施工方案，工作实施的整个过程。事实上，最后的验收阶段是在测试前的投资决策的一种手段。只有当一个项目通过竣工验收和决算，该项目能够真正地原始决策和实施成功的各个阶段。

另外，应当依据不同阶段不同的工作内容对其设置不同的并且合理的造价管理目标。当然，其造价管理的目标必然随着建设的不断深入而由粗放到精细设置的。初步设计与设计方案优选的造价管理目标是估算。施工图设计与技术设计造价管理的目标是概算。施工阶段造价管理的目标是设计预算。各阶段的目标相互联系、相互补充，同时相互制约，共同构成整个项目造价管理目标大的系统。

（二）建设项目全过程造价管理是有效控制投资的关键

各阶段的造价管理成功与否均会对建设项目最终的造价有着或大或小的影响。各阶段造价管理的重要性并不完全相同。各阶段的造价管理是整个项目造价管理的一个子系统。子系统的工作若不能成功的加以完成，母系统的工作目标就不可能实现。

1.投资决策阶段确定以及控制造价的意义

（1）投资决策是可以决定项目成功与否的重要阶段

1）在项目投资决策的阶段所做的每一项技术经济决策，都对项目的造价以及建成后的经济效益有着非常大的影响。尤其是建设地点、设备以及建设标准选用等因素，都将直接影响工程造价的高低。投资决策阶段对工程造价的影响程度可达到80%至90%。因此，项目投资决策阶段的造价控制是否科学合理，对其后各阶段工程造价的控制均有影响，它是控制造价最重要的阶段。

2）与其他各阶段比较来说，投资决策阶段对工程造价以及其经济效益的影响最大。

3）对于整个建设项目的造价控制而言，其节约投资的可能性将会随着建设项目的逐步进行而不断地减少。

（2）决策阶段的造价控制在很大程度上可以决定建设项目的投资，因此投资者将其作为决策的重要依据。决策阶段能否编制出较为合理的投资估算值，对项目以后各阶段初

步设计概算的控制以及实现预期的投资效果有着巨大的影响。由此可见，决策阶段编制的投资估算是项目以后各阶段的一个控制目标，具有一定的限制作用，当然也是投资者进行决策非常重要依据。

综上所述，只有增强决策的深度与广度，并且采用可靠的数据资料以及科学合理的估算方法，这样才可更好地做好投资估算，才可保证其他各个阶段的拥有较为合理的造价控制目标，最终使得投资控制预期目标成功实现。

2. 对设计阶段加以造价控制的重要性

（1）设计阶段对其造价控制效果有着重要影响

设计阶段对建筑产品价值的形成起着重要影响，因此，在设计阶段进行成本控制是非常重要的，我们必须给予足够的重视。此外，在初步设计阶段，影响投资的可能性大约为75%～95%；在技术设计阶段，影响投资的可能性约为35%～75%；在施工图设计阶段，影响投资的可能性约5%～35%。因此，项目成本控制在设计阶段是具有重大意义的。建筑产品的价值由两部分组成，第一部分是指建立生产成本价值的过程，第二部分是指自身创造的价值和它为社会创造的价值。对一般项目，材料和设备的总成本约70%，而在这部分成本在设计阶段通过对材料的选择和设备选型的决定。据有关部门统计，跨度对建筑成本的影响约21%～15%的成本；高度对建筑成本的影响约8.3%～33.3%；层数对建筑成本的影响约10%～20%；层高对建筑成本的影响大约是1%～13%；长宽比对建筑成本的影响大约4%～7%；扁平型对建筑成本的影响大约是1%～10%；功能对建筑成本的影响大约3%～8%的程度；单位结合程度对建筑成本的影响约3.2%～7.2%；进深对建筑成本的影响约1%～3%；跨数建筑成本的影响约2%～3.5%。因此，在建设项目全过程投资控制中，设计阶段决定工程项目投资大小是决策是否合理的重要过程。

（2）在设计阶段开展造价控制，可有效的处理好"三超"现象

目前，在我国广泛的存在着概算超估算、预算超概算及结算超预算的"三超"现象，这是由于我国长期将施工阶段的造价控制作为造价控制的重点。事实上，虽然施工阶段花费最大，但其实质是控制实际发生的成本不要超过在设计阶段所确定的限值。另外，由于其基本原则是按图施工，因而该阶段的造价控制比较被动，没有创造性，使得其结果总是事倍功半。加之我国建筑市场中施工力量处于一个供大于求的状态，使得其在投标报价的过程中已经尽力将价格压低，如果依然仅仅强调对施工阶段的造价控制，不但不会有什么大的效果，同时还可能将会使得工程事故上升以及施上质量的下降，必将会造成因小失大的局面。但是设计阶段就不同，由于其具有非常大的主动性，同时还具有较高的创造性，可知它是造价控制的最佳阶段。但是，虽然设计阶段对造价控制的重要性引起了各界的广泛关注，由于还没能够提出一些科学、合理的控制方法供相关人员在造价控制时参考并使用，使得设计阶段的造价控制并没有发挥出预想的效果。

（3）设计是设计人员依已批准的设计任务书为基础，同时依据其经济与技术的要求，

拟定一系列技术文件的工作。项目在以后的施工中能否保证质量与进度，同时能够节约投资，这在很大程度上是由其设计质量的高低决定的。而在投入运营以后，能否获得预期的经济效益，除了很大程度上依赖于投资决策外，设计也有着很大的影响。

1）建设成本可以通过合理的设计大大减少

除了决策阶段之外，项目设计阶段是对造价影响最大的阶段。由于在初步设计阶段，建筑标准、布局和装饰、设计和结构等内容基本已经确定，这对项目总造价的影响约为75%-95%左右。事实上，在技术设计阶段，仅仅只是工程的可行性与合理性审查，该部分对项目总造价影响约为35%-75%。因此，该项目投资在很大程度上取决于在设计阶段的设计质量。

2）运营成本可通过合理的设计大大减少

项目的运营期非常长，在运营期间发生的费用是十分巨大的，尤其是经营性建设项目。项目很大一部分的费用发生在运营阶段，约为全部费用的60%，而建设阶段所发生的费用不足全部费用的30%。但是由于运营期的运营成本在很大程度上已在设计阶段决定了，因此为了节约其运营成本，合理的加大建设费是可行的。但是，设计若不能反映项目的实际情况，出现规模过大或者功能过剩等问题，这不仅会增加项目的建设费，而且也会增加项目的运营成本。综上所述，设计阶段的成本控制，不仅对项目的一次性费用有很大的影响，同时在很大程度上也决定了其之后的运营成本，在进行设计时，我们就要权衡其建设费与运营费，然后对其综合分析，从而一条最佳的设计途径。

3. 成功的招投标是业主造价管理目标实现的前提

在招投标阶段需要来选择和确定承包商，其依据是合同的类型和定价的内容，这对项目的实施有着深远的影响。举例来说，如果能够选择一个有信誉、有实力的承包商，相当于业主为自身聘请一个好的管家，这点不可忽略。选用适当的合同类型，可以大大减少合同纠纷发生的可能性，从而合理的规避风险。在现行的工程量清单报价的定价模式下，招投标工作做得好坏与否显得更加重要。

4. 施工阶段是项目造价目标的实施阶段

施工阶段是将项目的规划与设计方案转变为实体的重要阶段，也是资金的主要投入阶段。因此，从开始施工到最终竣工，如果能对建设资金加以很好的管理与控制，将会对工程质量与效益有很大的影响。施工阶段是项目在其整个过程中资金投入最大的阶段，因而该阶段的造价能否控制好对整个项目的造价控制有着重要意义。

二、工程全过程造价控制

（一）决策阶段的概念及在全寿命周期中的地位及影响因素

决策的观念是人们为了实现既定目标，在掌握充裕的信息和对有关情况进行深刻分析的根本上，用科学的方式制定并评估各类方案，从中选出合理方案的过程。而项目决策是指通过对项目前期的环境调查与分析，举行项目建设基本目标的论证与分析，举行项目定义、功能分析和面积分配，并在此根本上对与项目决策有关的组织、管理、经济与技术方面进行论证与谋划，为项目的决策提供依据。从概念不难看出，决策对后续工作起到提纲挈领和决定性的作用，项目决策正确与否是工程项目造价的前提，因此必须根据业主及项目的各种因素对工程项目的造价控制进行综合考虑，而不可以将其孤立看待，只有这样才能对项目的投资决策有准确的把握和定位。

在工程项目的全寿命周期内，项目决策阶段处于工程项目的最前期，其投资额占总投资额度的 0.5% ~ 3%，而决策阶段对工程项目造价的影响最大，可达 75% ~ 80%，可以说对工程造价的影响具有决定性的因素，因此建设工程项目投资决策阶段对工程造价控制的重要性可以体现在以下几个方面：

1. 正确的项目决策是工程项目造价科学合理的前提

过去，在进行项目实施之前，没有意识到科学的工程项目决策的重要性而随意决定投资估算的大小，往往会导致资金的资源的极大浪费，进而导致工程项目的造价的失控。准确的项目决策，意味着对项目建设做出科学的决计，选出最佳的投资方案，实现资本的合理配置。

2. 项目决策的具体内容是决定工程造价的基础

建设工程项目决策阶段的基本内容包含项目环境的调查与分析、项目的定义与目标论证、组织策划、管理策划、合同策划、经济策划、技术策划和风险策划。这八项基本内容的每一项对建设工程项目造价的影响都不能小觑，其中的一项工作的失败都有可能导致建设工程项目的决策的失败。为了能够做出科学的、合理的建设工程项目决策，可以采用经验判断法，用已有经验并结合发挥决策去解决实际决策过程中遇到的新情况、新问题，也可以定性与定量相结合并以项目管理软件（Project Management、广联达等）为辅助来完成建设工程项目的决策。

3. 建设工程项目决策的深度对投资估算的精度具有重要意义

据有关统计在投资机会研究及项目建议书阶段投资估算的精度在 30% 左右，而在详细可行性研究阶段投资估算的精度为 ±10% 左右。在建设工程项目决策深度不断深入的过程中，应该用动态控制的原理，在建设工程项目决策阶段的八项基本内容的每个环节中，不断地进行目标值与计划值的监控与对比，发现误差，及时采取组织措施、管理措施、经济措施和技术措施进行偏差纠正，避免“三超”现象发生，保证其投资控制在合理的范围之内，从而使投资控制目标得以实现，为建设工程项目的增值服务。

4. 建设工程项目的总造价会反作用于建设工程项目决策

在建设工程项目决策的过程中，需要依据建设工程项目决策的投资估算，另外，建设工程项目决策的投资估算也是项目是否可行及主管部门进行项目审批的重要参考依据。

总之，建设工程项目投资决策阶段对工程造价控制具有非常重要的意义，从某种意义上讲，建设工程项目决策的失误会导致建设工程总造价的飙升，甚至失去原有的投资意义。

建设工程项目的全寿命周期一般比较长，建设工程总投资比较大，不确定因素众多，建设工程项目投资决策阶段对工程造价控制具有非常重要的意义，对投资项目可否取得预期的经济和社会效益起着关键作用。在建设工程项目全寿命周期工程造价控制中建设工程项目投资决策阶段的工程造价控制有着自身的特点：

（1）建设资金和资源是有限的

（2）取得的经济和社会效益取决于建设资金和资源的组合以及其配置方式

（3）建设工程项目的周期长、规模大、技术复杂

从上述建设工程项目投资决策阶段的工程造价控制有着自身的特点不难得出其影响因素也是多种多样的，概括起来包括建设项目的规模、建设标准、建设项选址、工程技术方案以及其他影响因素。

（二）决策阶段工程造价控制的措施

建设工程项目决策阶段对工程造价控制可采取下列措施：

1.充分做好项目决策前基础资料的准备工作，注重可行性研究报告的编制

项目决策前的基础工作主要包括建设项目市场调研与建设项目基础资料的整合。首先通过市场调研对建设项目的市场需求状况、国家的政策支持与否以及发展前景等做详细的认真的研究与分析，然后通过建设项目基础资料的整合对建设项目中的设备材料价格、水电情况、交通情况、项目材料的购买等资料的整理与分析。只有在对市场做充分的调研和对这些资料进行充分分析，才能保证投资决策的科学性与合理性。

2.进行技术经济分析，比选各个方案的优劣，选择最佳的技术方案

编制完可行性研究报告后，应从多个技术方案中请有关专家进行全面的、科学的技术经济论证与评价，技术经济分析论证包括静态和动态的。静态技术经济分析的主要指标是静态投资回收期，当静态投资回收期大于基准投资回收期说明给投资方案效益好，反之说明经济效益不好。

首先对多个投资方案进行建设期利息、固定资产折旧及摊销进行合理的计算分析，然后对某项目的经营阶段的经数据进行科学合理的估算，并制定相应的偿还计划和利润分配计划，然后编制现金流量表，进而按照公式计算出静态投资回收期、财务净现值和内部收益率并从正反，最后从正反两个方面提出意见，为方案的选择与后期方案的实施提供宝贵意见。

另外，还应该根据某投资方案建立该投资方案的主要变量因素，通过敏感性分析，找出哪些因素必须重点进行控制，并计算出各因素变化的允许范围和临界点，方便工程项目

的造价控制。所谓敏感性分析就是研究在各影响因素发生一定幅度（10%~20%）的变化，计算在某一因素变化后项目经济效益的主要指标（内部收益率等）发生变化的敏感程度。

3. 注重合同管理

在决策阶段，必然会产生各种合同的编制与签订，在合同的编制过程中，必须以类似的建设工程项目的招标文件、相关的建设法律法规以及项目的实际情况为依据，对合同的具体条款进行审核，避免出现责任和义务模糊或者可能发生争议的条款，进而发生索赔，增加工程造价的成本，甚至是超过投资估算决策的金额。

4. 建立科学决策体系，合理确定投资估算

建设工程造价管理概括起来主要包括"估、概、预、决"，而投资估算处于建设工程造价管理的龙头地位，对其有着重要的意义，另外，投资估算是项目资金的筹集与投资决策的重要依据。因此，在决策阶段，应该建立科学的决策体系、合理的决策责任制度以及制定科学合理的投资估算指标，抓好投资估算的编制，从宏观上把握投资估算的合理性。

三、项目实施阶段工程造价控制

（一）设计阶段工程造价控制的分析与研究

1. 设计阶段工程造价控制的重要性及现存问题

建设工程项目设计阶段是项目全寿命周期中非常重要的一环，是在前期筹划和设计筹备阶段的根本上，通过设计文件将项目定义和谋划的主要内容予以具体化和明确化，并为下阶段建设供应具体的指导性的依据，具体包含方案设计、初步设计和施工图设计。尽管设计的费用占工程总造价的1%左右，但是，对工程造价的影响程度高达75%，是工程项目建设的灵魂所在，是科学技术转变为生产实物的纽带，因此在设计阶段的工程造价控制是非常重要的，具体体现在以下几个方面：

（1）在建筑工程项目设计阶段注重工程造价的控制，易于实施主动控制

（2）在建筑工程项目设计阶段注重工程造价的控制，易于资金利用率的提高

（3）在建筑工程项目设计阶段注重工程造价的控制，易于施工技术和经济条件的结合

建筑工程设计在我国有着比较悠久的历史，属于传统行业里面的一个环节，近年来，随着国家大力推行基础设施的建设和民用住宅的建设，建筑工程的设计所暴露出来的问题也越来越多，具体如下：

（1）建筑项目投资方对建筑工程设计阶段的造价控制不重视

建筑项目投资方往往对建筑项目的设计不太懂，只注重项目的功能能否实现，而忽略设计方案的经济效益，另外，对设计人员给出的设计方案不能够给出比较有建设性的意见，往往只能听取设计人员单方面的意见，从而导致建筑项目投资方忽略设计阶段的投资控制。

（2）设计人员投资控制认识不足，缺乏经济意识

根据现在大学课程的设置，造价管理类专业和土木工程设计类专业分别设置。两者的联系不够紧密，导致设计人员自身的工程造价控制意识薄弱。另外，设计人员认为自己只负责具体设计，对于工程项目的造价控制应该是造价人员的责任，这种观念上的错误认识和专业能力上的缺陷使建筑项目在设计阶段出现设计人员与造价人员严重分离，导致建筑项目的总造价增加的现象，甚至会出现设计方案不符合实际导致投资失败的现象。

（3）设计单位忽略建筑项目的经济性，技术与经济相分离

建筑工程的设计是将项目决策时的项目意图，满足人们的某一需求而通过设计阶段将其变为实物的过程，然而，国内现在许多设计人员只看重设计方案的可靠性而忽略设计方案的优化，也就是对比规范，看看设计方案是否满足规范而不顾设计方案的可优化空间，这样往往能够满足设计要求，但是会增加建筑项目的总造价，并且是不可逆转的。

（4）建筑项目设计阶段缺乏动态控制原理的应用，多为事后控制和静态控制

现阶段，国内建筑项目在设计阶段多是先进性建筑项目的设计，等待设计图纸完成后再进行建筑项目的工程造价计算，在建筑项目工程造价计算完成后发现建筑工程总造价超出了预期，再回过头进行设计的调整，但是此时的调整只能是该设计方案下的小调整，对降低总造价的作用不明显。用动态控制的原理分析就是事后控制和静态控制，不能满足现在阶段的要求。

（5）设计单位内部的监督机制不健全

目前，建筑工程监理往往注重建筑项目的施工阶段而忽略设计阶段的监理，以至于设计单位未建立有效的审查制度对设计方案的经济效益进行论证与审查，甚至出现取消造价人员的配备的现象，导致建筑工程项目在设计阶段不能够进行有效的建筑工程造价控制。

（6）设计费用的计费方式不合理

建筑工程的设计费用也就是为建筑工程的实施而由设计单位通过方案设计、初步设计和施工图设计所制作的施工图纸所需的费用。

费率的取值会根据建筑项目的用途、结构类型和以往的项目经验取值。因此，建筑项目的设计单位会为了增加项目利润而忽略设计方案的经济性，往往会套取类似项目的图纸，提高建筑项目出图效率，忽略建筑项目唯一性的特点，导致项目优化设计被遗忘，增加建筑项目的总造价。

（7）限额设计推行不到位，导致设计与经济脱节

限额设计是指按照批准的可行性研究报告进行方案设计，再在方案设计的基础上控制初步设计，最后在初步设计的基础上再控制施工图设计，以此达到投资的合理分配，并严格控制不合理的设计变更。然而，设计单位内部的设计和经济部门是分开设置的，并且两部门的协同工作不到位，导致设计人员单方面的追求施工图纸的绘制效率，忽略建筑项目工程造价构成的分析与论证，是技术与经济脱节，从而导致"三超"现象的普遍存在，是工程造价控制趋于不可控的形势。

（二）设计阶段工程造价控制的措施

建筑工程项目设计阶段对工程造价控制具有重要意义，应该具有全局与整体的意识，工程造价控制工作首先应该在方案设计阶段，根据设计任务书和说明书对各专业的建筑工程造价组成做详细分析，并形成造价估算书；其次是在初步设计阶段，根据方案设计图纸、说明书以及定额编制概算书，并以估算为目标值控制概算书的编制；最后在施工图设计阶段，应根据施工图纸、说明书以及定额编制施工预算，并以概算为目标值控制预算书的编制。

通过对建设工程项目设计阶段进行工程造价控制的所存在的问题的分析，建筑工程项目在设计阶段必须采取必要的措施，提高设计的质量和设计的经济效益：

1.培养复合型人才，提高设计人员的工程造价控制意识

复合型人才是既懂技术又懂经济的人才，好比集注册造价师、注册监理师、注册结构师集于一身的人才。设计人员不仅要具备有关设计的专业知识，还应该具备一定的工程造价管理知识，使设计人员在建筑工程设计阶段，在考虑某一设计方案在技术上是否可行的同时，兼顾其经济成本，增强工程造价控制的意识，从而可以降低建筑工程项目的总造价，提高建筑项目的经济效益。

2.建立健全设计监理制度，加强设计变更的管理

设计监理制度是在建筑工程项目设计阶段，引入第三方的监督管理体系，使一部分有经验的监理人员参与到设计阶段中，审核投资估算编制依据的时效性和准确性、投资估算编制方法的科学性和适用性、投资估算编制内容与规划要求的一致性、投资估算费用项目和数额的真实性。另外，设计单位还应该加强图纸审查的工作，避免出现设计深度不够、施工图纸错误或者不清晰等问题，减少设计变更出现的可能性

3.运用价值工程的概念，优化设计

价值工程是对于现有技术的系统化应用战略，通过辨识产物或处事的功能，确定其经济资本，进而在可靠地保障其需要功能前提下实现全寿命周期本钱最小化三个步伐来完成的。在建筑工程项目设计阶段，设计人员应根据价值工程的概念，首先应准确辨别该建筑项目的必要功能，其次根据项目所在地确定各必要功能的经济成本。

并按照每个方案的价值指数最高为最优设计方案的原则选择最优的设计方案，以保障其必要功能前提下实现全寿命周期成本最小化为原则，确定设计方案的选择。

4.推行限额设计，实现工程造价控制的动态管理

限额设计是指以批准的可行性研究报告和投资估算为目标值进行初步设计，以批准的初步设计总概算为目标值进行施工图设计，与此同时，以担保各专业能够实现使用功能为前提，分派投资限额控制，严格控制不合理的设计变更，使投资限额不被突破。将该设计方案具体细分为几个具体的功能项目，并确定其功能评分和功能权重，然后按照功能指数的计算公式计算出各个功能项目的功能指数，并按照预算人员提供的资料计算出各个功能

项目的目前成本。进而可以得出各个功能项目的成本降低额，为更加细化的设计提供依据。另外设计人员还应根据限额设计的概念，结合动态控制原理，在工程项目设计的过程中，保证工程项目各使用功能效益最大化的前提下，不断进行目标值与计划值的对比，发现出现偏差，及时采取相应的技术措施、经济措施、组织措施和管理措施进行偏差的纠正，使建筑工程项目设计阶段的各项任务都在可控的条件下有序进行。

5. 引入竞争机制，建立造价控制激励机制

竞争机制主要是进行设计招标工作，工程设计招标主要是通过公正、公开、公平、诚信等招标程序，促使设计人员提高建筑设计具有实用、美观、安全、经济等优点的设计方案，是技术与经济完美结合。另外在设计单位应该建立建筑设计工程造价控制的奖惩制度，例如，在实行在现有收费办法的基础上加入节约投资提成和投资超出扣除一定比例设计费用等方法，可以促使设计人员对建筑设计方案朝着更加实用、更加美观、更加安全、更加经济的方向设计。

（二）招投标阶段工程造价控制的分析与研究

1. 招投标阶段工程造价控制概述

随着建筑工程市场的发展，提高了建筑工程招投标工作的合法性、规范性以及科学性。建筑工程项目的招投标就是建设单位为实现某建筑项目的具体实施，并在能够保证其施工质量的前提下建筑工程总造价最低的施工单位而进行招标活动，同时，施工单位为获得某建筑项目的施工任务，并在能够完成建设单位的施工任务的前提下取得较高的利润而进行的投标活动。

从招投标的流程不难发现，招投标具有一系列的特点：第一，建筑工程招投标阶段，招标人和投标人是该阶段的主要参与者，招标人希望以最低的工程造价建造满足各实用功能的建筑项目，而投标人希望能够中取项目并获得最大的利润；第二，建筑工程项目招标阶段，其目的主要是通过竞争来优化资源的配置，以最小的成本代价，使建筑项目获取最大的经济效益和社会效益；第三，由于建筑项目在实施过程中，除了在招投标阶段确定建筑项目的施工单位外，在具体施工过程中还会有勘察单位、设计单位、材料供应单位和监理单位等的参与，参与方众多，导致招投标完成后，各履约方的利益矛盾，使得招投标过程极其复杂。从这些特点不难发现，招投标阶段的工作本来就很复杂，那么该阶段的工程造价控制重要性就不言而喻了。

2. 招投标阶段工程造价控制所存在的问题

随着我国建筑行业的迅速发展，建筑工程项目的招投标活动和有关的合同制度也随之完善起来。我国住建部在 2003 年颁布并实施的 GB50500-2003 工程量计价清单，使市场公开、公平、公正的建筑工程造价管理由此展开，为建筑工程造价管理规范化以及建筑工程项目招投标活动的顺利进行奠定了基础，我国住建部在 2008 年又在 2003 版的基础上，

通过补充和完善，版颁布并实施了 GB50500-2008 建设工程工程量清单计价规范，使建筑工程造价管理的制度更加完善化和招投标活动的更加规范化，从而为招投标活动的顺利进行提供更加公开、公平、公正的市场竞争。但是，在全寿命周期的建筑工程造价管理的工作中仍有很大的问题：

（1）招标体制存在严重缺陷

在现阶段的招投标活动中，由于设计人员和技术经济人员的协调以及其监督机制不完善，使造价控制人员仅依据设计图纸来编制概算书和预算书，脱离了建筑项目的实际环境，从而使招标文件编制不符合实际，对后期的招标活动和建筑项目的实施等造成很大的负面影响。

（2）招标文件编制质量有待提高

建筑工程项目的招投标、评标定标和施工合同的签订都是以招标文件为基础进行的，招标文件编制质量的高低，对于建筑项目工程造价管理工作有着决定性的作用。但是，在实际的招投标过程中，负责招标的单位（建设点位或者招标代理机构）"重形式、轻实质"，不重视招标文件的编制；另外，在招标文件的编制过程中，工程量清单的编制仅依据设计单位给出的施工图纸，不结合建筑项目的实际施工环境以及某一条款的内容比较模糊，甚至出现漏项，导致投标单位在编制投标文件时，采取不平衡报价，获取利润，或者在施工过程中向建设单位提出索赔，从而导致建筑项目造价控制处于失控状态。

（3）竞标不规范，陪标、围标、串标现象仍然存在

由于市场竞争日趋激烈，建筑施工单位中标心切，在建筑工程项目投标过程中，施工单位会因为自身的盲目竞标、不理性竞标而采取偷工减料、降低施工质量等不合法的手段来减低施工成本，但是往往因为施工质量验收不合格而重新返工，使得该建筑项目的建筑工程总造价直线上升，甚至导致建筑工程造价失控。另外，建筑施工单位为了获取某一建筑项目的施工任务会组织其他人进行陪标，在中取该标书后会给陪标人一部分利润。

（4）评标方式不合理

目前建设单位采用的评标方式多为对投标单位的平均报价进行权数组和，这种不合理的评标体系不能使招标工作的作用充分发挥出来，进而会导致招标活动变成了一种形式，缺失了市场化的意义。另外，虽然我国颁布并实施了《中华人民共和国招投标法》，保障了评标人在评标过程中的地位，但是评标过程中，评标委员会和专家并没有实质性的评标活动，导致招标活动出现"明招暗投"的现象，无法对建筑工程项目的工程造价控制起到促进作用。

3. 招投标阶段工程造价控制的措施

建筑工程项目招投标阶段在全寿命周期内处于建设单位选择施工技术先进、管理水平较高的施工单位的关键阶段，是建筑项目由建筑施工单位将设计单位的设计意图付诸实施，以满足建设单位的使用要求的必经之路中的关键一步。通过招投标活动，建设单位和建筑

施工单位互利共赢，建设单位通过招标活动，在保证该建筑项目的工程质量和施工工期的前提下，最大限度地降低该建筑项目的工程总造价；同时，施工单位通过招标活动，希望在完成施工合同的前提下，最大限度地降低施工成本，获取最大的利润。

随着我国建筑行业的迅速发展，采用建筑工程招标的项目也越来越多。为了防止建筑项目工程造价控制处于失控状态，必须根据实际情况采取以下必要的措施：

（1）建立健全的建筑招投标制度

健全的招投标制度，是建筑项目招投标活动能够公开、公平、公正进行的保障，因此，首先，各地方政府及有关单位必须制定相关规定规章，指导建筑项目招投标的有序进行，同时应该加强有关部门的监督；其次，要加强对招标代理机构的监督，使其在代理权限范围内行使代理权；最后，建立并完善有关法律法规，加强各参与方的行为监督，使其在各自的法律允许的范围内进行招投标相关活动，从而使建筑项目招投标活动真正成为建设单位和施工单位互利共赢的活动。

（2）提高招投标参与人员的从业素质

招投标过程中，主要的参与方有建设单位、建筑施工单位、招标代理机构、政府监督部门等。政府部门应该加强有关人员的专业培训，使其更加了解建筑招投标活动乃至建筑行业的法律法规，在实际监督过程中，能够更好地实行监督程序，规范各参与方的行为；招标代理机构应该在提高自身人员的专业素质的同时，也应该提高自身人员的服务质量和法律意识，避免越权代理或者在行使招标代理权时不作为的现象发生；建筑施工单位除了加强自身人员的工程造价控制能力，避免盲目投标和不理性投标；建设单位应该提高招标文件编制人员的专业素质，如果由于招标文件编制人员的专业能力有限，可以选择优秀的招标代理机构，这样可以编制出高质量的招标文件，为招投标活动提供高质量的服务。

（3）注重招标文件的编制，制定合理的招标控制价

招标文件的编制首先必须具有可行性和可操作性，其各项条款内容应该全面清晰，避免产生歧义，使建筑施工单位在施工过程中向建设单位索赔；其次，招标文件有关合同的条款应该根据该建筑项目的实际情况，全面覆盖采用的合同形式、建筑工程的工程质量、质量验收标准、施工工期、费用结算办法等内容；再次，在编制工程量清单时，应该对该建筑项目的特点，逐步分解，并借鉴类似建筑工程项目的工程量清单的编制，保证建筑工程量清单项目完整、工程量准确，避免建筑施工单位通过不平衡报价，赚取暴利；最后应该坚持实事求是，对当地的人、材、机进行详细调研，以科学严谨的态度，保证标底的真实性与可靠性，使标的更加符合国家相关法律法规的要求，发挥招投标对工程造价控制的控制作用。也可以借鉴类似工程项目在进行投标最高限价设置的同时，也对综合单价中最高投标报价进行限制的双限价方式，避免投标单位进行不平衡报价进行投标。

（4）坚持公开招标，建立完善的评标体系

我国招投标方式主要包括邀请招标和公开招标。公开的招标形式可以为建设单位选择建筑项目的施工单位的提供更广泛的范围，使建设单位可以选择施工技术先进、管理水平

较高的施工单位，从而使该建筑项目的工程造价控制更容易控制。评标过程中，应该选择科学的评标方式，建立完善的评标体系，我国目前主要的评标方法有经评审的最低投标价法和综合评估法。这两种评标方式各有各的适用范畴，如果某一建筑项目具有通用技术、性能标准或者招标人对其技术、性能没有特殊要求的，应该采取经评审的最低投标价法。反之，对于大型复杂的工程以及不宜采用经评审的最低投标价法的项目应采用综合评估法。因此在完善评标体系的过程中，应该优先采用经评审的最低投标价法。

（5）规范合同的条款，加强合同的管理

建筑施工合同主要是规定建设单位和建筑施工单位权利与义务的重要文件，在合同条款编制的过程中，应该科学严谨，在执行过程中，应该不得随意更改合同的条款和内容，更不得违背投标文件的实质。不论是建设单位还是建筑施工单位，都必须加强合同的管理工作，对建设单位而言，首先应该根据该建筑项目的实际情况和范围选择合适的合同计价方式，并在合同中明确工程价款的调整方式；对于施工单位而言，要认真审查合同的各项条款，避免产生歧义，导致施工过程中发生索赔，甚至是出现工程签证的扯皮现象。

四、施工及竣工验收结算阶段工程造价控制

（一）施工及竣工验收结算阶段工程造价控制的影响因素及现存问题

建筑工程项目施工阶段是全寿命周期内形成建筑实物的阶段，建筑工程项目总造价的90%将用于该阶段。为了保证建筑工程项目的顺利实施和建筑工程项目的资金有效投资，实现建筑工程项目的工程造价控制，必须加强该阶段的工程造价控制工作，对各项资源的投入进行合理优化，同时，运用动态控制原理，不断进行预算成本和实际成本的差异对比，并分析造成差异的原因，采取相应的组织措施、管理措施、技术措施和经济措施等进行调整。在此过程中，不断总结经验，吸取教训，为后续工作的展开更加合理化、经济化。

建筑工程项目施工阶段主要有建设单位、监理单位、建筑施工单位、勘察设计单位以及政府单位的参与，由于参与方较多，施工烦琐，是建筑工程全寿命周期内工程造价控制最困难的阶段，其影响因素也是多样变化的。在建筑项目施工过程中对建筑项目工程造价控制影响较大还有设计变更和现场签证。设计变更是建筑工程施工过程中为担保设计和施工质量、完善工程设计、改正设计错误以及满足现场条件变化而举行的设计订正工作。而现场签证是指由于设计变更，增加工程量，导致施工图预算或者预算定额取费中未含有但是建筑施工单位在实际施工过程中发生的费用所办理的签证。在建筑项目的施工阶段，以上两种现象时常发生，对建筑工程项目的工程造价控制影响巨大，因此必须给予高度重视，以便更好地进行建筑项目工程造价的控制。

1.建筑工程施工阶段存在的问题

在建筑工程项目全寿命周期内，建筑工程项目施工阶段是建设资金发生密集流动的阶

段，90% 左右的建设资金通过施工阶段不断实物化，实现该项目的建设投资。然而在实际施工的过程中却存在着大量的问题：

（1）建筑工程设计不充分

建筑工程项目由于自身的性质比较特殊，在建筑施工阶段不单单与建筑施工单位有关系，还与其他单位有关。由于设计单位在建筑项目设计的过程中，设计人员专业素质偏低或者忽略现场调查的重要性，仅凭自己的工作经验进行设计，导致在建筑施工单位在施工时发现设计图纸与现场的实际情况不符。这不仅会增加建筑项目施工单位的施工成本，也会增加该建筑项目的工程总造价，甚至会延长施工工期。

（2）建筑施工合同条款缺乏严谨性

在进行建筑工程招投标活动并确定中标单位（建筑施工单位）后，由建设项目的建设单位和施工单位共同签订建筑施工合同。该建筑施工合同对该建筑项目的工程质量、进度、结算方式等内容做了具体详细的约定，规定了建设单位和施工单位双方共同的权利和义务，对双方同样具有法律效力。但在实际签订的过程中，建筑施工单位对该合同的条款理解不透彻，导致在工程验收或者结算时出现扯皮现象，使建筑项目工期拖延，增加建筑工程造价。

（3）施工组织的编制、审查不到位，其实施性不强

施工组织设计是指导现场施工的指导性文件，根据建筑工程项目的工程性质、建筑规模、施工工期和施工条件编制，并通过科学的方法对各施工方案、施工进度计划进行经济技术分析，合理配备人力、物力和资金的投入。在建筑工程施工组织编制完成后应该由项目经理组织有关技术负责人进行施工组织的审核，审核通过后对建筑工程的具体实施提供指导。但是，在建筑施工组织编制的过程中，编制人员往往忽略实地勘察的重要性，根据经验编制，致使施工组织设计不能有效地指导现场施工。另外，有的建筑施工单位甚至忽略施工组织的审查和优化，最终导致不能应对施工现场的指导工作和设计变更带来的各种突发问题，使施工成本直线上升，建筑工程造价处于失控状态。

（4）现场签证监督管理混乱

建筑施工过程中发生的现场签证主要是由建筑施工单位提出书面申请，然后经监理工程师签字认证。但是在实际施工过程中，由于监理工程师对施工单位提出的工程质量问题缺乏合理的判断，致使在结算阶段出现造假的现场签证。

2. 建筑工程竣工验收结算阶段存在的问题

建筑工程项目竣工验收结算阶段是对建筑施工单位施工质量的最后检查，确保工程项目的工程质量和施工工期等符合建筑施工合同的各项条款。但是在实际验收过程中会存在以下问题：

（1）不重视隐蔽工程的验收

隐蔽工程是指建筑物、构筑物等在施工时期将建筑原料或构配件埋于物体之中后被覆盖外表看不见的。由于建筑工程在施工过程中，建筑施工单位不重视隐蔽工程验收的重要

性，往往会私自对其进行覆盖，进行下道工序的施工，最后在工程质量验收时发现不符合施工要求，导致返工，增加建筑工程的工程造价，拖延建筑施工工期。

（2）虚报工程量

工程结算受工程量计算的影响很大，由于建筑工程的工期较长，会出现多个单位共同施工，导致工程量的重复计算；另外，由于设计变更导致实际工程量的减少，但在实际上报工程量时未作调整。上述两种情况都属于虚报工程量，对建筑项目工程造价的控制产生巨大的负面影响。

（3）高套定额

工程结算主要依据国家有关部门颁布的定额基价进行计算的。但在实际计算过程中发现有的施工单位为了获取高额的利润，套用错误的定额基价或者重复套用某一定额基价，影响建筑安装工程费用的结算。

（4）其他因素

在建筑工程竣工验收结算阶段，还存在其他的问题，例如建筑施工单位私自提高工程类别的取费标准或者提高材料价格标准。这些现象都会影响建筑工程的结算，导致建筑工程造价的增加，使其处于失控状态。

（二）施工及竣工验收结算阶段工程造价控制的措施

1.施工阶段工程造价控制的措施

建筑工程项目施工阶段是建筑项目在全寿命周期内参与方最多，影响因素最复杂的阶段，如不采取必要措施，使建筑工程造价控制处于受控状态，其后果是非常严重的，会导致该建筑项目失去原有的投资意义。在实际施工过程中应该采取下列措施：

（1）加强施工合同的管理

建筑工程项目的建设单位和施工单位都必须认真对待建筑施工合同的编制、签订和执行。建筑工程项目的建设单位和施工单位应该根据建筑项目的工程性质、质量要求、施工工期等内容进行深入探讨，共同制定相应的合同条款，将责权模糊不清的合同条款出现可能性控制在施工合同签订之前。建筑施工合同签订后，建筑工程项目的建设单位和施工单位都应该加强自身人员对合同的理解，并结合工程实际制定科学合理的合同管理方案，实现建设单位和施工单位双赢的目的。

（2）加强建筑施工材料的成本管理

在建筑工程的施工阶段，前面也提到，在该阶段建筑工程项目总投资的90%会被用于该阶段。但是建筑工程总投资的60%是由建筑所需的材料费所组成，因此建筑工程所需的材料的成本管理自然成为建筑工程施工阶段工程造价管理的重中之重。在建筑施工准备阶段，应该加强对材料市场的调研，广泛的对比分析各材料供应商，选择物美价廉的材料供应商。另外，在确定材料供应商后，应加强对库存理论的学习和研究，运用库存理论合理安排各建筑材料的购买量，并采取必要的措施，保证各建筑材料的质量。

（3）加强建筑施工组织的编制和审查，优化建筑施工组织方案

建筑工程施工准备阶段，建筑施工单位应该组织有关的技术人员和管理人员进行现场勘察，了解现场的实际情况，然后根据现场的实际情况认真做好井点降水布置、土方开挖、施工平面图布置、各应急预案等重要内容的编制，并由项目经理组织有关技术人员对其的审查，将安全、质量隐患问题在建筑施工之前解决。另外，建筑施工组织编制完成后，应该请有关专家进行建筑施工组织方案的优化，进一步减少施工成本，增加建筑项目的经济效益。

（4）加强对设计变更的管理，完善现场的签证工作

建筑项目全寿命周期内，建筑工程的施工阶段一般持续时间比较长，在具体施工过程中，施工现场各种不确定性因素多，即使在设计阶段对建筑项目施工图纸进行反复论证和审查，也难免因为现场实际情况而需要进行设计变更。建筑施工单位在充分理解建筑施工图纸的设计意图可以提出合理的变更意见，但是，在建筑施工单位提出设计变更意见后，设计单位应同施工单位、建设单位共同分析，确定该变更是否需要或者合理，在充分论证的基础上再做出是否需要该设计变更的决定，避免不必要的设计变更，增加建筑工程的施工成本，降低建筑项目的经济效益。经过各方的分析与论证做出设计变更后，应该严格执行设计变更程序，由设计单位重新绘制施工图纸后交由建筑施工单位，建筑施工单位应严格按照变更后的图纸进行施工，并及时将其完成的施工任务经监理单位签证确认。监理单位在签证确认之前应该经有关单位的确认该施工任务是否符合建筑施工合同的内容后再进行签字确认，避免出现现场签证造假现象。

（5）加强动态控制理论的应用

在建筑工程项目全寿命周期内都应该运用动态控制理论,降低建筑工程项目的总造价,增加其经济效益和社会效益。在施工准备阶段，首先应该结合现场实际情况，科学合理制定各施工任务工程造价控制的计划值；其次在施工过程中注意各施工任务信息的反馈，收集各施工任务工程造价控制的实际值；再次通过比较分析各施工任务工程造价控制的计划值和实际值，发现是否存在偏差。如果各施工任务工程造价控制的计划值和实际值比较吻合，说明在该施工任务的施工过程中工程造价控制取得显著成绩；反之，如果存在偏差，应该及时采取组织措施、技术措施、经济措施和管理措施，将建筑施工任务的工程造价控制在合理的偏差范围之内，减少建筑施工成本的损失。

2. 竣工验收结算阶段工程造价控制的措施

建筑工程项目竣工验收结算阶段是建筑工程项目施工的最后阶段，是对建筑施工质量检验以及建筑工程投资的整体考核，对建筑工程造价控制有着不可替代的作用，在实际验收过程中必须采取下列措施，实现建筑工程项目造价控制的目的：

（1）重视隐蔽工程的验收

隐蔽工程对建筑工程的质量有着巨大的意义，直接影响建筑工程的质量。但是隐蔽工

程往往在施工过程中都会被下一道工序覆盖，所以必须在建筑施工过程中严格执行隐蔽工程的验收程序，在该隐蔽工程施工完成后，由建筑施工单位提前24h通知监理单位对该隐蔽工程的工程质量进行检查，验收合格后并在隐蔽工程验收文件上签字，建筑施工单位方可进行该隐蔽工程的覆盖，进行下一道工序的施工。防止工程返工，增加建筑工程造价，拖延建筑工程的施工工期。

（2）完善建筑工程项目的竣工验收结算制度

规章制度是做好工作的保障，同样，在建筑工程施工验收的工程中规章制度也可以起到同样的作用，保障建筑工程验收的各项工作顺利进行。因此，在建筑工程竣工验收结算阶段，建立和完善工程尾款会签制度以及工程结算复审制度，保证建筑工程投资能够获得良好的社会效益和经济效益。

（3）提高参与竣工验收结算人员的业务素质

在建筑工程竣工验收结算阶段，需要有关结算工作的管理人员和技术人员共同参与才能顺利完成该阶段的各项工作，另外，在建筑工程竣工验收结算阶段，会产生各种变化的因素，参与人员的业务素质对该阶段工作质量的好坏至关重要，因此必须提高参与该阶段人员的业务素质，保证该阶段的各项工作顺利完成，从而为该阶段的工程造价控制提供保障。

（4）重视竣工工程量的审查

建筑工程的工程量是建筑工程竣工结算阶段进行工程结算的主要依据，必须重视竣工工程量的审查和复核。在实际审查的过程中，应结合实际情况选用全面审查法、分解对比法以及重点抽查法中的一种或者结合使用，保证竣工工程量的真实性，为建筑工程造价控制提供基础数据，保证造价控制的顺利进行。

五、运营维护及拆除阶段工程造价控制

（一）运营维护及拆除阶段工程造价控制概述

项目运营及维护阶段是指在建设项目竣工验收阶段后，作为一种产品竣工投入运行发挥效益的时期。对于建筑项目来说，运营及维护阶段需要建设单位和建筑施工单位的共同参与，建设单位主要负责项目的运营获取利润，在运营的过程中如果出现工程质量问题，建筑施工单位负责工程质量问题的修缮，经鉴定由工程质量的责任方负责工程质量的修缮费用。项目拆除阶段是指建设项目不能满足其原有的使用功能或者经过改造修复仍不能满足各种功能的需要而进入其全寿命周期内的最后阶段，进而开始另一新项目的规划、设计、施工、运营维护等的新的全寿命周期。对于建筑项目来说，往往因为其不符合该区域规划的需要、设计使用寿命到期或者是出现重大影响结构质量的问题而必须进行更新改造或者直接拆除。

在建筑工程项目的全寿命周期内，建筑工程项目的运营维护阶段的工程造价主要是该建筑项目的运营成本与利润的管理工作，而建筑工程项目的拆除阶段主要是运营成本与新建成本的管理工作。建筑工程项目的运营成本主要是指为保持该项目原有的各项功能的需要而进行的各种清洁管理与维修保养所需要的费用，主要考虑在运营的过程中能够尽可能的获取更大利润。新建成本的管理工作主要考虑由于其随着运营时间的增加，其运营成本也在不断增加甚至超过了新建项目的成本而不得不考虑重新设计、建造新的项目。建筑工程项目的利润与项目所在区域、产品服务对象、产品定位等各种因素相关，建筑项目的建设成本往往与该建筑项目的建设标准和质量等级直接相关。

（二）运营维护及拆除阶段工程造价控制所存在的问题

所有的建设项目，包括建筑类的和非建筑类的，都必须经过其运营维护及拆除阶段，在该阶段内必然会存在着工程造价的管理工作。在实际生活中处处可见，但是却存在着以下几种主要问题：

1.盲目提高建筑工程的建设质量标准

建筑项目的建设单位往往由于缺乏相应的成本知识，认为将建筑项目的质量设计的越高越好，从而使大部分建筑项目的建设成本往往很高。如果前期调研多的充分并且后期运营时效益较好，可以收到较高的利润，但是如果前期的调研不是很充分加上后期运营的效益一般，使得其利润很低，不足以填补前期建设项目时所投入的成本，使建设单位承受巨大的资金压力。

2.忽略建筑项目运营阶段的社会成本问题

建筑工程运营维护阶段在全寿命周期内是持续时间最久的阶段，对于项目本身的角度而言，其运营成本在项目的全寿命周期总成本中所占的比重非常大，但是对于全社会的角度而言，其比重更大，包括与该建筑项目运营阶段有关的所有费用，即社会成本。Allouche 等将建设工程的社会资源定义为因为实施建设项目而造成的、但不能归入参加项目的合同方的直接或间接成本中的成本。也就是说在建设项目施工过程中形成的固定资产所需费用外，对于社会环境以及人类生存等所产生的费用，例如社会能源及资源的消耗、人群的交通成本、人类的健康损害程度及其持续时间等。然而，在国内对于建筑工程项目运营维护阶段的工程造价管理基本是处于空白阶段，建筑项目的建设单位往往只关注其建设成本而很少会关注该阶段的工程造价管理对于整个项目在全寿命周期内的工程造价管理的影响，以及对社会环境以及人类生存等产生影响所要付出的代价。

3.最佳改造或者拆除时期的确定缺乏有力依据

在建筑工程项目运营的过程中，大部分建筑项目的建设单位都希望能够将其建筑项目一直的运营下去，但是在实际的运营过程中是不可能的，所以大部分建筑项目都会随着运营时间的增加，会失去原有项目的竞争力而不能满足原有的各项服务功能或者是因为运营成本的增加等原因而不得不将该项目进行改造或者拆除重建。但是在决定何时进行建筑项目的改造更新或者是建筑项目的拆除重建，大部分建筑项目没有什么标准可以参考和借鉴，往往是根据建筑项目建设单位的领导层直接决定的。也往往因为这样，使得建筑项目不能发挥其最大的经济效益和社会效益而提前结束其寿命，给建筑项目的建设单位和社会带来很大的浪费。

（三）运营维护及拆除阶段工程造价控制的措施

通过对建设工程项目运营维护及拆除阶段工程造价控制所存在的问题的分析，必须采取必要的措施才能使建筑项目在该阶段也能使工程造价控制得到很好的运用，实现在全寿命周内工程总造价最低，进而实现该建筑项目最大的经济效益和社会效益，具体措施如下：

1. 基于全寿命周期理论合理确定建筑工程建设的质量标准

工程造价成本与工程质量在不同阶段有着不同的趋势。在建设阶段，工程质量和工程造价同向变化，工程造价随着工程质量的提高而增加，反之，随之降低；在运营阶段，工程质量和工程造价反向变化，工程造价随着工程质量的提高而降低，反之，随之增加。因此，可以借鉴全寿命周期的理论对建筑项目的工程质量进行控制。在全寿命周期内，建筑项目的工程造价随着工程质量的提高呈现出先下降后升高的趋势。因此在实际建筑项目的工程质量控制的过程中，寻找一个建筑工程造价最经济的区域，使建筑项目能够满足建筑工程质量的需要的同时实现建筑工程造价最经济。

2. 选择合理的建设项目设计、选材以及项目区位

建筑项目在建筑工程项目建设可行性研究阶段，应该对该区域进行详细全面的调研与预测，确定建筑项目的项目区位、消费群体、产品定位以及该区域以后的发展趋势等，从而降低建筑项目的交通成本甚至是降低为保护自然环境所需投入的费用。另外，应根据建筑项目的建设地点和服务对象优化其设计方案，降低对资源和能源的消耗，合理的采用节能环保材料，是该建筑项目更加符合环境保护的国策和人文环境发展的需要。通过采取上述措施，就可以降低该建筑项目运营阶段的社会成本，实现建筑项目的社会效益最大化。

3. 基于全寿命周期的理论确定最佳改造或者拆除时间

基于全寿命周期理论也就是不仅仅只考虑建筑项目的设计阶段与实施阶段所需费用，而是考虑全寿命周期内各个阶段所需费用。建设成本随着时间的推移逐渐减小，运营成本随着时间的推移逐渐增加，而全寿命周期成本随着时间的推移是先减小后增加的。因此，可以在全寿命周期成本最低点附近，也就是0T点附近，并结合建筑项目的设计使用寿命考虑开始建筑项目的更新改造或者拆除工作。通过该方法不仅可以充分发挥建筑项目的使用价值，而且可以以最小的总成本使该建筑项目实现最大的经济效益与社会效益。

第四节 建筑工程施工造价管理

建筑行业属于国民经济的支柱型产业，在社会经济建设发展过程中发挥着十分关键的作用。随着我国市场经济体制改革的推进，建筑行业投资管理更为重要，工程项目应当借助于市场的作用，不断优化各种资源配置，在确保施工质量的基础上控制好工程项目造价，建设更多的高效工程。要确保这一目标的最终实现，应当开展好工程项目全过程的造价管理工作。

一、工程造价管理概述

造价管理属于建筑工程管理中的重要环节，也是确保工程施工质量的基本前提，是建筑工程项目施工作业顺利开展的理论依据。我国社会经济发展速度日益加快，各个行业开始和国际接轨，同时也带来了很多国外的先进施工理念和工艺技术，为建筑工程施工造价管理给出了新的指引。经过近年来的研究与发展，我国建筑行业工程施工造价管理也慢慢地形成了一整套相对完善系统的管理体系，为促进社会经济的持续健康发展做出了积极贡献。

但从当前的实际情况出发，在建筑工程施工过程中，我们站在建设方与参与方的角度出发，其项目管理与造价控制的要点有所差异。站在施工单位的角度来对建筑工程造价进行探讨，能够发现其造价管理的目标是对经济成本投入的管理，是在工程消耗最少的人力物力财力的基础上换取尽可能多的经济效益；从建设方的层面来讲，即是在施工过程中以较少的投资换取更多的经济效益；从业主的层面来看，指的是以最优的经济效益来获得尽可能高质量的建筑产品。工程项目造价管理属于相对系统化的概念，其中关系到施工建设中的很多内容，所以在进行造价管理时也涉及诸多因素，是否能够有效开展造价管理工作在很大程度上决定了工程施工质量以及工程经济效益，决定了建筑企业是否能够持续健康发展。

二、建设项目造价管理存在问题

随着中国经济的快速发展，人们在工程项目建设过程中对成本管理的深入理解和认识，建设项目造价管理工作也在发生着巨大的革新。中国学者开始了对造价管理进行系统研究与分析，并结合了国际上对建设项目造价管理的经验，在项目成本管理系统研究的角度上，最终提出了"全面成本管理"和"全过程的成本管理"的概念。但是在我国造价管理的整个过程当中依旧存在着诸多缺陷，其主要是由于没有把现代管理最基本的先预测、后控制的理念运用到造价管理活动当中，造价管理整个过程没有系统合理的管理，整个项目的参与人员没有一致的造价目标，加上相互之间没有很好的交流与沟通，致使造价管理在实际执行当中没有很好的衔接，因此导致在建设项目各阶段存在着以下问题。

（一）投资决策阶段

在我国传统的项目建设过程中，广泛的存在忽视项目前期造价管理，而是把主要的人力、物力都集中在后期的实施阶段。在项目的投资决策阶段，业主往往是主观性过强，不根据项目的客观况作出判断，导致其确定的建设规模、结构类型等不合理；而咨询单位很多时候更是没有公正、客观、科学和独立地加以测算，经常只是为了满足业主的意愿或者只是为了更容易使得项目立项而规避相关的规定。投资估算是十分重要的环节之一，其持续时间是自投资决策阶段起，到初步设计阶段为止。在我国，由于很多因素造成了我们的造价管理工作过于重视工程实施阶段的管理，而对于前期投资决策的管理并没有给予足够的重视。我国至今依旧没有形成一套科学的、系统的投资决策阶段管理方法。投资管理的体制有待逐步完善，审批制度逐渐规范化。更有甚者为了能够符合审批的条件而达到立项的目的，经常会将其所需投资额报得比较低，低到根据项目实际情况是根本无法做到的，而只要项目一经批准，在设计阶段便将已审批的估算抛开，随意的超过估算值，超过原先建设规模、建设标准，继而使得预算超过概算，而其最终也为决算超过预算埋下了一定隐患。

（二）设计阶段

造成投资在设计阶段难以按计划控制的主要原因是设计费的收取方法和其所要承担责任的不均等。目前，设计费一般是按照所建项目的建筑安装费或者总的投资额的比例来收取的，如果由于设计原因而导致事故发生，其相关的设计人员需承担一定的设计责任；所以设计人员普遍会进行保守设计，由于没有相应的规定对其加以控制，因而业主就要承担设计浪费的全部费用。所以，在这种极为不合理的规定下，就致使设计人员一般只重视技术，而根本不考虑其设计的经济性。这就导致了虽然我国设计的工作能力以及专业水平均能和国外持平，但是并不具有一个经济的理念，再加上设计和施工规范并没有与时俱进，设计也基本上是为了方便就依据以往的经验，而并没有对方案加以对比，更有甚者盲目的为了安全度和设计收费，实际上导致了极大的浪费，这就使得在设计阶段的造价管理工作始终处于失控的状态。

传统的造价管理过多的将侧重点放于施工阶段，这就造成了对设计阶段的忽视。体现在以下五个方面：

1.不以批准的可行性研究作为初步设计的依据

许多的设计部门在进行设计时，并没有严格按照已经批准的可行性研究报告进行设计，而是胡乱的听取业主的建议，随意改变其规模，以至于改变了其所包含的内容，这在很大程度上增大了概算超出预算的可能性。

2. 设计的深度不够

相当多的项目由于各方面的种种因素的影响，比如说项目建设计划的决定下达的不够早，业主经常为了能够早点动工，尽量争取早日完工，就有可能采取一边设计、一边施工的不合理的方式，但是因为设计的时间较短，导致其深度没有达到要求，从而在施工过程中就出现了变更不断的局面，这就使得预算远远超过了概算。

3. 设计超标严重

设计的过度超标已经是一个司空见惯的现象。这是由于很多设计部门的理念就是仅仅重视技术，而忽略了对投资的控制，在设计过程中没有进行限额设计，或者过度的看重建筑物建成以后的平面布置以及立体造型等，而并没有将其使用功能放在一个比较高的位置，胡乱的讲究档次，随意地将装潢标准变高，致使其造价一超再超。当然设计部门这样做一定情况下也是受其经济利益的诱惑，这也是取费标准的不合理而导致的。

4. 设计方案影响项目投资

因为不相同的设计方案，其对项目最终的造价影响极大，而好的方案常常可以在很大程度上减少投资，从而使得造价降低。但在实际的操作过程中并没有对各方案的经济效果引起足够的重视。例如某个单位要新建高层的住宅楼，最初是为了缩短工期而决定基础采用的是混凝土灌注桩，但是后来由于周围居民的干涉将其所设计的基础变成为毛石基础，这个意外的改变却为该项目的基础工程节约投资高达10%左右。

5. 设计人员素质影响项目造价控制

随着经济的发展，科技的进步，新材料及新技术不断地出现，同时不断地被接纳吸收而后便在生产过程中得以运用，对降低整个过程中的费用起到了很大作用。但是因为不同的设计人员之间的专业技能差距较大，对出现的新材料、新技术的熟悉以及掌握程度各自不同，致使同一个项目，不同的设计人员设计出来的最终方案概算差距极大。

（三）招投标阶段

1. 发包条件不满足要求

为了使项目尽早启动，某些建设单位在发包条件并不成熟的情况下就盲目进入招投标阶段。尤其是其施工图设计深度不满足施工要求，且招标文件的内容也无法达到招标条件，根本没有给予整个招投标过程应有的重视，致使投标方无法对工程量进行正确计算，这也给专家在评标的时候增加了很大的麻烦。而在工程动工以后，由于其图纸根本达不到施工的要求，因此在施工的时候就需要对其进行不断地深化设计，从而使得整个过程中的造价管理完全处于一种失控的状态。

2. 评标方法存在弊端

招投标法中规定的评标办法存在较多的问题。我国一般采用的评标办法有：综合评估法、经评审的最低价法及法律所允许的其他办法。其中"综合评估法"评标人为因素较强，使得很难在评标过程中按照公平、公开、公正的评标原则评标。而采用的"经评审的最低价法"经常会致使投标单位之间恶性竞争，相互压低报价，中标后再以各种手段变相地增加各种项目，所有损失只能由业主承担。更有甚者恶意压低报价，中标之后以价格太低为由迟迟的不肯签合同，最终致使招标失败，造成业主方工期与造价的双重损失。

（四）施工阶段

目前，施工阶段造价管理与控制的基本现状如下：其全方位只是建立在理论基础上的，并且也只是对变更、中间付款以及决算的分部管理。所以说在施工过程中要强调并实施全过程的造价管理，即对整个目标与内容加以全面的监督控制，就得从根本上杜绝在施工过程中不合规定的传统做法。除此之外，在施工阶段，设计变更没有引起某些建设单位的足够重视，没有按规定办理变更的所需的各项手续，也没有对设计变更单加以记录，所以对于由变更而引起的工程量变化和进一步导致投资的变化也就没有进行相关记录。

1. 施工企业高估冒算

在施工阶段，很多施工企业为了经济效益，通过套用更高定额，或者采用将工程量进行重复计算等手段，致使工程的投资增大，即就使得项目建设受到很大的经济损失。而建设单位作为施工单位的管理者与组织者，在对建设项目投资控制方面应承担很大的责任。再者业主普遍存在调概的依赖思想，使得其内部造价控制不理想，具体表现为：

（1）在进行设备、材料的采购与供应过程中，没有一个良好的组织，使得中间环节过于繁多，致使其采购过程中的不合理费用增多，最终导致了工程造价的增加。

（2）在施工过程中，对工程质量监督与签证管理不足。

（3）项目在整个过程中的管理不善，而致使工期的延长，最终导致了项目的各项费用的增大。

（4）在结算阶段，没有严格的按照规定进行审查，因为业主在进行组建的时候，很大一部分管理人员都来自于生产型人员，没有对于项目有足够的管理经验，因而就无法在结算阶段对工程造价进行有效的控制。

2. 业主行为对工程造价的影响

由于我国现阶段建筑市场的施工力量供大于求，这就决定了建设方在各事项的主动地位，因此就出现了建设单位不规范的行为，某些建设方没有严格履行标书合同的约定，还有的建设方并没有严格按照其所签订合同的相关规定执行。如某房地产开发项目，建筑面积为 70 万 m^2，建筑安装造价约为 35 亿元，其中甲方将玻璃幕墙分包，分包造价约 3 亿元，约占总造价的 9%，总包单位提取 4% 的总包服务费，约为 1200 万元。

还有一部分业主要求承包方在施工过程中垫资，任意的将工期缩短，强制要求建设项目成为优质工程，而且也不给任何奖励。如某项目的建筑面积 15.8 万 m^2，施工单位在

2004年5月份开工至2005年3月累计垫付资金4930万元，业主累计拖欠施工单位工程款1.13亿元。施工单位的合法权益如果得不到应有的保护，项目的质量就不会得到有效的保证。

3.施工企业忽视施工现场管理

施工企业对现场的施工管理不够重视，也没有将科学、合理的方法运用到管理的过程中去，另外其施工技术落后，人员学习培训不及时，加上其没有按照规章制度严格的控制，致使在整个过程中产生很多损失，而最终该部分损失又以各种方式渗透到项目中。施工单位在对施工方案进行选择和编制之时，并没有将降低造价、节约资金等因素综合考虑。除此之外，由于材料供应和施工进度衔接不合理导致不能按照计划施工而造成的损失在项目的施工过程中也屡见不鲜，其金额也十分惊人。

综上所述，我国在造价管理方面存在的问题主要是没有对其投资进行全过程的管理。另外，对于大的系统来说，其管理的最终目的是整个大的系统的最优，而不是其中的某个小的系统的最优。所以应该改变只注重建筑安装工程费用这个子系统而并没有从全局出发来考虑整个项目这个大的系统的造价管理的理念。我认为全过程造价管理其自身的内容与特点决定了只有业主方才能够参与到项目整个过程中的始末，才能够实现采用全过程造价的方式对项目进行有效的控制。所以，业主应当是全过程造价管理的较为合理的实施主体。除此之外，业主还决定着项目的许多重要指标，设计、咨询以及施工单位其实质均只是在业主的意愿之下开展工作的。因此，投资者意图的是否合理将会对工程的造价产生巨大的影响。

（五）竣工结算阶段

项目成本管理的最后一个阶段是工程结算的完成，只有进行合理的竣工结算，才能做到整个项目造价的有效控制。竣工结算造价控制不理想，常出现在：（1）没有建立项目台账。正常情况下，在工程完成后的结算价格并不等于施工预算总造价，因为在工程实施过程中会有各种各样的变化，影响着结算价格的增加或减少，如工程量的变化，工程变更的发生等。只有按照实际情况对所发生的变化及时的追加或者削减，隐蔽工程的验收以及材料代换等按照实际情况变更。这样做可以从根本上防止通过各种虚报以及套用更高定额等方式骗取工程款。（2）以科学合理的方式对工程量进行计算。工程量的计算对工程造价有非常大的影响，由于计价和计算材料用量均以其为基础，因此，工程量计算必须十分精确。（3）为了使得造价管理的过程更为科学，更为合理，造价管理人员必须不间断的学习，能够熟练把握新知识、新动态与新规定。这样才可以不断地提高自身工作质量，更好地为工程结算发挥作用。

三、建设项目实施全过程造价管理的对策

（一）投资决策阶段的造价控制

投资决策阶段是造价控制的第一步，它是造价管理的极其关键的阶段，它决定着项目全过程造价控制的效果。在项目投资决策阶段，项目的可行性研究过程中对各个方案加以调查、比较、分析，就能产生合理的并且符合实际的投资估算，这就为造价在以后阶段中的有效控制奠定了一定的基础。我国建设项目普遍存在的"三超"问题严重，如果想要很好地处理该问题，使得对工程项目的其他各个阶段都能够起到控制作用，还需要做很大的努力，其中能否精确的对项目的投资进行估算，使工程建设有了一个好的开端，是造价管理的首要任务。

该阶段的投资估算可按项目的进度不同分为：首先，在规划阶段编制的投资估算，这是一个项目建设是否合理的重要依据；其次，在项目建议书阶段编制的投资估算，这是项目能否被批准的重要依据；最后，在项目可研究阶段编制的投资估算，这是一个具有决定性的文件，是研究项目建成之后经济效益的依据之一。该阶段的投资估算是对造价控制的目标的预测，而并不是一个较为满意的期望值。

由于编制各个分阶段的投资估算的时间并不一致，其设计深度也不一致，编制条件及其因素的不确定性更是差异甚大，所以，可按照当前的工资、利率、物价等变动的因素，将各个小阶段的投资估算分别按照动态与静态两个部分来对待，分别进行估算，这样能够适时的对由上述各个因素所引起的差价加以合理的调整，更好的保证达到投资决策的预期收益。

（二）设计阶段的造价控制

在设计阶段，设计单位进行设计时应当按照设计合同的规定与设计任务委托书的要求，尽可能地将设计概算控制在投资估算之内。而设计阶段一般又可以分为四个小的设计阶段，具体如下：

（1）方案阶段。依据计划的方案图和说明书，编制详细的建筑安装成本估算书。

（2）初步设计阶段。依据设计说明书、初步设计图纸、以及预算定额编制初步设计概算；设计概算一旦获得批准，即为该项目造价控制的最高限额。

（3）技术设计阶段。设计说明书和设计图纸以及预算定额的基础上编制初步设计修正概算。这个阶段适用于技术比较复杂，建设规模相对较大的工程项目。

（4）施工图设计阶段。依据施工图纸、说明书和预算定额编制施工图预算，其目的是为了验证施工图预算是否超过批准的初步设计概算。建设项目招投标是以施工图预算为基础的，它也是承包商的合同价格和结算的合同价格确定的主要依据。在设计阶段的成本控制是一个相互联系的整体，相互影响和联系，前者控制后者，后者对前者的小的设计阶

段的成本有一个互补的作用，共同构成了整个设计阶段控制工程造价系统。

该阶段如果能够实行限额设计，将会减少工期，有效控制造价，为最终提高项目经济效益起到非常重要的作用。

1. 限额设计的应用

按照限定的投资额对项目进行设计，确定的建设规模和建设标准能够保证施工图阶段工程投资不突破概算投资额的设计方法，称为限额设计。也就是既要依据已批准的任务书与投资估算来控制其初步设计概算，同时还要依据已批准的概算来控制施工图预算，并且在确保其使用功能的基础上，依据专业将其限额进行分配，然后按照已分配的限额再进行设计，对不合理的变更要加以严格控制，确保各个阶段的预算能对后一阶段起到有效的控制作用，最终方可确保不超过各专业投资限额之和。这就为业主的筹资以及投资控制等工作的高效开展奠定了基础。

在我国传统的项目建设过程中，广泛存在没有将项目前期的造价管理当作重点，而是把主要的人力、物力都集中在后期的实施阶段。事实上，虽然花钱最多的是施工阶段，但是其实质仅是控制实际耗费不超过之前在设计阶段所限定的数值。另外，在设计的初步阶段，对其投资影响的可能性大约为75%～95%；技术设计的阶段，对其投资影响的可能性大约为35%～75%；而施工图设计的阶段，对其投资影响的可能性大约为5%～35%，有以上数据可知设计阶段才是影响投资的极其重要的阶段。在施工阶段，主要受到以下因素的影响：索赔、变更、生产要素的价格变化以及利率变化等。由于它有一定的政策性与必然性，就算投入再多的精力也只能是事倍功半。我们应该在对限额设计的推行以及完善上多下功夫，并且在设计招标过程中采取方案竞争的方式，同时还要合理的确定其勘察设计单位一定程度上的责任，如此一来工程造价才能得到有效控制。在设计阶段，提高其监督管理力度，将设计方案、标准、材料等因素加以综合分析考虑，这样更有利于造价的有效控制。

2. 设计阶段投资控制要点

设计阶段，造价控制的基本思路是在不超过前一阶段概算投资的前提下，符合质量要求和功能要求，并且尽最大的努力对造价进行有效的控制。为了达到这个效果，就应该以最初设计所确定的投资为控制目标，并且后一阶段不能超过前一阶段的概算额。这就要求我们在设计的整个过程中要及时对工程内容与设计图纸加以评估，并且将项目的实际投资状况与计划投资相互对照。如果发现设计投资突破了计划投资，就要求我们要尝试修正设计，使其不突破之前各阶段所决定的限额。

该阶段的造价控制工作可从以下几个渠道进行：

（1）由业主负责将项目实施的投资规划加以认真地编制，以确定造价控制的目标；

（2）监督并鼓励设计人员将各个方案进行技术经济性的分析，最大限度地挖掘节约潜力，以便有效地降低工程造价；

（3）对大型或者特殊的设备的选择必须对其进行技术经济分析；

（4）协助建设单位进行设备的购买，同时严格审查合同；

（5）按照建设单位所确定的总投资的控制目标，对各项设计的概算进行严格的控制和审核。

3. 限额设计的纵向控制

（1）在进行初步设计的过程中应将方案的选择置于一个非常重要的位置，其投资不能突破相关部门已批准的投资额。如果其设计方案突破了已经批准的投资限额，应及时的向上反映，同时给出一定的解决办法或者建议，如果概算编制好之后才发现突破了限额再对造价加以打压，将会使得整个设计极不合理，这也会给施工图设计突破本阶段所确定的限额埋下了一定的伏笔。

（2）施工图预算不能突破前一阶段已批准的概算。设计单位必须要熟悉各个施工图的设计方案对造价的影响，使得其最后设计成果的造价不突破前一阶段的概算。该阶段应对其实施限额设计，同时将造价控制的重点落脚于工程量的准确计量之上。并且需要对已经计算好的工程量加以审核，一经批准之后就是设计的最高工程量限额，不能随便超出。

（3）对变更必须严格管理，实现对限额控制。就通常情况而言，虽然变更一般都会发生，但是变更发生于不同的阶段，其损失费用的多少大不相同。变更如果能在较早的阶段发生，其损失费用就会比较少；反之，则损失费用就比较多。比如在设计阶段需要变更的话，仅需把相应的图纸修改一下，由于其他的费用都还没有发生，所以损失比较小；而在施工阶段发生变更的话，除了要对图纸进行修改外，还可能需要对材料、设备等再次进行采购，更有甚者还需要对已施工的部分进行拆除，或者加固，肯定会造成相对较大的损失。由此可见，必须要对变更加以严格的控制，尽最大努力让其发生在早一点的阶段，特别是对于那些对造价影响非常大的变更，必须先对其进行一定的技术经济分析，最后再决定变更与否。

4. 限额设计的横向控制

限额设计横向控制的要点是健全设计单位与建设单位之间的经济责任制，同时，建立设计单位内部经济责任制。经济责任制的核心是要正确处理责任，权力和利益三方面的关系。其中，责任是核心，必须明确设计单位对限额设计责任。这就要求在设计单位内的建立专业评估，并最终实现个人考核。当然，还应赋予设计单位和设计师的设计决定权，实现权利和责任的平衡。建立考核制度，对完成设计任务质量和实现限额指标的好坏进行奖罚。

（三）招投标阶段的造价控制

工程招标在我国开展是比较早的，所以其在制度和程序上比较成熟。在没有实行该方式之前，我国主要运用行政手段指派的方式来进行的。改革开放之后，因为建筑市场主体的增多，致使整个建筑市场的竞争变得空前激烈，1984年，为了适应客观要求，国家号召工程项目实施招投标的方式。

1. 招投标阶段对工程造价管理的任务

本阶段造价管理的主要任务为以下三点：（1）在不突破已经批准的限额的前提下，同时在符合工期要求与质量要求的基础上，来计算出一个科学合理的标底。（2）基于实际工程的内容与性质，来确定适合本工程的评标方法。（3）制定工程造价合同条款。

（1）标底的合理确定

我国现行招标标底的编制方法主要为综合单价法与工料单价法。

1）综合单价法

采用该方法所编制的标底其分部分项工程的单价，应当包括人工费、材料费、机械费、有关文件规定的调价、其他直接费、间接费、利润与税金以及采用固定价格的风险金等全部费用。在单价确定的基础之上乘以汇总之后的工程总量，就是标底的价格。

2）工料单价法

按照之前各阶段的基础资料，再按照定额所列出的分部分项子目计算出它们各自的工程量，而后再根据定额单价来计算出各自的直接费，接着以一定的费率乘以直接费计算出间接费、利润以及税金，最后再加上一定的不可预见费，标底就是以其总和为基础的。同时还应当将以下各个因素加以考虑：

①在编制标底的过程中必须要将工期因素考虑在内，并且按照一定的规定给出提前完工一定的奖励，最后一同在标底中列出；

②编制的标底必须能够反映其所具体的质量要求，并且要表现出其质量与造价的关系；

③在编制标底的过程中一定要将设备、材料等的市场价格变化考虑在内；

④在编制标底的过程中一定要将工程实际情况以及工程范围等因素考虑在内。

（2）评标办法

一般情况下以报价、工期、施工方案、业绩及其财务能力为在进行评标过程中的评标指标。常用的较为科学的评标方法有：合理低报价法和综合评分法。在符合各个指标所制定的要求的前提下将合理的最低报价作为其中标的首要条件的方法，称为合理低报价法。如果一个项目采用的是此种评标方法，可见建设单位首先是将工程的造价控制在一个比较低的程度。该种方法更适合于那些质量要求不是很高，同时工程本身的技术难度也不是很大的工程。而综合评分法，指的是首先对各个指标赋予不同的权重，然后对其进行量化打分。建设单位可以通过对改变各个指标的权重来达到其最终的目的。如果建设单位更倾向于对工程造价的控制，可以将其报价指标的权重赋予的比较大。

（3）合同条款

合同条款中涉及工程造价的内容体现在以下几个方面：

1）合同类型。常用的合同类型有如下三种：单价合同、总价合同、成本加酬金合同。

为了更好地对造价加以管理和控制，我们应当按照工程的实际情况来选择采用哪种合同类型。

2）工程款的支付方式。工程款的支付的内容主要有：预付款、进度款以及质保金。对于工程款的支付它不仅仅是要补偿承包单位所付出的劳动，同时也是对承包单位加以管理与控制有效方式。

3）合同价的调整。在整个工程建设的过程中，变更一般都是会发生的，所以就要求我们要以合理的加以定价，同时有效的对其控制的原则来对变更的加以控制和管理。由此可见，我们应当对其合同价调整的方法以及范围在合同中应做出准确的说明。

2.招投标的清单模式

按照我国有关法规规定，项目在超过一定的规模或者标准以上都需强制其实施招投标制度。并且在通常情况下都是按照中标价一次包死，而在竣工结算的阶段，仅仅只是对变更的部分工程加以审核即可。所以，在编制标底的时候对其造价的控制是否成功有效就显得非常重要。要想在招投标阶段做好其相应的工作，以下几点值得我们注意：

（1）以让造价工程师加入到审核招投标合同中的造价条款的方式，来加强我们在编制招标文件过程中的造价管理。

（2）对合同的内容加以充实与深化，使得其能够将中介机构所承担的责任与义务体现的比较明了，以便于督促他们认真执业。

（3）在招投标结束与中标单位签订合同之时，为了加强对签订合同的管理，应当由专职造价工程师对其造价条款加以审定。

（四）施工阶段的造价控制

施工阶段的任务其实质就是将设计的方案现实中加以实施，该阶段是资金使用最多的阶段。所以，从工程项目的施工阶段至竣工阶段，对资金的管理成功与否，将对工程建成之后的质量与其效益有着深远影响。

在施工阶段，对工程的造价可从如下几点加以控制：

（1）对其工程量清单、合同价以及其他基础性文件加以严格的审核。（2）必须确保工程量的准确性，同时在依据合同规定对其进行结款时，必须要对其付款账单加以审核。（3）在对设计目的深入体会的前提下，必须对变更加以严格控制。（4）必须对定额相当熟悉，以便能够将其合理的运用，同时对签证必须加以严格管理。

（五）竣工结算审计阶段的造价控制

竣工决算是工程建设整个过程中的最后一个阶段。要想成功地开展竣工决算阶段的工作，就必须注重在整个过程中收集并且整理该阶段所需的基础资料，使得其能够反映工程最终的造价，这也是对业主和承包单位的造价管理能力的验证。一些材料的收集必须要对它的有效性加以注意。竣工结算审计重点：

1. 工程量的审核。结算中最为基础的是对其工程量加以审核，它对直接费和其他相关费用都有重要影响。它的计算是否精确，对整个工程造价的大小有着非常大的影响。另外，由于计算工程量的规则非常多，计算量相当大，极易在计算过程中出现错误，所以工程量的计算是该阶段极其繁杂的工作之一。由此可见，必须在之前各阶段的一些基本资料的基础之上，对实际施工过程中所发生的工程量加以审核，查出其中与实际情况计算不符的地方，尤其应当注意某些工作人员故意将工程量计算错误或者重复计算的情况。

2. 定额套价的审核。在结算过程中套用错误的定额或者重复套用往往会有发生。更有甚者在套用定额时，本来已经包括在内的内容，仍会将其单列为一项，最终达到其加大造价的目的。

3. 取费标准的审核。工程结算费用一般由直接费、间接费、利润以及税金等组成，一般以一定的费率乘以直接费便可以得出。所以，如何能够准确地对其取费基础加以确定以及费率的合理运用均是十分关键的。

4. 材料用量及价差的审核。一般情况下其材料费大约占工程造价的72%左右。加上这几年材料价格的变化比较大，业主对材料的控制仍然不够完善，不够合理，因此通过审计的方式，可以很好地避免在结算的时候材料费用较高的现象的出现，最终达到控制造价的效果。

5. 对隐蔽工程的变更、记录以及签证单加以审核。在该阶段，隐蔽工程的相关问题往往引起一些纠纷，由于其工作人员过分的注重技术与时间等因素，而并未在意费用的问题，致使经常出现重复签证等现象。对于隐蔽工程在实际管理中不够完善，只是审计人员在开展其工作之时处于一种被动的状态，所以，在工程最初就应该为以后的工作做好一定的基础，从根本上减少扯皮现象出现的可能性。

结　语

　　总之，为了紧随国家发展的步伐，工程造价管理也在不断地进行着改革，同时建筑工程中的投资情况也在不断地发生变化。造价控制充分地体现了投资商与承包商之间的利益联系，也展现出了规范化的市场竞争、工程管理中的经济效益、反映了社会经济水平等。为了更好地给社会提供服务，提高自身的竞争力，造价控制要结合当下先进的网络技术进行工作，提高改革力度，利用高科技的技术，不仅能够提高工作效率，而且会有效地提高企业的经济效益，帮助建筑工程更好的展开管理工作。